답만 외우는 기중기운전기능사

빨 간 키

빨리보는 간단한 키워드

KB210958

당신의 시험에 **빨간불**이 들어왔다면!
최다빈출키워드만 모아놓은 합격비법 핵심 요약집 **빨간키**와 함께하세요!
그대의 합격을 기원합니다.

[01] 기관 본체

▌ 디젤기관과 가솔린기관의 비교

구 분	디젤기관	가솔린기관
연소방법	압축열에 의한 자기착화	전기점화
속도조절	분사되는 연료의 양	흡입되는 혼합가스의 양(기화기에서 혼합)
열효율	32~38%	25~32%
압축온도	500~550℃	120~140℃
폭발압력	55~65kg/cm^2	35~45kg/cm^2
압축압력	30~45kg/cm^2	7~11kg/cm^2

▌ 디젤기관과 가솔린기관의 장단점

구 분	디젤기관	가솔린기관
장 점	• 연료비가 저렴하고, 열효율이 높으며, 운전 경비가 적게 든다. • 이상연소가 일어나지 않고, 고장이 적다. • 토크 변동이 적고, 운전이 용이하다. • 대기오염 성분이 적다. • 인화점이 높아서 화재의 위험성이 적다. • 전기점화장치(배전기, 점화코일, 점화플러그, 고압케이블)가 없어 고장률이 작다.	• 배기량당 출력의 차이가 없고, 제작이 쉽다. • 제작비가 적게 든다. • 가속성이 좋고, 운전이 정숙하다.
단 점	• 마력당 중량이 크다. • 소음 및 진동이 크다. • 연료분사장치 등이 고급재료이고, 정밀 가공해야 한다. • 배기 중의 SO_2 유리탄소가 포함되고, 매연으로 인하여 대기 중에 스모그 현상이 크다. • 시동전동기 출력이 커야 한다.	• 전기점화장치의 고장이 많다. • 기화기식은 회로가 복잡하고, 조정이 곤란하다. • 연료소비율이 높아서 연료비가 많이 든다. • 배기 중에 CO, HC, NOx 등 유해성분이 많이 포함되어 있다. • 연료의 인화점이 낮아서 화재의 위험성이 크다.

▌ **피스톤 행정** : 상사점으로부터 하사점까지의 거리

▌ 디젤기관은 전기점화장치(배전기, 점화코일, 점화플러그, 고압케이블)가 없어 고장률이 작다.

■ **행정 사이클 디젤기관의 작동 순서(2회전 4행정)**
① **흡입행정** : 피스톤이 상사점으로부터 하강하면서 실린더 내로 공기만을 흡입한다(흡입밸브 열림, 배기밸브 닫힘).
② **압축행정** : 흡기밸브가 닫히고 피스톤이 상승하면서 공기를 압축한다(흡입밸브, 배기밸브 모두 닫힘).
③ **동력(폭발)행정** : 압축행정 말 고온이 된 공기 중에 연료를 분사하면 압축열에 의하여 자연착화한다(흡입밸브, 배기밸브 모두 닫힘).
④ **배기행정** : 연소가스의 팽창이 끝나면 배기밸브가 열리고, 피스톤의 상승과 더불어 배기행정을 한다(흡입밸브 닫힘, 배기밸브 열림).

■ 4행정 기관에서 크랭크축 기어와 캠축 기어의 지름비는 1 : 2, 회전비는 2 : 1이다.

■ **엔진오일이 연소실로 올라오는 이유** : 실린더의 마모나 피스톤링이 마모된 경우

■ 실린더헤드의 볼트를 조일 때는 중심 부분에서 외측으로 토크렌치를 이용하여 대각선으로 조인다.

■ **피스톤과 실린더 벽 사이의 간극이 클 때 미치는 영향**
① 블로바이에 의해 압축압력이 낮아진다.
② 피스톤링의 기능 저하로 인하여 오일이 연소실에 유입되어 오일 소비가 많아진다.
③ 피스톤 슬랩(Piston Slap) 현상이 발생되며 기관 출력이 저하된다.

■ **기관의 피스톤이 고착되는 원인**
① 냉각수량이 부족할 때
② 엔진오일이 부족하였을 때
③ 기관이 과열되었을 때
④ 피스톤 간극이 작을 때

■ **동력을 전달하는 계통의 순서**
① 피스톤 → 커넥팅로드 → 크랭크축 → 클러치
② 피스톤은 실린더 내에서 연소가스의 압력을 받아 고속으로 왕복운동을 하면서 동시에 그 힘을 커넥팅로드에 전달해 주는 역할을 한다.

■ 오일의 슬러지 형성을 막기 위하여 기관의 크랭크 케이스를 환기시킨다.

■ 유압식 밸브 리프터의 장점

① 밸브 간극 조정이 필요하지 않다.

② 밸브 개폐시기가 정확하다.

③ 밸브기구의 내구성이 좋다.

■ **밸브 간극** : 밸브 스템 엔드와 로커 암(태핏) 사이의 간극

밸브 간극이 클 때의 영향	밸브 간극이 작을 때의 영향
• 소음이 발생된다. • 흡입 송기량이 부족하게 되어 출력이 감소한다. • 밸브의 양정이 작아진다.	• 후화가 발생된다. • 열화 또는 실화가 발생된다. • 밸브의 열림 기간이 길어진다. • 밸브 스템이 휘어질 가능성이 있다. • 블로바이로 기관 출력이 감소하고, 유해배기가스 배출이 많다.

■ **로커 암** : 기관에서 밸브의 개폐를 돕는 부품

[02] 연료장치

■ 디젤기관의 연소실

단실식	직접분사실식	• 연소실의 피스톤헤드의 요철에 의해서 형성되어 있다. • 분사노즐에서 분사되는 연료는 피스톤헤드에 설치된 연소실에 직접 분사되는 방식이다. • 직접 분사하여 연소되기 때문에 연료의 분산도 향상을 위해 다공형 노즐을 사용한다. • 연료의 분사 개시압력은 150~300kg/cm^2 정도로 비교적 높다.
복실식	예연소실식	• 실린더헤드에는 주연소실 체적의 30~50% 정도로 예연소실이 설치되고 피스톤이 상사점에 위치할 때 피스톤헤드와 실린더헤드 사이에 주연소실이 형성된다. • 연료의 분사 개시압력은 60~120kg/cm^2 정도이다.
	와류실식	• 실린더헤드에는 압축행정 시에 강한 와류가 발생되도록 주연소실 체적의 70~80% 정도의 와류실이 설치되고 피스톤이 상사점에 위치할 때 피스톤헤드와 실린더헤드 사이에 주연소실이 형성된다. • 연료의 분사 개시압력은 100~125kg/cm^2 정도이다.
	공기실식	실린더헤드에는 압축행정 시에 강한 와류가 발생되도록 주연소실 체적의 6.5~20% 정도의 공기실이 설치되고 피스톤이 상사점에 위치할 때 피스톤헤드와 실린더헤드 사이에 주연소실이 형성된다.

▌직접분사실식 연소실의 장단점

장 점	• 연료소비량이 다른 형식보다 적다. • 연소실의 표면적이 작아 냉각손실이 작다. • 연소실이 간단하고 열효율이 높다. • 실린더헤드의 구조가 간단하여 열변형이 적다. • 와류손실이 없다. • 시동이 쉽게 이루어지기 때문에 예열 플러그가 필요 없다.
단 점	• 분사압력이 가장 높으므로 분사펌프와 노즐의 수명이 짧다. • 사용연료 변화에 매우 민감하다. • 노크 발생이 쉽다. • 기관의 회전속도 및 부하의 변화에 민감하다. • 다공형 노즐을 사용하므로 값이 비싸다. • 분사상태가 조금만 달라져도 기관의 성능이 크게 변화한다.

▌예연소실식 연소실의 특성

① 예열 플러그가 필요하다.

② 사용연료의 변화에 둔감하다.

③ 주연소실식보다 작다.

④ 분사압력이 낮다.

▌벤트 플러그 : 연료필터에서 공기를 배출하기 위해 사용하는 플러그

▌오버플로밸브의 역할

① 연료필터 엘리먼트를 보호한다.

② 연료공급펌프의 소음 발생을 방지한다.

③ 연료계통의 공기를 배출한다.

▌연료분사펌프는 연료를 압축하여 분사순서에 맞추어 노즐로 압송시키는 장치로 조속기(분사량 제어)와 타이머(분사시기 조절)가 설치되어 있다.

▌디젤기관에서 노킹의 원인

① 연료의 세탄가가 낮을 때

② 연료의 분사압력이 낮을 때

③ 연소실의 온도가 낮을 때

④ 착화지연 시간이 길 때

⑤ 연소실에 누적된 연료가 많이 일시에 연소할 때

▌ 기관에서 노킹이 발생하면 출력이 저하되고 과열되며, 흡기효율이 저하되고 회전수가 낮아진다.

▌ **디젤기관에서 노크 방지방법**
  ① 착화성이 좋은 연료를 사용한다.
  ② 연소실벽 온도를 높게 유지한다.
  ③ 착화기간 중의 분사량을 적게 한다.
  ④ 압축비를 높게 한다.

▌ **디젤기관의 연료분사 3대 요건** : 관통력, 분포, 무화상태

▌ **디젤기관의 연료탱크에서 분사노즐까지 연료의 순환 순서**
  연료탱크 → 연료공급펌프 → 연료필터 → 분사펌프 → 분사노즐

▌ 분사노즐은 분사펌프로부터 보내진 고압의 연료를 미세한 안개모양으로 연소실에 분사하는 부품으로 디젤기관만이 가지고 있는 부품이다.

▌ 프라이밍 펌프는 연료계통 속 공기를 배출할 때 사용한다.

▌ 연료계통에 공기가 흡입되면 연료가 불규칙하게 전달되어 회전이 불량하게 변한다.

▌ **전자제어장치(ECU ; Electronic Control Unit)**
  전자제어 디젤 분사장치에서 연료를 제어하기 위해 센서로부터 각종 정보(가속페달의 위치, 기관속도, 분사시기, 흡기, 냉각수, 연료온도 등)를 입력받아 전기적 출력신호로 변환하는 장치이다.

▌ **디젤기관의 진동 원인**
  ① 연료공급계통에 공기가 침입하였을 때
  ② 분사압력이 실린더별로 차이가 있을 때
  ③ 4기통 기관에서 한 개의 분사노즐이 막혔을 때
  ④ 인젝터에 분사량 불균율이 있을 때
  ⑤ 피스톤 및 커넥팅로드의 중량 차이가 클 때
  ⑥ 연료 분사시기와 분사간격이 다를 때
  ⑦ 크랭크축에 불균형이 있을 때

[03] 냉각장치

▌ 기관의 과열 원인

① 윤활유 또는 냉각수 부족
② 워터펌프 고장
③ 팬 벨트 이완 및 절손
④ 정온기가 닫혀서 고장
⑤ 냉각장치 내부의 물때(Scale) 과다
⑥ 라디에이터 코어의 막힘, 불량
⑦ 이상연소(노킹 등)
⑧ 압력식 캡의 불량

▌ 기관의 냉각장치 방식

① **공랭식** : 자연 통풍식, 강제 통풍식
② **수랭식** : 자연 순환식, 강제 순환식(압력 순환식, 밀봉 압력식)

▌ 라디에이터의 구성품

① 상부탱크와 코어 및 하부탱크로 구성된다.
② 상부탱크에는 냉각수 주입구(라디에이터 캡으로 밀봉), 오버플로 파이프, 입구 파이프가 있고 중간 위치에는 수관(튜브)과 냉각핀이 있는 코어, 하부탱크에는 출구 파이프, 드레인 플러그가 있다.

▌ 라디에이터의 구비조건

① 공기 흐름저항이 작을 것
② 냉각수 흐름저항이 작을 것
③ 가볍고 강도가 클 것
④ 단위면적당 방열량이 클 것

▌ 가압식(압력식) 라디에이터의 장점

① 방열기를 작게 할 수 있다.
② 냉각수의 비등점을 높일 수 있다.
③ 냉각장치의 효율을 높일 수 있다.
④ 냉각수 손실이 적다.

▌ 압력식 라디에이터 캡의 구조와 작용

① 압력식 캡 내면에는 진공밸브와 압력밸브, 스프링 등이 있다.

② 냉각계통의 압력에 따라 진공밸브와 압력밸브가 여닫힌다.

     ⊙ 캡의 규정압력보다 냉각계통의 압력이 높을 때 : 압력 스프링을 밀어내어 진공밸브가 열린다.

     ⓒ 캡의 규정압력보다 냉각계통의 압력이 낮을 때 : 스프링의 장력에 의해 압력밸브가 닫힌다.

③ 압력밸브는 물의 비등점을 높이고, 진공밸브는 냉각 상태를 유지할 때 과랭현상이 되는 것을 막아 주는 일을 한다.

▌ 실린더헤드에 균열이 생기거나 개스킷이 파손되면 압축가스가 누출되어 라디에이터 캡 쪽으로 기포가 생기면서 연소가스가 누출된다.

▌ 라디에이터 캡의 스프링이 파손되었을 때 가장 먼저 나타나는 현상은 냉각수 비등점이 낮아진다.

▌ 기관 온도계는 냉각 순환 시 냉각수의 온도를 나타낸다.

▌ 전동 팬

모터로 냉각팬을 구동하는 형식이며, 라디에이터에 부착된 서모 스위치는 냉각수의 온도를 감지하여 일정 온도에 도달하면 팬을 작동(냉각팬 ON)시키고, 일정 온도 이하로 내려가면 팬의 작동을 정지(냉각팬 OFF)시킨다.

▌ 팬 벨트의 장력

너무 클 때	• 각 풀리의 베어링 마멸이 촉진된다. • 워터펌프의 고속회전으로 기관이 과랭할 염려가 있다.
너무 작을 때	• 워터펌프 회전속도가 느려 기관이 과열되기 쉽다. • 발전기의 출력이 저하된다. • 소음이 발생하며, 팬 벨트의 손상이 촉진된다.

▌ 냉각수량 경고등 점등 원인

① 냉각수량이 부족할 때

② 냉각계통의 물 호스가 파손되었을 때

③ 라디에이터 캡이 열린 채로 운행하였을 때

▌ 부동액의 종류 : 메탄올(주성분 : 알코올), 에틸렌글리콜, 글리세린 등이 있다.

▌ **부동액이 구비하여야 할 조건**
  ① 물과 쉽게 혼합될 것
  ② 침전물의 발생이 없을 것
  ③ 부식성이 없을 것
  ④ 비등점이 물보다 높을 것

[04] 윤활장치

▌ **윤활유의 기능**
  냉각작용, 응력분산작용, 방청작용, 마멸 방지 및 윤활작용, 밀봉작용, 청정분산작용

▌ **윤활유의 성질**
  ① 인화점 및 발화점이 높을 것
  ② 점성이 적당하고, 온도에 따른 점도변화가 작을 것
  ③ 응고점이 낮을 것
  ④ 비중이 적당할 것
  ⑤ 강인한 유막을 형성할 것
  ⑥ 카본 생성이 적을 것
  ⑦ 열 및 산에 대한 안정성이 클 것
  ⑧ 청정작용이 클 것

▌ **윤활유의 점도**
  ① SAE번호로 분류하며 여름은 높은 점도, 겨울은 낮은 점도를 사용한다.
  ② SAE번호가 큰 것일수록 점도가 높은 농후한 윤활유이고, SAE번호가 작을수록 점도가 낮은 윤활유를 나타낸다.
  ③ 윤활유의 점도가 기준보다 높은 것을 사용하면 윤활유 공급이 원활하지 못하여 윤활유 압력이 다소 높아진다.

▌ **점도지수(VI)**
  윤활유, 작동유 및 그리스 등이 온도의 변화로 점도에 주는 영향의 정도를 표시하는 지수로, 점도지수가 높을수록 온도 상승에 대한 점도변화가 작다.

▌ 유압이 높아지거나 낮아지는 원인

높아지는 원인	낮아지는 원인
• 유압조절밸브가 고착되었다. • 유압조절밸브 스프링의 장력이 매우 크다. • 오일 점도가 높거나(기관 온도가 낮을 때) 회로가 막혔다. • 각 저널과 베어링의 간극이 작다.	• 유압조절밸브의 접촉이 불량하고 스프링의 장력이 약하다. • 오일이 연료 등으로 희석되어 점도가 낮다. • 저널 및 베어링의 마멸이 과다하다. • 오일 통로에 공기가 유입되었다. • 오일펌프 설치 볼트의 조임이 불량하다. • 오일펌프의 마멸이 과대하다. • 오일 통로가 파손되었고 오일이 누출되고 있다. • 오일 팬 내의 오일이 부족하다.

▌ 유압조절밸브를 풀어 주면 압력이 낮아지고, 조여 주면 압력이 높아진다.

▌ **윤활유 소비 증대의 원인** : 연소와 누설

▌ **4행정 사이클의 윤활방식**

① **압송식** : 크랭크축에 의해 구동되는 오일펌프가 오일 팬 안의 오일을 흡입, 가압하여 각 섭동부에 보내는 방식으로 일반적으로 사용된다.

② **비산식** : 커넥팅로드에 붙어 있는 주걱으로 오일 팬 안의 오일을 각 섭동부에 뿌리는 방식으로 소형 엔진에만 사용된다.

③ **비산압송식** : 비산식 + 압송식

▌ 오일여과기는 오일의 불순물을 제거한다.

▌ **기관의 오일여과기의 교환시기** : 윤활유 교환 시 여과기를 같이 교환한다.

▌ **오일의 여과방식**

① **전류식** : 윤활유 공급펌프에서 공급된 윤활유 전부가 엔진오일필터를 거쳐 윤활부로 가는 방식

② **분류식** : 오일펌프에서 공급된 오일의 일부만 여과하여 오일 팬으로 공급하고, 남은 오일은 그대로 윤활부에 공급하는 방식

③ **션트식** : 오일펌프에서 공급된 오일의 일부만 여과하고, 여과된 오일은 오일 팬을 거치지 않고 여과되지 않은 오일과 함께 윤활부에 공급하는 방식

■ **피스톤링** : 기밀작용, 열전도 작용, 오일 제어작용을 하며, 압축링과 오일링이 있다.

■ **오일펌프** : 크랭크축 또는 캠축에 의해 구동되어 오일 팬 내의 오일을 흡입·가압하여 각 윤활부에 공급하는 장치이다.

■ **배기가스의 색과 기관의 상태**
① 무색 또는 담청색 : 정상연소
② 백색 : 엔진오일 혼합, 연소
③ 흑색 : 혼합비 농후
④ 엷은 황색 또는 자색 : 혼합비 희박
⑤ 황색에서 흑색 : 노킹 발생
⑥ 검은 연기 : 장비의 노후 및 연료의 품질 불량

[05] 흡배기장치(과급기)

■ **유압장치에서 금속가루 또는 불순물을 제거하기 위해 사용되는 부품**
스트레이너(Strainer) : 펌프의 흡입 측에 붙여 여과작용을 하는 필터(Filter)의 명칭

■ **공기청정기(Air Cleaner)** : 흡입공기의 먼지 등을 여과하고, 흡입하는 공기에서의 소음을 줄이는 작용을 한다.

■ **공기청정기의 효율 저하를 방지하기 위한 방법**
건식 공기청정기는 압축공기로 먼지 등을 안에서 밖으로 불어 내고, 습식 공기청정기는 세척유로 세척한다.

■ **공기청정기가 흑색의 배기가스를 배출하는 원인**
① 분사펌프의 불량으로 인한 과도한 연료의 분사
② 공기청정기의 막힘

▌ 과급기

① 실린더 밖에서 공기를 미리 압축하여 흡입행정 시기에 실린더 안으로 압축한 공기를 강제적으로 공급하는 장치를 말한다.

② 설치목적 : 체적효율을 향상시켜 기관 출력을 증대하는 목적으로 설치된다.

▌ 과급기를 구동하는 방식에 따른 구분

① 터보차저 : 배기가스의 유동에너지에 의해 구동

② 슈퍼차저 : 기관의 동력을 이용하여 구동

③ 전기식 과급기 : 모터를 이용하여 구동

▌ 머플러(소음기)

① 카본이 많이 끼면 기관이 과열되는 원인이 될 수 있다.

② 머플러가 손상되어 구멍이 나면 배기음이 커진다.

③ 카본이 쌓이면 기관 출력이 떨어진다.

02 | 건설기계전기

[01] 시동장치

▌ **옴의 법칙** : 도체에 흐르는 전류는 전압에 정비례하고, 저항에 반비례한다.

▌ **전류, 전압, 저항의 기호 및 단위**

구 분	기 호	단 위
전 류	I	A(암페어)
전 압	V or E	V(볼트)
저 항	R	Ω(옴)

▌ **디젤기관의 시동 보조기구**

① 감압장치 : 실린더 내의 압축압력을 감압시켜 기동전동기에 무리가 가는 것을 방지

② 예열장치

㉠ 흡기가열 방식 : 흡기히터, 히트레인지

㉡ 예열 플러그 방식 : 예열 플러그, 예열 플러그 파일럿, 예열 플러그 저항기, 히트릴레이 등

▌ **예열 플러그**

① 정상상태 : 예열 플러그가 15~20초에서 완전히 가열된 경우

② 사용시기 : 추운 날씨에 연소실로 유입된 공기를 데워 시동성을 향상시켜 준다.

③ 종 류

㉠ 코일형 : 히트코일이 노출되어 있어 공기와의 접촉이 용이하고 적열 상태는 좋으나 부식에 약하며, 배선은 직렬로 연결되어 있다.

㉡ 실드형 : 금속튜브 속에 히트코일, 홀딩 핀이 삽입되어 있고, 코일형에 비해 적열 상태가 늦으며, 배선은 병렬로 연결되어 있다(예열시간 60~90초). 또한 저항기가 필요하지 않다.

▌ 스파크 플러그(점화플러그)는 가솔린기관의 구성품이다.

▎ 디젤기관이 시동되지 않는 원인

   ① 기관의 압축압력이 낮다.

   ② 연료계통에 공기가 혼입되어 있다.

   ③ 연료가 부족하다.

   ④ 연료공급펌프가 불량이다.

▎ 디젤기관의 시동을 용이하게 하기 위한 방법

   ① 압축비를 높인다.

   ② 흡기온도를 상승시킨다.

   ③ 겨울철에 예열장치를 사용한다.

   ④ 시동 시 회전속도를 높인다.

▎ 디젤기관을 시동할 때의 주의사항

   ① 기온이 낮을 때는 예열 경고등이 소등되면 시동한다.

   ② 기관 시동은 각종 조작레버가 중립위치에 있는지 확인한 후 행한다.

   ③ 공회전을 필요 이상으로 하지 않는다.

   ④ 기관이 시동되면 바로 손을 뗀다. 그렇지 않고 계속 잡고 있으면 전동기가 소손되거나 탄다.

▎ 엔진오일의 양과 냉각수량 점검은 기관을 시동하기 전에 해야 할 가장 일반적인 점검 사항이다.

[02] 축전지

▎ 전류의 3대 작용과 응용

   ① **자기작용** : 전동기, 발전기, 솔레노이드 기구 등

   ② **발열작용** : 전구, 예열 플러그

   ③ **화학작용** : 축전지의 충·방전작용

▎ 축전지(배터리)

건설기계의 각 전기장치를 작동하는 전원으로 사용되며, 발전기의 여유전력을 충전하였다가 필요시 전기장치 각 부분에 전기를 공급한다.

▎ 건설기계기관에서 축전지를 사용하는 주된 목적은 기동전동기의 작동이다.

■ 축전지의 양극과 음극 단자를 구별하는 방법

구 분	양 극	음 극
문 자	POS	NEG
부 호	+	−
직경(굵기)	음극보다 굵다.	양극보다 가늘다.
색 깔	빨간색	검은색
특 징	부식물이 많은 쪽	

■ 납산축전지

① 축전지의 용량은 극판의 크기, 극판의 수, 전해액(황산)의 양에 의해 결정된다.

② 양극판은 과산화납, 음극판은 해면상납을 사용하며, 전해액은 묽은황산을 이용한다.

③ 납산축전지를 방전하면 양극판과 음극판의 재질은 황산납이 된다.

④ 1개 셀의 양극과 음극의 (+ / −)의 단자 전압은 2V이며, 12V를 사용하는 자동차의 배터리는 6개의 셀을 직렬로 접속하여 형성되어 있다.

■ 병렬연결과 직렬연결

같은 용량, 같은 전압의 축전지를 병렬연결하면 용량은 2배이고, 전압은 한 개일 때와 같다. 직렬연결하면 전압이 상승되어 2배가 되고, 용량은 같다.

■ 축전지의 수명을 단축하는 요인

① 전해액의 부족으로 극판의 노출로 인한 설페이션

② 전해액에 불순물이 함유된 경우

③ 전해액의 비중이 너무 높을 경우

④ 충전 부족으로 인한 설페이션

⑤ 과충전으로 인한 온도 상승, 격리판의 열화, 양극판의 격자 균열, 음극판의 페이스트 연화

⑥ 과방전으로 인한 음극판의 굽음 또는 설페이션

⑦ 내부에서 극판이 단락 또는 탈락이 된 경우

■ 축전지의 취급

① 축전지의 방전이 거듭될수록 전압이 낮아지고, 전해액의 비중도 낮아진다.

② 전해액이 자연 감소된 축전지의 경우 증류수를 보충하면 된다.

③ 전해액을 만들 때는 황산을 증류수에 부어야 한다. 증류수를 황산에 부어 주면 폭발할 수 있다.

④ 전해액의 온도와 비중은 반비례한다.

▌ 전해액 비중에 의한 충전상태

① 100% 충전 : 1.260 이상
② 75% 충전 : 1.210 정도
③ 50% 충전 : 1.150 정도
④ 25% 충전 : 1.100 정도
⑤ 0% 상태 : 1.050 정도

▌ 축전지 급속충전 시 주의사항

① 통풍이 잘되는 곳에서 한다.
② 충전 중인 축전지에 충격을 가하지 않도록 한다.
③ 전해액 온도가 45℃를 넘지 않도록 특별히 유의한다.
④ 충전시간은 가능한 한 짧게 한다.
⑤ 축전지를 건설기계에서 탈착하지 않고, 급속충전할 때에는 양쪽 케이블을 분리해야 한다.
⑥ 충전 시 발생되는 수소가스는 가연성·폭발성이므로 주변에 화기, 스파크 등의 인화 요인을 제거하여야 한다.

▌ 자기방전은 전해액의 온도·습도·비중이 높을수록, 날짜가 경과할수록 방전량이 크다.

▌ 납산축전지를 방전하면 양극판과 음극판은 황산납으로 바뀐다. 충전 중에는 양극판의 황산납은 과산화납으로, 음극판의 황산납은 해면상납으로 변한다.

▌ 축전지의 케이스와 커버를 청소할 때에는 소다(탄산나트륨)와 물 또는 암모니아수로 한다.

▌ 배터리의 충전상태를 측정할 수 있는 게이지는 비중계이다.

[03] 시동전동기

▌ 기동전동기(시동모터, 스타트 모터)는 건설기계 차량에서 가장 큰 전류가 흐른다.

▌ **직류전동기의 종류와 특성**

종 류	특 성	장 점	단 점
직권전동기	전기자코일과 계자코일이 직렬로 결선된 전동기	기동 회전력이 크다.	회전속도의 변화가 크다.
분권전동기	전기자코일과 계자코일이 병렬로 결선된 전동기	회전속도가 거의 일정하다.	회전력이 비교적 작다.
복권전동기	전기자코일과 계자코일이 직병렬로 결선된 전동기	회전속도가 거의 일정하고, 회전력이 비교적 크다.	직권전동기에 비해 구조가 복잡하다.

▌ **기동전동기 작동부분**

① 전동기 : 회전력이 발생
   ㉠ 회전부분 : 전기자, 정류자
   ㉡ 고정부분 : 자력을 발생시키는 계자코일, 계자철심, 브러시
   ※ 계자철심은 기동전동기에서 자력선을 잘 통과시키고 동시에 맴돌이 전류를 감소시키는 작용을 한다.

② 동력전달기구 : 회전력을 기관에 전달
   ㉠ 벤딕스식
   ㉡ 전기자 섭동식
   ㉢ 피니언 섭동식
   ㉣ 오버러닝 클러치 : 기동전동기의 전기자 축으로부터 피니언기어로는 동력이 전달되나 피니언기어로부터 전기자 축으로는 동력이 전달되지 않도록 해 주는 장치

③ 솔레노이드 스위치(마그넷 스위치) : 기동전동기 회로에 흐르는 전류를 단속하는 역할과 기동전동기의 피니언과 링기어를 맞물리게 하는 역할을 담당
   ㉠ 풀인 코일(Pull-in Coil) : 전원과 직렬로 연결되어 플런저를 잡아당기는 역할
   ㉡ 홀드인 코일(Hold-in Coil) : 흡인된 플런저를 유지하는 역할

▌ **겨울철에 기동전동기 크랭킹 회전수가 낮아지는 원인**

① 엔진오일의 점도가 상승
② 온도에 의한 축전지의 용량 감소
③ 기온 저하로 기동부하 증가

▌ 시동전동기 취급 시 주의사항

① 기관이 시동된 상태에서 시동스위치를 켜서는 안 된다.

② 전선 굵기는 규정 이하의 것을 사용하면 안 된다.

③ 시동전동기의 회전속도가 규정 이하이면 오랜 시간 연속회전시켜도 시동이 되지 않으므로 회전속도에 유의해야 한다.

④ 시동전동기의 연속 사용 기간은 30초 이내이다.

[04] 충전장치

▌ 충전장치의 개요

① 건설기계의 전원을 공급하는 것은 발전기와 축전지이다.

② 발전기는 플레밍의 오른손법칙을 이용하여 기계적 에너지를 전기적 에너지로 변화시킨다.

③ 축전지는 발전기가 충전시킨다.

④ 발전량이 부하량보다 적을 경우에는 축전지가 전원으로 사용된다.

⑤ 발전량이 부하량보다 많을 때는 발전기를 전원으로 사용한다.

▌ 기전력을 발생시키는 요소

① 로터 코일이 빠른 속도로 회전하면 많은 기전력을 얻을 수 있다.

② 로터 코일을 통해 흐르는 전류(여자전류)가 큰 경우 기전력은 크다.

③ 자극의 수가 많을수록 크다.

④ 권선수가 많은 경우, 도선(코일)의 길이가 긴 경우는 자력이 크다.

▌ 교류(AC)발전기의 특징

① 속도변화에 따른 적용 범위가 넓고, 소형이며 경량이다.

② 실리콘 다이오드로 정류하므로 전기적 용량이 크다.

③ 저속에서도 충전 가능한 출력전압이 발생한다.

④ 출력이 크고, 고속회전에 잘 견딘다.

⑤ 다이오드를 사용하기 때문에 정류 특성이 좋다.

⑥ 브러시 수명이 길다.

▌ 건설기계장비의 충전장치로는 3상 교류발전기를 많이 사용하고 있다.

■ 교류발전기와 직류발전기의 비교

구 분		교류발전기 (AC Generator, Alternator)	직류발전기 (DC Generator)
구 조		스테이터, 로터, 슬립링, 브러시, 다이오드(정류기)	전기자, 계자철심, 계자코일, 정류자, 브러시
조정기		전압조정기	전압조정기, 전류조정기, 컷아웃 릴레이
기 능	전류발생	스테이터	전기자(아마추어)
	정류작용(AC → DC)	실리콘 다이오드	정류자, 브러시
	역류방지	실리콘 다이오드	컷아웃 릴레이
	여자형성	로 터	계자코일, 계자철심
	여자방식	타여자식(외부전원)	자여자식(잔류자기)

■ 교류발전기의 출력 조정 : 로터 전류를 변화시켜 조정

교류발전기의 스테이터는 외부에 고정되어 있는 상태이며, 내부에 전자석이 되는 로터가 회전함에 따라 스테이터에서 전류가 발생하는 구조이다.

■ 교류발전기(Alternator)의 전압조정기(Regulator)의 종류

접점식, 트랜지스터식, IC전압조정기

■ IC전압조정기의 특징

① 조정 전압의 정밀도 향상이 크다.
② 내열성이 크며, 출력을 증대시킬 수 있다.
③ 진동에 의한 전압 변동이 없고, 내구성이 크다.
④ 초소형화가 가능하므로 발전기 내에 설치할 수 있다.
⑤ 외부의 배선을 간략화시킬 수 있다.
⑥ 축전지 충전 성능이 향상되고, 각 전기 부하에 적절한 전력공급이 가능하다.

■ 직류발전기의 전기자는 계자코일 내에서 회전하며, 교류기전력이 발생된다.

■ 발전기 출력 및 축전지 전압이 낮을 때의 원인

① 조정 전압이 낮을 때
② 다이오드가 단락되었을 때
③ 축전지 케이블 접속이 불량할 때
④ 충전회로에 부하가 클 때

[05] 조명장치

▌ 측광단위

구 분	정 의	기 호	단 위
조 도	피조면의 밝기	E	lx(럭스)
광 도	빛의 세기	I	cd(칸델라)
광 속	광원에 의해 초(sec)당 방출되는 가시광의 전체량	F	lm(루멘)

▌ **전조등 회로의 구성부품**
전조등 릴레이, 전조등 스위치, 디머 스위치, 전조등 전구, 전조등 퓨즈 등

▌ 건설기계장비에 설치되는 좌우 전조등 회로의 연결방법은 병렬연결이다.

▌ 실드빔식 전조등은 필라멘트가 끊어진 경우 렌즈나 반사경에 이상이 없어도 전조등 전부를 교환하여 야 하고, 세미실드빔식 전조등은 전구와 반사경을 분리, 교환할 수 있다.

▌ **플래셔 유닛** : 방향등으로의 전원을 주기적으로 끊어 주어 방향등을 점멸하게 하는 장치

▌ 전조등 회로에서 퓨즈의 접촉이 불량할 때 전류의 흐름이 나빠지고, 퓨즈가 끊어질 수 있다.

▌ 퓨즈의 재질은 납과 주석의 합금이고, 퓨즈 대용으로 철사 사용 시 화재의 위험이 있다.

▌ **전기안전 관련 사항**
① 전선의 연결부는 되도록 저항을 적게 해야 한다.
② 전기장치는 반드시 접지하여야 한다.
③ 명시된 용량보다 높은 퓨즈를 사용하면 화재의 위험이 있기 때문에 퓨즈 교체 시에는 반드시 같은 용량의 퓨즈로 바꿔야 한다.
④ 계측기는 최대 측정범위를 초과하지 않도록 해야 한다.

[06] 계기류

▌ 운전 중 엔진오일 경고등이 점등되었을 때의 원인
① 오일 드레인 플러그가 열렸을 때
② 윤활계통이 막혔을 때
③ 오일필터가 막혔을 때
④ 오일이 부족할 때
⑤ 오일 압력 스위치 배선이 불량할 때
⑥ 엔진오일의 압력이 낮을 때

▌ 경음기 스위치를 작동하지 않아도 경음기가 계속 울리는 원인
경음기 릴레이의 접점이 용착되었기 때문이다.

▌ 디젤기관을 공회전 시 유압계의 경보램프가 꺼지지 않는 원인
① 오일 팬의 유량 부족
② 유압조정밸브 불량
③ 오일여과기 막힘

CHAPTER
03 | 건설기계섀시

[01] 동력전달장치

▌ **클러치의 필요성**

① 기관 시동 시 기관을 무부하 상태로 하기 위해
② 관성운동을 하기 위해
③ 기어 변속 시 기관의 동력을 차단하기 위해

▌ **클러치판**

변속기 입력축의 스플라인에 조립되어 있으며, 클러치 축을 통해 변속기에 동력을 전달 및 차단한다.

▌ **클러치페달**

① 펜던트식과 플로어식이 있다.
② 페달 자유유격은 일반적으로 20~30mm 정도로 조정한다.
③ 클러치판이 마모될수록 자유 간극이 작아져 미끄러진다.
④ 클러치가 완전히 끊긴 상태에서도 발판과 페달과의 간격은 20mm 이상 확보해야 한다.

▌ 클러치가 연결된 상태에서 기어변속을 하면 기어에서 소리가 나고, 기어가 상한다.

▌ 기계의 보수·점검 시 클러치의 상태 확인은 운전 상태에서 해야 하는 작업이다.

▌ **변속기의 필요성**

① 기관의 회전속도와 바퀴의 회전속도비를 주행저항에 대응하여 변경한다.
② 기관과 구동축 사이에서 회전력을 변환시켜 전달한다.
③ 기관을 무부하 상태로 한다.
④ 바퀴의 회전방향을 역전시켜 차의 후진을 가능하게 한다.
⑤ 정차 시 기관의 공전운전을 가능하게 한다(중립).

■ **변속기의 구비조건**

① 소형·경량이며, 수리하기가 쉬울 것

② 변속 조작이 쉽고, 신속·정확·정숙하게 이루어질 것

③ 단계가 없이 연속적으로 변속되어야 할 것

④ 전달효율이 좋아야 한다.

■ **수동변속기 장치**

① 인터로크 장치 : 기어의 이중 물림 방지 장치

② 로킹 볼 장치 : 기어 물림의 빠짐 장치

③ 싱크로나이저 링 : 기어변속 시 회전속도가 같아지도록 기어물림을 원활히 해 주는 기구(변속 시에만 작동)

■ **토크컨버터의 구성부품**

유체클러치의 펌프(임펠러), 터빈(러너), 스테이터, 가이드 링, 댐퍼클러치 등이다.

※ 가이드 링은 유체클러치에서 와류를 감소시키는 장치이다.

■ **유체클러치와 토크컨버터의 차이점**

임펠러, 터빈 외에 토크컨버터의 오일의 흐름 방향을 바꾸어 주는 스테이터라는 날개가 하나 더 있다.

■ **토크컨버터 오일의 구비조건**

① 비중이 클 것

② 점도가 낮을 것

③ 착화점이 높을 것

④ 융점이 낮을 것

⑤ 유성이 좋을 것

⑥ 내산성이 클 것

⑦ 윤활성이 클 것

⑧ 비등점이 높을 것

[02] 무한궤도장치

▌ **트랙의 주요 구성품**
슈, 부싱, 핀, 링크 등으로 구성되어 있다.

▌ **트랙 슈의 종류**
단일돌기 슈, 이중돌기 슈, 삼중돌기 슈, 습지용 슈, 고무 슈, 암반용 슈, 평활 슈, 건지형 슈, 스노슈 등

▌ 무한궤도식 건설기계에서 리코일스프링의 주된 역할은 주행 중 트랙 전면에서 오는 충격완화이다.

▌ 무한궤도식 건설기계에서 트랙장력 조정은 긴도조정실린더로 한다.

▌ **트랙 장력이 너무 팽팽하게 조정되었을 때**
① 상하부롤러, 링크, 프런트 아이들러 등의 조기 마모
② 트랙 핀, 부싱, 스프로킷의 마모

▌ **트랙이 벗겨지는 원인**
① 트랙이 너무 이완되었을 때(트랙의 장력이 너무 느슨하거나, 트랙의 유격이 너무 클 때)
② 전부유동륜과 스프로킷 사이에 상부롤러의 마모
③ 전부유동륜과 스프로킷의 중심이 맞지 않을 때(트랙 정렬 불량)
④ 고속주행 중 급커브를 돌았을 때(급선회 시)
⑤ 리코일스프링의 장력이 부족할 때
⑥ 경사지에서 작업할 때

[03] 자재이음(종감속장치, 차동기어장치)

▌ 십자축 자재이음을 추진축 앞뒤에 둔 이유는 회전 시 각속도의 변화를 상쇄시키기 위해서이다.

▌ **스파이서 그랜저 조인트**
양축 끝에 십자형의 조인트를 가지며, 중간 혹은 Y형의 원통으로 되어 있고, 그 양 끝의 각 축에 십자축이 설치되어 있는 조인트

■ 타이어식 건설기계의 종감속장치에서 열이 발생하고 있는 원인
① 윤활유의 부족
② 오일의 오염
③ 종감속기어의 접촉상태 불량

■ 차동기어장치
① 선회할 때 좌우 구동바퀴의 회전속도를 다르게 한다.
② 선회할 때 바깥쪽 바퀴의 회전속도를 증대시킨다.
③ 보통 차동기어장치는 노면의 저항을 작게 받는 구동바퀴에 회전속도가 빠르게 될 수 있다.

[04] 제동장치

■ 제동장치의 구비조건
① 조작이 간단하고, 운전자에게 피로감을 주지 않을 것
② 브레이크를 작동시키지 않을 때에는 각 바퀴의 회전이 전혀 방해되지 않을 것
③ 최소속도와 차량중량에 대해 항상 충분한 제동작용을 하며, 작동이 확실할 것
④ 신뢰성이 높고, 내구력이 클 것

■ 브레이크를 밟았을 때 차가 한쪽 방향으로 쏠리는 원인
① 드럼의 변형
② 타이어의 좌우 공기압이 다를 때
③ 드럼 슈에 그리스나 오일이 붙었을 때
④ 휠 얼라인먼트가 잘못되어 있을 경우

■ 브레이크 파이프 내에 베이퍼로크가 발생하는 원인
① 드럼의 과열
② 지나친 브레이크 조작
③ 잔압의 저하
④ 오일의 변질에 의한 비등점의 저하

■ 타이어식 건설기계에서 전후 주행이 되지 않을 때 점검하여야 할 곳
① 변속장치를 점검한다.
② 유니버설 조인트를 점검한다.
③ 주차브레이크 잠김 여부를 점검한다.

[05] 조향장치

▌ 액슬 샤프트 지지 형식에 따른 분류

① 전부동식 : 자동차의 모든 중량을 액슬 하우징에서 지지하고 차축은 동력만을 전달하는 방식
② 반부동식 : 차축에서 1/2, 하우징이 1/2 정도의 하중을 지지하는 형식
③ 3/4부동식 : 차축은 동력을 전달하면서 하중은 1/4 정도만 지지하는 형식
④ 분리식 차축 : 승용차량의 후륜 구동차나 전륜 구동차에 사용되며, 동력을 전달하는 차축과 자동차 중량을 지지하는 액슬 하우징을 별도로 조립한 방식

▌ 조향기어 백래시가 작으면 핸들이 무거워지고, 너무 크면 핸들의 유격이 커진다.

▌ 타이로드 : 타이어식 건설기계에서 조향바퀴의 토인을 조정하는 곳이다.

▌ 앞바퀴 정렬의 역할

① 토인의 경우 : 타이어 마모를 최소로 한다.
② 캐스터, 킹핀 경사각의 경우 : 조향 시에 바퀴에 복원력을 준다.
③ 캐스터의 경우 : 방향 안정성을 준다.
④ 캠버, 킹핀 경사각의 경우 : 조향핸들의 조작을 작은 힘으로 쉽게 할 수 있다.

▌ 토인의 필요성

① 타이어의 이상마멸을 방지한다.
② 조향바퀴를 평행하게 회전시킨다.
③ 바퀴가 옆방향으로 미끄러지는 것을 방지한다.

▌ 조향핸들의 유격이 커지는 원인

① 피트먼 암의 헐거움
② 조향기어, 링키지 조정 불량
③ 앞바퀴 베어링과대 마모
④ 조향바퀴 베어링 마모
⑤ 타이로드의 엔드볼 조인트 마모

▌ **조향장치의 핸들 조작이 무거운 원인**

① 유압이 낮다.

② 오일이 부족하다.

③ 유압계통 내에 공기가 혼입되었다.

④ 타이어의 공기압력이 너무 낮다.

⑤ 오일펌프의 회전이 느리다.

⑥ 오일펌프의 벨트가 파손되었다.

⑦ 오일호스가 파손되었다.

⑧ 앞바퀴 휠 얼라인먼트가 불량하다.

[06] 주행장치

▌ **타이어의 구조**

① 트레드 : 직접 노면과 접촉하는 부분으로 카커스와 브레이커를 보호하는 역할

② 숄더 : 타이어의 트레드로부터 사이드 월에 이어지는 어깨 부분(트레드 끝 각)

③ 사이드월 : 타이어 측면부이며, 표면에는 상표명, 사이즈, 제조번호 안전표시, 마모한계 등의 정보를 표시

④ 카커스 : 타이어의 골격부

⑤ 벨트 : 트레드와 카커스 사이에 삽입된 층

⑥ 비드 : 림과 접촉하는 부분

⑦ 그루브 : 트레드에 패인 깊은 홈 부분

⑧ 사이프 : 트레드에 패인 얕은 홈 부분

⑨ 이너 라이너 : 타이어 내면의 고무층으로 공기가 바깥으로 새어 나오지 못하도록 막아 주는 역할

▌ 트레드가 마모되면 지면과 접촉면적은 크고, 마찰력이 감소되어 제동성능이 나빠진다.

▌ **타이어 호칭 치수**

① **저압타이어** : 타이어 폭(inch) – 타이어 내경 – 플라이 수

② **고압타이어** : 타이어 외경(inch) – 타이어 폭 – 플라이 수

04 | 기중기 작업장치

[01] 기중기 구조

▌ **기중기의 구조** : 3주요부로 작업장치, 상부 회전체, 하부 주행체가 있다.

▌ **기중기의 사용용도**

철도·교량의 설치 작업, 일반적인 기중(크레인)작업, 차량의 화물적재 및 적하작업, 파일 항타 작업, 굴토작업 등

▌ **기중기(크레인)의 7가지 기본동작**

① 짐 올리기(Hoist) : 짐을 올리는 동작
② 붐 올리기(Boom Hoist) : 붐을 올리는 동작
③ 돌리기(Swing) : 상부 회전체를 돌리는 동작
④ 당기기(Retract) : 크레인 셔블 당기기 동작
⑤ 파기(Digging) : 흙 파기 동작
⑥ 버리기(Dump) : 짐을 부리는 동작
⑦ 주행(Travel) : 하부 추진체의 전진, 후진 및 조향을 말한다.

▌ **기중기 하중**

① **정격 총하중** : 붐의 길이와 작업 반경에 허용되는 훅, 그래브, 버킷 등, 달아 올림 기구를 포함한 최대하중
② **정격하중** : 정격 총하중에서 훅, 그래브, 버킷 등 달아 올림 기구의 무게에 상당하는 하중을 뺀 하중
③ **호칭하중** : 기중기의 최대 작업하중
④ **작업하중** : 화물을 들어 올려 안전하게 작업할 수 있는 하중
⑤ **임계하중** : 기중기가 들 수 있는 하중과 들 수 없는 하중의 임계점 하중

▌ 기중기 붐의 각도

① 붐 각을 크게 하면 운전반경이 작아진다.

② 기중기의 붐이 길어지면 작업반경이 길어진다.

③ 작업반경(운전반경)이 커지면 기중 능력은 감소한다.

④ 기중 작업에서 물체의 무게가 무거울수록 붐 길이는 짧게, 각도는 크게 한다.

⑤ 붐과 암의 상호 교차각이 90~110°일 때 굴착력이 가장 크다.

⑥ 정지작업 시 붐의 각도는 35~40°이다.

⑦ 유압식 셔블장치의 붐의 경사각도는 35~65°이다.

▌ 기중기의 붐 길이를 결정하는 요소

① 이동할 장소

② 적재할 높이

③ 화물의 위치

▌ 기중기의 안전장치

① 과부하 방지장치 : 정격하중을 넘는 작업을 방지하기 위한 안전장치

② 붐 전도 방지장치 : 기중 작업 시 권상 와이어로프가 절단되거나 험지를 주행할 때 붐에 전달되는 요동으로 붐이 기울어지는 것을 방지해 주는 장치

③ 붐 기복 정지장치 : 붐 권상레버를 당겨 붐이 최대 제한각 78°에 도달하면 유압회로를 차단하거나 붐 권상레버를 중립으로 복귀시켜 붐 상승을 정지시키는 장치

④ 권과 방지 경보장치 : 매달아 올리는 장치 및 기복장치의 와이어로프 등을 권과하여 훅, 지브 등이 파손되거나 와이어로프가 끊어지는 것을 방지하기 위한 장치

⑤ 훅 해지장치 : 훅에 부착되어 줄걸이 로프, 슬링 등이 훅으로부터 이탈되는 것을 방지하는 장치

▌ 태그라인 장치 : 클램셸 장치에서 와이어 케이블이 꼬이고, 버킷이 요동되는 것을 방지한다.

▌ 밸런스 웨이트(카운터 웨이트, 평형추) : 기중기의 최후단에 붙어서 차체 앞쪽에 화물을 실었을 때 쏠리는 것을 방지하기 위한 것

▌ 아우트리거 : 사람의 다리같이 지지대 역할을 하며, 프레임에 고정되어 작업 안전성을 유지한다.

▌ 기중기 선정 시 고려사항

화물의 종류와 규격, 작업조건에 따라 작업방법, 순서를 사전에 검토해야 최적의 장비를 선정하고, 효율적인 운영을 할 수 있다.

① 장비의 상태(내·외관 제원, 양중능력표, 안전장치의 정상작동 여부 등)
② 작업장소의 지반조건 및 경사도
③ 작업방향과 인양조건
④ 작업반경의 증가요인 발생
⑤ 동하중 영향
⑥ 바람의 영향
⑦ 충격하중의 영향
⑧ 훅 블록과 양중 능력
⑨ 작업의 반복성

▌ 작업반경

기중기에서 선회장치의 회전중심을 지나는 수직선과 훅의 중심을 지나는 수직선 사이의 최단거리를 말한다.

▌ 와이어로프의 구조 : 소선, 스트랜드, 심강의 3가지로 대별된다.

▌ 심강을 사용하는 목적

충격하중 흡수, 부식 방지, 소선 사이의 마찰에 의한 마멸 방지, 스트랜드의 위치를 올바르게 유지하는 데 있다.

▌ 와이어로프의 안전율(산업안전보건기준에 관한 규칙 제163조)

와이어로프의 종류	안전율
근로자가 탑승하는 운반구를 지지하는 달기와이어로프 또는 달기체인	10.0 이상
화물의 하중을 직접 지지하는 달기와이어로프 또는 달기체인의 경우	5.0 이상
훅, 섀클, 클램프, 리프팅 빔의 경우	3.0 이상
그 밖의 경우	4.0 이상

[02] 작업장치의 기능

▌ 기중기의 6대 작업장치
① 훅(갈고리) : 일반 기중용으로 사용되는 작업장치
② 드래그라인(긁어내기) : 수중 굴착작업이나 큰 운전반경을 요하는 지대에서의 평면 굴토작업에서 사용
③ 트렌치 호(도랑파기)
④ 셔블(삽) : 기중기가 있는 장소보다 높은 경사지의 굴토 및 상차 작업용
⑤ 파일드라이버(항타 및 항발) : 기둥박기 작업
⑥ 클램셸(조개작업) : 수직굴토 작업, 토사 상차작업에 주로 사용

▌ 기계식 기중기에서 붐 호이스트의 가장 일반적인 브레이크 형식은 외부 수축식이다.

[03] 작업방법

▌ 기중기 작업 중 주의할 점
① 달아 올릴 화물의 무게를 파악하여 제한하중 이하에서 작업한다.
② 매달린 화물이 불안전하다고 생각될 때는 작업을 중지한다.
③ 항상 신호인의 신호에 따라 작업한다.
④ 수직으로 달아 올린다.
⑤ 화물을 지면으로부터 약 30cm 정도 들어 올린 후 정지시키고 안전을 확인하고, 상승시킨다.

CHAPTER
05 | 유압일반

[01] 유압유

■ 유압 작동유의 주요 기능
① 윤활작용
② 냉각작용
③ 부식을 방지
④ 동력전달 기능
⑤ 필요한 요소 사이를 밀봉

■ 유압 작동유가 갖추어야 할 조건
① 동력을 확실하게 전달하기 위한 비압축성일 것
② 내연성, 점도지수, 체적탄성계수 등이 클 것
③ 산화안정성이 있을 것
④ 유동점・밀도, 독성, 휘발성, 열팽창계수 등이 작을 것
⑤ 열전도율, 장치와의 결합성, 윤활성 등이 좋을 것
⑥ 발화점・인화점이 높고, 온도변화에 대해 점도변화가 작을 것
⑦ 방청・방식성이 있을 것
⑧ 비중이 낮고 기포의 생성이 적을 것
⑨ 강인한 유막을 형성할 것
⑩ 물, 먼지 등의 불순물과 분리가 잘될 것

■ 유압유의 점도
① 유압유의 성질 중 가장 중요하다.
② 점성의 점도를 나타내는 척도이다.
③ 오일의 온도에 따른 점도변화를 점도지수로 표시한다.
④ 점도지수가 높은 오일은 온도변화에 대하여 점도의 변화가 작다.
⑤ 온도가 상승하면 점도는 저하되고, 온도가 내려가면 점도는 높아진다.
⑥ 유압유에 점도가 다른 오일을 혼합하였을 경우 열화현상을 촉진시킨다.

유압유의 점도가 너무 높을 경우	유압유의 점도가 너무 낮을 경우
• 유동저항의 증가로 인한 압력손실 증가 • 동력손실 증가로 기계효율 저하 • 내부마찰의 증대에 의한 온도 상승 • 소음 또는 공동현상 발생 • 유압기기 작동의 둔화	• 압력 저하로 정확한 작동 불가 • 유압펌프, 모터 등의 용적효율 저하 • 내부 오일의 누설 증대 • 압력 유지의 곤란 • 기기의 마모 가속화

■ **윤활유 첨가제의 종류**

극압 및 내마모 첨가제, 부식 및 녹방지제, 유화제, 소포제, 유동점 강하제, 청정분산제, 산화방지제, 점도지수 향상제 등

■ **유압장치에서 오일에 거품(기포)이 생기는 이유**

① 오일탱크와 펌프 사이에서 공기가 유입될 때

② 오일이 부족할 때

③ 펌프 축 주위의 토출 측 실(Seal)이 손상되었을 때

■ **유압회로 내에 기포가 발생하면 일어나는 현상**

① 열화 촉진, 소음 증가

② 오일탱크의 오버플로

③ 공동현상, 실린더 숨 돌리기 현상

■ **유압 작동유에 수분이 미치는 영향**

① 작동유의 윤활성을 저하시킨다.

② 작동유의 방청성을 저하시킨다.

③ 작동유의 산화와 열화를 촉진시킨다.

④ 오일과 유압기기의 수명을 감소시킨다.

■ **작동유의 열화를 판정하는 방법**

① 흔들었을 때 생기는 거품이 없어지는 양상 확인

② 점도 상태로 확인

③ 색깔의 변화나 수분, 침전물의 유무 확인

④ 자극적인 악취 유무(냄새)로 확인

■ **유압유의 점검사항** : 점도, 내마멸성, 소포성, 윤활성 등

▌ **유압오일의 온도가 상승하는 원인**

① 고속 및 과부하 상태로 연속작업했을 때

② 오일냉각기가 불량일 때

③ 오일의 점도가 부적당할 때

▌ **작동유 온도 상승 시 유압계통에 미치는 영향**

① 점도 저하에 의해 오일 누설이 증가한다.

② 펌프 효율이 저하된다.

③ 밸브류의 기능이 저하된다.

④ 작동유의 열화가 촉진된다.

⑤ 작동 불량 현상이 발생한다.

⑥ 온도변화에 의해 유압기기가 열변형되기 쉽다.

⑦ 기계적인 마모가 발생할 수 있다.

▌ **오일탱크의 구성품** : 스트레이너, 배플, 드레인 플러그, 주입구 캡, 유면계 등

▌ **오일탱크 내 오일의 적정온도 범위** : 30~50℃

▌ 드레인 플러그는 오일탱크 내의 오일을 전부 배출시킬 때 사용된다.

▌ **플러싱** : 유압계통의 오일장치 내에 슬러지 등이 생겼을 때 이것을 용해하여 장치 내를 깨끗이 하는 작업

▌ **플러싱 후의 처리방법**

① 작동유 탱크 내부를 다시 청소한다.

② 유압유는 플러싱이 완료된 후 즉시 보충한다.

③ 잔류 플러싱 오일을 반드시 제거하여야 한다.

④ 라인필터 엘리먼트를 교환한다.

[02] 유압기기

■ 압력(P) = 단위면적(A)에 미치는 힘(F), $P = F/A$

■ **압력의 단위** : atm, psi, bar, kgf/cm^2, kPa, mmHg 등

■ **유압장치** : 오일의 유체에너지를 이용하여 기계적인 일을 하는 장치

■ **유압장치의 작동원리** : 밀폐된 용기에 채워진 유체의 일부에 압력을 가하면 유체 내의 모든 곳에 같은 크기로 전달된다는 파스칼의 원리를 응용한 것이다.

■ **유압장치의 기본 구성요소**
  ① 유압발생장치 : 유압펌프, 오일탱크 및 배관, 부속장치(오일냉각기, 필터, 압력계)
  ② 유압제어장치 : 유압원으로부터 공급받은 오일을 일의 크기, 방향, 속도를 조정하여 작동체로 보내 주는 장치(방향전환밸브, 압력제어밸브, 유량조절밸브)
  ③ 유압구동장치 : 유체에너지를 기계적 에너지로 변환시키는 장치(유압모터, 요동모터, 유압실린더 등)

■ **유압장치의 장단점**

장 점	• 작은 동력원으로 큰 힘을 낼 수 있다. • 과부하 방지가 용이하다. • 운동 방향을 쉽게 변경할 수 있다. • 에너지 축적이 가능하다.
단 점	• 고장원인의 발견이 어렵고, 구조가 복잡하다.

■ 유압장치의 부품을 교환한 후 우선 시행하여야 할 작업은 유압장치의 공기빼기이다.

■ 유압 구성품을 분해하기 전에 내부압력을 제거하려면 기관 정지 후 조정레버를 모든 방향으로 작동하여야 한다.

■ **유압 액추에이터(작업장치)를 교환하였을 경우 반드시 해야 할 작업**
  공기빼기 작업, 누유 점검, 공회전 작업

[03] 유압펌프

▌ **원동기와 펌프**
　① 원동기 : 열에너지를 기계적 에너지로 전환하는 장치
　② 펌프 : 원동기의 기계적 에너지를 유체에너지로 전환시키는 장치

▌ **유압펌프(압유공급)**
유압탱크에서 유압유를 흡입하고, 압축하여 유압장치의 관로를 따라 액추에이터로 공급
　① 정토출량형 : 기어펌프, 베인펌프 등
　② 가변토출량형 : 피스톤펌프, 베인펌프 등

▌ **용적식 펌프의 종류**
　① 왕복식 : 피스톤펌프, 플런저펌프
　② 회전식 : 기어펌프, 베인펌프, 나사펌프 등

▌ **유량** : 단위시간에 이동하는 유체의 체적

▌ 유량 단위는 분당 토출량인 GPM으로 표시한다.

▌ 유압펌프에서 토출량은 펌프가 단위시간당 토출하는 액체의 체적이다.

▌ 유압펌프의 용량은 주어진 압력과 그때의 토출량으로 표시한다.

▌ 작동유의 점도가 낮으면 유압펌프에서 토출이 가능하다.

▌ **유압펌프가 오일을 토출하지 않을 경우**
　① 오일탱크의 유면이 낮다.
　② 오일의 점도가 너무 높다.
　③ 흡입관으로 공기가 유입된다.

▌펌프에서 오일은 토출되나 압력이 상승하지 않는 원인

① 유압회로 중 밸브나 작동체의 누유가 발생할 때

② 릴리프밸브(Relief Valve)의 설정압이 낮거나 작동이 불량할 때

③ 펌프 내부 이상으로 누유가 발생할 때

▌기어펌프의 특징

① 정용량펌프이다.

② 구조가 다른 펌프에 비해 간단하다.

③ 유압 작동유의 오염에 비교적 강한 편이다.

④ 외접식과 내접식이 있다.

⑤ 피스톤펌프에 비해 효율이 떨어진다.

⑥ 베인펌프에 비해 소음이 비교적 크다.

▌베인펌프의 주요 구성요소 : 베인, 캠 링, 회전자 등

▌베인펌프의 특징

① 수명이 중간 정도이다.

② 맥동과 소음이 적다.

③ 간단하고 성능이 좋다.

④ 소형·경량이다.

▌피스톤펌프의 특징

① 효율이 가장 높다.

② 발생압력이 고압이다.

③ 토출량의 범위가 넓다.

④ 구조가 복잡하다.

⑤ 가변용량이 가능하다(회전수가 같을 때 펌프의 토출량이 변할 수 있다).

⑥ 축은 회전 또는 왕복운동을 한다.

▮ **캐비테이션(공동현상)**

① 유압장치 내에 국부적인 높은 압력과 소음·진동이 발생하는 현상이다.

② 오일필터의 여과 입도 수(Mesh)가 너무 높을 때(여과 입도가 너무 조밀하였을 때) 가장 발생하기 쉽다.

③ 압력 변화가 잦을 때 많이 발생하므로 압력을 일정하게 유지하는 것이 좋다.

▮ **유압펌프에서 소음이 발생할 수 있는 원인**

① 오일의 양이 적은 경우

② 오일 속에 공기가 들어 있는 경우

③ 오일의 점도가 너무 높은 경우

④ 필터의 여과 입도가 너무 적은 경우

⑤ 펌프의 회전속도가 너무 빠른 경우

⑥ 펌프 축의 편심 오차가 큰 경우

⑦ 스트레이너가 막혀 흡입용량이 너무 작아진 경우

⑧ 흡입관 접합부로부터 공기가 유입된 경우

▮ **유압펌프의 고장 현상**

① 소음이 크게 발생한다.

② 오일의 배출압력이 낮다.

③ 샤프트 실(Seal)에서 오일 누설이 있다.

④ 오일의 흐르는 양이나 압력이 부족하다.

▮ 유압펌프 내의 내부 누설은 작동유의 점도에 반비례하여 증가한다.

▮ **축압기의 용도** : 유압에너지의 저장, 충격 압력 흡수, 압력 보상, 유체의 맥동 감쇠 등

▮ **유압탱크의 구비조건**

① 발생한 열을 발산할 수 있어야 한다.

② 적당한 크기의 주유구, 스트레이너를 설치해야 한다.

③ 이물질이 들어가지 않도록 밀폐되어 있어야 한다.

④ 유면은 적정범위에서 가득 찬(Full) 상태에 가깝게 유지해야 한다.

⑤ 흡입관과 리턴파이프 사이에 격판이 있어야 한다.

⑥ 작동유를 빼낼 수 있는 드레인 플러그를 탱크 아래쪽에 설치해야 한다.

[04] 제어밸브

■ **압력제어밸브의 종류** : 릴리프밸브, 감압밸브, 시퀀스밸브, 언로더밸브, 카운터밸런스밸브 등

■ **유압 라인에서 압력에 영향을 주는 요소**
   ① 유체의 흐름양
   ② 유체의 점도
   ③ 관로 직경의 크기

■ **유압회로에 사용되는 3종류의 제어밸브**
   ① 압력제어밸브 : 일의 크기 제어
   ② 유량제어밸브 : 일의 속도 제어
   ③ 방향제어밸브 : 일의 방향 제어

■ 압력제어밸브는 유압장치의 과부하 방지와 유압기기의 보호를 위하여 최고압력을 제어하고, 유압회로 내의 필요한 압력을 유지하는 밸브이다.

릴리프밸브	유압회로의 최고압력을 제어하며, 회로의 압력을 일정하게 유지시키는 밸브로서 펌프와 제어밸브 사이에 설치
감압(리듀싱)밸브	유압회로에서 입구 압력을 감압하여 유압실린더 출구 설정 압력 유압으로 유지하는 밸브
언로드(무부하)밸브	유압장치에서 고압·소용량, 저압·대용량 펌프를 조합, 운전할 때, 작동압이 규정압력 이상으로 상승 시 동력 절감을 하기 위해 사용하는 밸브
시퀀스밸브	유압회로의 압력에 의해 유압 액추에이터의 작동 순서를 제어하는 밸브
카운터밸런스밸브	실린더가 중력으로 인하여 제어속도 이상으로 낙하하는 것을 방지하는 밸브

■ 채터링 현상은 유압계통에서 릴리프밸브 스프링의 장력이 약화될 때 발생될 수 있는 현상으로 릴리프밸브에서 볼(Ball)이 밸브의 시트(Seat)를 때려 소음을 발생시키는 것이다.

■ 유압조절 밸브를 풀어 주면 압력이 낮아지고, 조여 주면 압력이 높아진다.

■ **유량제어밸브의 속도제어 회로**
   ① **미터 인 회로** : 유압실린더의 입구 측에 유량제어밸브를 설치하여 작동기로 유입되는 유량을 제어함으로써 작동기의 속도를 제어하는 회로
   ② **미터 아웃 회로** : 유압실린더 출구에 유량제어밸브 설치
   ③ **블리드 오프 회로** : 유압실린더 입구에 병렬로 설치

▎ 서지(Surge) 현상

유압회로 내의 밸브를 갑자기 닫았을 때, 오일의 속도에너지가 압력에너지로 변하면서 일시적으로 압력이 과도하게 증가하는 현상

※ 서지압(Surge Pressure) : 과도적으로 발생하는 이상압력의 최댓값

▎ 방향제어밸브

- 회로 내 유체의 흐르는 방향을 조절하는 데 쓰이는 밸브이다.
- 종류 : 체크밸브, 셔틀밸브, 디셀러레이션밸브, 매뉴얼밸브(로터리형)

체크밸브	유압회로에서 역류를 방지하고, 회로 내의 잔류압력을 유지하는 밸브
디셀러레이션밸브	액추에이터의 속도를 서서히 감속시키는 경우 또는 서서히 증속시키는 경우에 사용

[05] 유압실린더와 유압모터

▎ **유압 액추에이터** : 유압펌프에서 송출된 압력에너지(힘)를 기계적 에너지로 변환하는 것

▎ **실린더** : 열에너지를 기계적 에너지로 변환하여 동력을 발생시키는 것

▎ 유체의 압력에너지에 의해서 모터는 회전운동을, 실린더는 직선운동을 한다.

▎ **유압실린더의 분류**

① 단동형 : 피스톤형, 플런저 램형
② 복동형 : 단로드형, 양로드형
③ 다단형 : 텔레스코픽형, 디지털형

▎ **유압실린더의 주요 구성부품** : 피스톤, 피스톤로드, 실린더 튜브, 실, 쿠션 기구 등

▎ **기계적 실(Mechanical Seal)** : 유압장치에서 회전축 둘레의 누유를 방지하기 위하여 사용되는 밀봉장치(Seal)

■ **O링(가장 많이 사용하는 패킹)의 구비조건**

① 오일 누설을 방지할 수 있을 것
② 운동체의 마모를 적게 할 것(마찰계수가 작을 것)
③ 체결력(죄는 힘)이 클 것
④ 누설을 방지하는 기구에서 탄성이 양호하고, 압축변형이 적을 것
⑤ 사용 온도 범위가 넓을 것
⑥ 내노화성이 좋을 것
⑦ 상대 금속을 부식시키지 말 것

■ **오일 누설의 원인** : 실의 마모와 파손, 볼트의 이완 등이 있다.

■ **쿠션 기구** : 유압실린더에서 피스톤 행정이 끝날 때 발생하는 충격을 흡수하기 위해 설치하는 장치

■ **유압실린더의 움직임이 느리거나 불규칙할 때의 원인**

① 피스톤링이 마모되었다.
② 유압유의 점도가 너무 높다.
③ 회로 내에 공기가 혼입되어 있다.

■ **유압실린더에서 실린더의 과도한 자연낙하현상(표류현상)이 발생하는 원인**

① 릴리프밸브의 조정 불량
② 실린더 내 피스톤 실의 마모
③ 컨트롤밸브 스풀의 마모

■ **유압실린더의 숨 돌리기 현상이 생겼을 때 일어나는 현상**

① 피스톤 작동이 불안정하게 된다.
② 시간 지연이 생긴다.
③ 서지압이 발생한다.

■ **실린더에 마모가 생겼을 때 나타나는 현상**

크랭크 실의 윤활유 오손, 불완전연소, 압축효율 저하, 출력의 감소

■ 실린더 벽이 마멸되면 오일 소모량이 증가하고, 압축 및 폭발압력이 감소한다.

▋ **유압모터** : 유체에너지를 연속적인 회전운동을 하는 기계적 에너지로 바꾸어 주는 기기이다.

▋ **유압모터의 종류** : 기어형, 베인형, 플런저형 등

▋ **유압모터의 장단점**

장 점	단 점
넓은 범위의 무단변속이 용이하다.	• 작동유의 점도변화에 따라 유압모터의 사용에 제약이 있다. • 작동유가 인화하기 쉽다. • 작동유에 먼지나 공기가 침입하지 않도록 특히 보수에 주의해야 한다.

▋ **유압장치의 기호**

정용량형 유압펌프	가변용량형 유압펌프	유압압력계	유압동력원	어큐뮬레이터
공기유압 변환기	드레인 배출기	단동 실린더	체크밸브	복동가변식 전자 액추에이터
릴리프밸브	감압밸브	순차밸브	무부하밸브	전동기

[06] 기타 부속장치 등

▌ **오일냉각기**
 ① 작동유의 온도를 40~60℃ 정도로 유지시키고, 열화를 방지하는 역할을 한다.
 ② 슬러지 형성을 방지하고, 유막의 파괴를 방지한다.

▌ **오일쿨러(Oil Cooler)의 구비조건**
 ① 촉매작용이 없을 것
 ② 온도 조정이 잘될 것
 ③ 정비 및 청소하기에 편리할 것
 ④ 유압유 흐름저항이 작을 것

▌ **유압장치의 수명 연장을 위한 가장 중요한 요소** : 오일필터의 점검 및 교환

▌ 플렉시블 호스는 유압장치에서 작동 및 움직임이 있는 곳의 연결관으로 적합하다.

▌ 나선 와이어 블레이드는 압력이 매우 높은 유압장치에 사용한다.

건설기계관리법규 및 도로교통법

[01] 건설기계관리법

▌ 건설기계의 범위(영 [별표 1])

건설기계명	범 위
1. 불도저	무한궤도 또는 타이어식인 것
2. 굴착기	무한궤도 또는 타이어식으로 굴착장치를 가진 자체중량 1ton 이상인 것
3. 로더	무한궤도 또는 타이어식으로 적재장치를 가진 자체중량 2ton 이상인 것. 다만, 차체굴절식 조향장치가 있는 자체중량 4ton 미만인 것은 제외
4. 지게차	타이어식으로 들어올림장치와 조종석을 가진 것. 다만, 전동식으로 솔리드타이어를 부착한 것 중 도로(「도로교통법」에 따른 도로를 말하며, 이하 같다)가 아닌 장소에서만 운행하는 것은 제외
5. 스크레이퍼	흙·모래의 굴착 및 운반장치를 가진 자주식인 것
6. 덤프트럭	적재용량 12ton 이상인 것. 다만, 적재용량 12ton 이상 20ton 미만의 것으로 화물운송에 사용하기 위하여 「자동차관리법」에 의한 자동차로 등록된 것을 제외
7. 기중기	무한궤도 또는 타이어식으로 강재의 지주 및 선회장치를 가진 것. 다만, 궤도(레일)식인 것을 제외
8. 모터그레이더	정지장치를 가진 자주식인 것
9. 롤러	• 조종석과 전압장치를 가진 자주식인 것 • 피견인 진동식인 것
10. 노상안정기	노상안정장치를 가진 자주식인 것
11. 콘크리트배칭플랜트	골재저장통·계량장치 및 혼합장치를 가진 것으로서 원동기를 가진 이동식인 것
12. 콘크리트피니셔	정리 및 사상장치를 가진 것으로 원동기를 가진 것
13. 콘크리트살포기	정리장치를 가진 것으로 원동기를 가진 것
14. 콘크리트믹서트럭	혼합장치를 가진 자주식인 것(재료의 투입·배출을 위한 보조장치가 부착된 것을 포함)
15. 콘크리트펌프	콘크리트 배송능력이 $5m^3/h$ 이상으로 원동기를 가진 이동식과 트럭적재식인 것
16. 아스팔트믹싱플랜트	골재공급장치·건조가열장치·혼합장치·아스팔트 공급장치를 가진 것으로 원동기를 가진 이동식인 것
17. 아스팔트피니셔	정리 및 사상장치를 가진 것으로 원동기를 가진 것
18. 아스팔트살포기	아스팔트살포장치를 가진 자주식인 것
19. 골재살포기	골재살포장치를 가진 자주식인 것
20. 쇄석기	20kW 이상의 원동기를 가진 이동식인 것
21. 공기압축기	공기배출량이 $2.83m^3/min$(7kg/cm^2 기준) 이상의 이동식인 것
22. 천공기	천공장치를 가진 자주식인 것
23. 항타 및 항발기	원동기를 가진 것으로 해머 또는 뽑는 장치의 중량이 0.5ton 이상인 것
24. 자갈채취기	자갈채취장치를 가진 것으로 원동기를 가진 것
25. 준설선	펌프식·버킷식·디퍼식 또는 그래브식으로 비자항식인 것. 다만, 「선박법」에 따른 선박으로 등록된 것은 제외

건설기계명	범 위
26. 특수건설기계	1.부터 25.까지의 규정 및 27.에 따른 건설기계와 유사한 구조 및 기능을 가진 기계류로서 국토교통부장관이 따로 정하는 것
27. 타워크레인	수직타워의 상부에 위치한 지브(Jib)를 선회시켜 중량물을 상하, 전후 또는 좌우로 이동시킬 수 있는 것으로서 원동기 또는 전동기를 가진 것. 다만, 「산업집적활성화 및 공장설립에 관한 법률」에 따라 공장등록대장에 등록된 것은 제외

■ **자동차손해배상보장법에 따른 자동차보험에 반드시 가입하여야 하는 건설기계의 범위(자동차손해배상 보장법 시행령 제2조)**

① 덤프트럭

② 타이어식 기중기

③ 콘크리트믹서트럭

④ 트럭적재식 콘크리트펌프

⑤ 트럭적재식 아스팔트살포기

⑥ 타이어식 굴착기

⑦ 「건설기계관리법 시행령」 [별표 1] 제26호에 따른 특수건설기계 중 다음의 특수건설기계

    ㉠ 트럭지게차

    ㉡ 도로보수트럭

    ㉢ 노면측정장비(노면측정장치를 가진 자주식인 것)

■ **건설기계사업(법 제2조)**

건설기계대여업, 건설기계정비업, 건설기계매매업 및 건설기계해체재활용업을 말한다.

■ **건설기계의 등록(법 제3조, 영 제3조)**

① 건설기계의 소유자는 대통령령으로 정하는 바에 따라 건설기계를 등록하여야 한다.

② 건설기계의 소유자가 ①에 따른 등록을 할 때에는 특별시장·광역시장·도지사 또는 특별자치도지사(이하 "시·도지사"라 한다)에게 건설기계 등록신청을 하여야 한다.

③ 시·도지사는 ②에 따른 건설기계 등록신청을 받으면 신규등록검사를 한 후 건설기계등록원부에 필요한 사항을 적고, 그 소유자에게 건설기계등록증을 발급하여야 한다.

④ 건설기계의 소유자는 건설기계등록신청서(전자문서로 된 신청서를 포함)에 다음의 서류(전자문서를 포함)를 첨부하여 건설기계 소유자의 주소지 또는 건설기계의 사용본거지를 관할하는 시·도지사에게 제출하여야 한다.

    ㉠ 다음의 구분에 따른 해당 건설기계의 출처를 증명하는 서류. 다만, 해당 서류를 분실한 경우에는 해당 서류의 발행사실을 증명하는 서류(원본 발행기관에서 발행한 것으로 한정)로 대체할 수 있다.

- 국내에서 제작한 건설기계 : 건설기계제작증
- 수입한 건설기계 : 수입면장 등 수입사실을 증명하는 서류. 다만, 타워크레인의 경우에는 건설기계제작증을 추가로 제출하여야 한다.
- 행정기관으로부터 매수한 건설기계 : 매수증서
  - ㉡ 건설기계의 소유자임을 증명하는 서류. 다만, ㉠의 서류가 건설기계의 소유자임을 증명할 수 있는 경우에는 당해 서류로 갈음할 수 있다.
  - ㉢ 건설기계제원표
  - ㉣ 「자동차손해배상 보장법」에 따른 보험 또는 공제의 가입을 증명하는 서류
⑤ 건설기계등록신청은 건설기계를 취득한 날(판매를 목적으로 수입된 건설기계의 경우에는 판매한 날을 말한다)부터 2월 이내에 하여야 한다. 다만, 전시・사변 기타 이에 준하는 국가비상사태하에 있어서는 5일 이내에 신청하여야 한다.

■ 미등록 건설기계의 임시운행 사유(규칙 제6조제1항)

① 등록신청을 하기 위하여 건설기계를 등록지로 운행하는 경우
② 신규등록검사 및 확인검사를 받기 위하여 건설기계를 검사장소로 운행하는 경우
③ 수출을 하기 위하여 건설기계를 선적지로 운행하는 경우
④ 수출을 하기 위하여 등록말소한 건설기계를 점검・정비의 목적으로 운행하는 경우
⑤ 신개발 건설기계를 시험・연구의 목적으로 운행하는 경우
⑥ 판매 또는 전시를 위하여 건설기계를 일시적으로 운행하는 경우
  - ※ 위의 사유로 건설기계를 임시운행하고자 하는 자는 임시번호표를 제작하여 부착하여야 한다. 이 경우 건설기계를 제작・조립 또는 수입한 자가 판매한 건설기계에 대하여는 제작・조립 또는 수입한 자가 기준에 따라 제작한 임시번호표를 부착하여야 한다. 임시운행기간은 15일 이내로 한다. 다만, 신개발 건설기계를 시험・연구의 목적으로 운행하는 경우에는 3년 이내로 한다.

■ 건설기계의 등록사항 중 변경사항이 있는 경우(법 제5조제1항)

그 소유자 또는 점유자는 대통령령으로 정하는 바에 따라 이를 시・도지사에게 신고하여야 한다.

■ 등록사항의 변경신고(영 제5조제1항)

건설기계의 소유자는 건설기계등록사항에 변경이 있는 때에는 그 변경이 있은 날부터 30일(상속의 경우에는 상속개시일부터 6개월) 이내에 건설기계등록사항변경신고서(전자문서로 된 신고서를 포함)에 다음의 서류(전자문서를 포함)를 첨부하여 등록을 한 시・도지사에게 제출하여야 한다. 다만, 전시・사변 기타 이에 준하는 국가비상사태하에 있어서는 5일 이내에 하여야 한다.

① 변경내용을 증명하는 서류
② 건설기계등록증
③ 건설기계검사증

■ 등록의 말소(법 제6조제1항)

시·도지사는 등록된 건설기계가 다음의 어느 하나에 해당하는 경우에는 그 소유자의 신청이나 시·도지사의 직권으로 등록을 말소할 수 있다. 다만, ①, ⑤, ⑧(건설기계의 강제처리(법 제34조의2 제2항)에 따라 폐기한 경우로 한정) 또는 ⑫에 해당하는 경우에는 직권으로 등록을 말소하여야 한다.

① 거짓이나 그 밖의 부정한 방법으로 등록을 한 경우
② 건설기계가 천재지변 또는 이에 준하는 사고 등으로 사용할 수 없게 되거나 멸실된 경우
③ 건설기계의 차대(車臺)가 등록 시의 차대와 다른 경우
④ 건설기계가 건설기계안전기준에 적합하지 아니하게 된 경우
⑤ 정기검사 명령, 수시검사 명령 또는 정비 명령에 따르지 아니한 경우
⑥ 건설기계를 수출하는 경우
⑦ 건설기계를 도난당한 경우
⑧ 건설기계를 폐기한 경우
⑨ 건설기계해체재활용업을 등록한 자(건설기계해체재활용업자)에게 폐기를 요청한 경우
⑩ 구조적 제작 결함 등으로 건설기계를 제작자 또는 판매자에게 반품한 경우
⑪ 건설기계를 교육·연구 목적으로 사용하는 경우
⑫ 대통령령으로 정하는 내구연한을 초과한 건설기계. 다만, 정밀진단을 받아 연장된 경우는 그 연장기간을 초과한 건설기계
⑬ 건설기계를 횡령 또는 편취당한 경우

■ 등록 말소 신청(법 제6조제2항)

건설기계의 소유자는 다음의 구분에 따라 시·도지사에게 등록 말소를 신청하여야 한다.
① 다음의 어느 하나에 해당하는 사유가 발생한 경우 : 사유가 발생한 날부터 30일 이내
  ㉠ 건설기계가 천재지변 또는 이에 준하는 사고 등으로 사용할 수 없게 되거나 멸실된 경우
  ㉡ 건설기계를 폐기한 경우(건설기계의 강제처리(법 제34조의2제2항)에 따라 폐기한 경우는 제외)
  ㉢ 건설기계해체재활용업을 등록한 자(건설기계해체재활용업자)에게 폐기를 요청한 경우
  ㉣ 구조적 제작 결함 등으로 건설기계를 제작자 또는 판매자에게 반품한 경우
  ㉤ 건설기계를 교육·연구 목적으로 사용하는 경우
② 건설기계를 도난당한 경우에 해당하는 사유가 발생한 경우 : 사유가 발생한 날부터 2개월 이내

▋ 등록원부의 보존(규칙 제12조)

시·도지사는 건설기계등록원부를 건설기계의 등록을 말소한 날부터 10년간 보존하여야 한다.

▋ 등록번호의 표시(규칙 제13조)

건설기계등록번호표에는 용도·기종 및 등록번호를 표시해야 한다.

▋ 건설기계 등록번호표 색상과 일련번호(규칙 [별표 2])

① 비사업용(관용) : 흰색 바탕에 검은색 문자, 0001~0999
② 비사업용(자가용) : 흰색 바탕에 검은색 문자, 1000~5999
③ 대여사업용 : 주황색 바탕에 검은색 문자, 6000~9999

▋ 건설기계 종류의 구분(규칙 [별표 2])

01 : 불도저	02 : 굴착기	03 : 로더
04 : 지게차	05 : 스크레이퍼	06 : 덤프트럭
07 : 기중기	08 : 모터그레이더	09 : 롤러
10 : 노상안정기	11 : 콘크리트배칭플랜트	12 : 콘크리트피니셔
13 : 콘크리트살포기	14 : 콘크리트믹서트럭	15 : 콘크리트펌프
16 : 아스팔트믹싱플랜트	17 : 아스팔트피니셔	18 : 아스팔트살포기
19 : 골재살포기	20 : 쇄석기	21 : 공기압축기
22 : 천공기	23 : 항타 및 항발기	24 : 자갈채취기
25 : 준설선	26 : 특수건설기계	27 : 타워크레인

▋ 특별표지판 부착을 하여야 하는 대형건설기계의 범위(건설기계 안전기준에 관한 규칙 제2조)

다음의 어느 하나에 해당하는 건설기계

① 길이가 16.7m를 초과하는 건설기계
② 너비가 2.5m를 초과하는 건설기계
③ 높이가 4.0m를 초과하는 건설기계
④ 최소회전반경이 12m를 초과하는 건설기계
⑤ 총중량이 40ton을 초과하는 건설기계. 다만, 굴착기, 로더 및 지게차는 운전중량이 40ton을 초과하는 경우를 말한다.
⑥ 총중량 상태에서 축하중이 10ton을 초과하는 건설기계. 다만, 굴착기, 로더 및 지게차는 운전중량 상태에서 축하중이 10ton을 초과하는 경우를 말한다.

■ 등록번호표의 반납(법 제9조)

등록된 건설기계의 소유자는 다음의 어느 하나에 해당하는 경우에는 10일 이내에 등록번호표의 봉인을 떼어낸 후 그 등록번호표를 국토교통부령으로 정하는 바에 따라 시·도지사에게 반납하여야 한다. 다만, 건설기계가 천재지변 또는 이에 준하는 사고 등으로 사용할 수 없게 되거나 멸실된 경우, 건설기계를 도난당한 경우 또는 건설기계를 폐기한 경우의 사유로 등록을 말소하는 경우에는 그러하지 아니하다.

① 건설기계의 등록이 말소된 경우
② 건설기계의 등록사항 중 대통령령으로 정하는 사항이 변경된 경우
③ 등록번호표의 부착 및 봉인을 신청하는 경우

■ 건설기계 검사의 종류(법 제13조)

① 신규등록검사 : 건설기계를 신규로 등록할 때 실시하는 검사
② 정기검사 : 건설공사용 건설기계로서 3년의 범위에서 국토교통부령으로 정하는 검사유효기간이 끝난 후에 계속하여 운행하려는 경우에 실시하는 검사와 「대기환경보전법」 및 「소음·진동관리법」에 따른 운행차의 정기검사
③ 구조변경검사 : 건설기계의 주요 구조를 변경하거나 개조한 경우 실시하는 검사
④ 수시검사 : 성능이 불량하거나 사고가 자주 발생하는 건설기계의 안전성 등을 점검하기 위하여 수시로 실시하는 검사와 건설기계 소유자의 신청을 받아 실시하는 검사

■ 정기검사의 신청 등(규칙 제23조제1·5항)

① 검사유효기간의 만료일 전후 각각 31일 이내의 기간(검사유효기간이 연장된 경우로서 타워크레인 또는 천공기(터널보링식 및 실드굴진식으로 한정)가 해체된 경우에는 설치 이후부터 사용 전까지의 기간으로 하고, 검사유효기간이 경과한 건설기계로서 소유권이 이전된 경우에는 이전 등록한 날부터 31일 이내의 기간으로 한다. 이하 "정기검사신청기간")에 정기검사신청서를 시·도지사에게 제출해야 한다. 다만, 검사대행자를 지정한 경우에는 검사대행자에게 이를 제출해야 한다.
② 시·도지사 또는 검사대행자는 검사결과 해당 건설기계가 규정에 따른 검사기준에 적합하다고 인정하는 경우에는 건설기계검사증에 유효기간을 적어 발급해야 한다. 이 경우 유효기간의 산정은 정기검사신청기간까지 정기검사를 신청한 경우에는 종전 검사유효기간 만료일의 다음 날부터, 그 외의 경우에는 검사를 받은 날의 다음 날부터 기산한다.

▪ 검사에 불합격한 건설기계의 정비명령 기간(규칙 제31조제1항)

시·도지사는 검사에 불합격된 건설기계에 대해서는 31일 이내의 기간을 정하여 해당 건설기계의 소유자에게 검사를 완료한 날(검사를 대행하게 한 경우에는 검사결과를 보고받은 날)부터 10일 이내에 [별지 제20호의4서식]에 따라 정비명령을 해야 한다. 다만, 건설기계소유자의 주소 등을 통상적인 방법으로 확인할 수 없거나 통지가 불가능한 경우에는 해당 시·도의 공보 및 인터넷 홈페이지에 공고해야 한다.

▪ 정기검사 유효기간(규칙 [별표 7])

검사유효기간	연 식	기 종	
6개월	20년 초과	• 덤프트럭 • 콘크리트 믹서트럭 • 콘크리트 펌프(트럭적재식)	• 도수보수트럭(타이어식) • 트럭지게차(타이어식)
	–	• 타워크레인	
1년	20년 초과	• 로더(타이어식) • 지게차(1ton 이상) • 모터그레이더 • 노면파쇄기(타이어식)	• 노면측정장비(타이어식) • 수목이식기(타이어식) • 그 밖의 특수건설기계 • 그 밖의 건설기계
	20년 이하	• 덤프트럭 • 콘크리트 믹서트럭 • 콘크리트펌프(트럭적재식)	• 도수보수트럭(타이어식) • 트럭지게차(타이어식)
	–	• 굴착기(타이어식) • 기중기 • 아스팔트살포기	• 천공기 • 항타 및 항발기 • 터널용 고소작업차
2년	20년 이하	• 로더(타이어식) • 지게차(1ton 이상) • 모터그레이더	• 노면파쇄기(타이어식) • 노면측정장비(타이어식) • 수목이식기(타이어식)
3년	20년 이하	• 그 밖의 특수건설기계	• 그 밖의 건설기계

※ 비 고
- 신규등록 후의 최초 유효기간 산정은 등록일부터 기산한다.
- 연식은 신규등록일(수입된 중고건설기계의 경우에는 제작연도의 12월 31일)부터 기산한다.
- 타워크레인을 이동 설치하는 경우에는 이동 설치할 때마다 정기검사를 받아야 한다.

▪ 검사장소(규칙 제32조)

① 다음에 해당하는 건설기계에 대하여 검사를 하는 경우에는 [별표 9]의 규정에 의한 시설을 갖춘 검사장소(검사소)에서 검사를 하여야 한다.

ㄱ 덤프트럭

ㄴ 콘크리트믹서트럭

ㄷ 콘크리트펌프(트럭적재식)

ㄹ 아스팔트살포기

ㅁ 트럭지게차(국토교통부장관이 정하는 특수건설기계인 트럭지게차)

② ①의 건설기계가 다음의 어느 하나에 해당하는 경우에는 ①의 규정에 불구하고 해당 건설기계가 위치한 장소에서 검사를 할 수 있다.
  ㉠ 도서지역에 있는 경우
  ㉡ 자체중량이 40ton을 초과하거나 축하중이 10ton을 초과하는 경우
  ㉢ 너비가 2.5m를 초과하는 경우
  ㉣ 최고속도가 35km/h 미만인 경우
③ ①의 건설기계 외의 건설기계에 대하여는 건설기계가 위치한 장소에서 검사를 할 수 있다.

▌ 검사대행자(규칙 제33조제1항)

검사대행자로 지정을 받으려는 자는 건설기계검사대행자지정신청서에 다음의 서류를 첨부하여 국토교통부장관에게 제출하여야 한다.
① 시설의 소유권 또는 사용권이 있음을 증명하는 서류
② 보유하고 있는 기술자의 명단 및 그 자격을 증명하는 서류
③ 검사업무규정안

▌ 구조변경범위 등(규칙 제42조)

주요구조의 변경 및 개조의 범위는 다음과 같다. 다만, 건설기계의 기종변경, 육상작업용 건설기계규격의 증가 또는 적재함의 용량증가를 위한 구조변경은 이를 할 수 없다.
① 원동기 및 전동기의 형식변경
② 동력전달장치의 형식변경
③ 제동장치의 형식변경
④ 주행장치의 형식변경
⑤ 유압장치의 형식변경
⑥ 조종장치의 형식변경
⑦ 조향장치의 형식변경
⑧ 작업장치의 형식변경. 다만, 가공작업을 수반하지 아니하고 작업장치를 선택부착하는 경우에는 작업장치의 형식변경으로 보지 아니한다.
⑨ 건설기계의 길이·너비·높이 등의 변경
⑩ 수상작업용 건설기계의 선체의 형식변경
⑪ 타워크레인 설치기초 및 전기장치의 형식변경

■ **구조변경검사(규칙 제25조제1항)**

구조변경검사를 받으려는 자는 주요구조를 변경 또는 개조한 날부터 20일 이내에 건설기계구조변경
검사신청서에 다음의 서류를 첨부하여 시·도지사에게 제출해야 한다. 다만, 검사대행자를 지정한
경우에는 검사대행자에게 제출해야 한다.

① 변경 전후의 주요제원대비표

② 변경 전후의 건설기계의 외관도(외관의 변경이 있는 경우에 한한다)

③ 변경한 부분의 도면

④ 선급법인 또는 한국해양교통안전공단이 발행한 안전도검사증명서(수상작업용 건설기계에 한
한다)

⑤ 건설기계를 제작하거나 조립하는 자 또는 건설기계정비업자의 등록을 한 자가 발행하는 구조변
경사실을 증명하는 서류

■ **건설기계 안전기준에 관한 규칙상 건설기계 "높이"의 정의(건설기계 안전기준에 관한 규칙 제2조)**

"높이"란 작업장치를 부착한 자체중량 상태의 건설기계의 가장 위쪽 끝이 만드는 수평면으로부터
지면까지의 최단거리를 말한다.

■ **건설기계형식의 승인(법 제18조제2항)**

건설기계를 제작·조립 또는 수입(제작 등)하려는 자는 해당 건설기계의 형식에 관하여 국토교통부
령으로 정하는 바에 따라 국토교통부장관의 승인을 받아야 한다. 다만, 대통령령으로 정하는 건설기
계의 경우에는 그 건설기계의 제작 등을 한 자가 국토교통부령으로 정하는 바에 따라 그 형식에
관하여 국토교통부장관에게 신고하여야 한다.

■ **건설기계조종사면허의 결격사유(법 제27조)**

다음의 어느 하나에 해당하는 사람은 건설기계조종사면허를 받을 자격이 없다.

① 18세 미만인 사람

② 건설기계 조종상의 위험과 장해를 일으킬 수 있는 정신질환자 또는 뇌전증환자로서 국토교통부
령으로 정하는 사람

③ 앞을 보지 못하는 사람, 듣지 못하는 사람, 그 밖에 국토교통부령으로 정하는 장애인

④ 건설기계 조종상의 위험과 장해를 일으킬 수 있는 마약·대마·향정신성의약품 또는 알코올중독
자로서 국토교통부령으로 정하는 사람

⑤ 건설기계조종사면허가 취소된 날부터 1년(거짓이나 그 밖의 부정한 방법으로 건설기계조종사면허
를 받은 경우 및 건설기계조종사면허의 효력정지기간 중 건설기계를 조종한 경우의 사유로 취소된
경우에는 2년)이 지나지 아니하였거나 건설기계조종사면허의 효력정지처분 기간 중에 있는 사람

▌ 건설기계조종사면허의 취소·정지(법 제28조)

시장·군수 또는 구청장은 건설기계조종사가 다음의 어느 하나에 해당하는 경우에는 국토교통부령으로 정하는 바에 따라 건설기계조종사면허를 취소하거나 1년 이내의 기간을 정하여 건설기계조종사면허의 효력을 정지시킬 수 있다. 다만, ①, ②, ⑧ 또는 ⑨에 해당하는 경우에는 건설기계조종사면허를 취소하여야 한다.

① 거짓이나 그 밖의 부정한 방법으로 건설기계조종사면허를 받은 경우
② 건설기계조종사면허의 효력정지기간 중 건설기계를 조종한 경우
③ 다음 중 어느 하나에 해당하게 된 경우
    ㉠ 건설기계 조종상의 위험과 장해를 일으킬 수 있는 정신질환자 또는 뇌전증환자로서 국토교통부령으로 정하는 사람
    ㉡ 앞을 보지 못하는 사람, 듣지 못하는 사람, 그 밖에 국토교통부령으로 정하는 장애인
    ㉢ 건설기계 조종상의 위험과 장해를 일으킬 수 있는 마약·대마·향정신성의약품 또는 알코올 중독자로서 국토교통부령으로 정하는 사람
④ 건설기계의 조종 중 고의 또는 과실로 중대한 사고를 일으킨 경우
⑤ 「국가기술자격법」에 따른 해당 분야의 기술자격이 취소되거나 정지된 경우
⑥ 건설기계조종사면허증을 다른 사람에게 빌려 준 경우
⑦ 술에 취하거나 마약 등 약물을 투여한 상태 또는 과로·질병의 영향이나 그 밖의 사유로 정상적으로 조종하지 못할 우려가 있는 상태에서 건설기계를 조종한 경우
⑧ 정기적성검사를 받지 아니하고 1년이 지난 경우
⑨ 정기적성검사 또는 수시적성검사에서 불합격한 경우

▌ 건설기계조종사면허증의 반납(규칙 제80조)

① 건설기계조종사면허를 받은 사람은 다음의 어느 하나에 해당하는 때에는 그 사유가 발생한 날부터 10일 이내에 시장·군수 또는 구청장에게 그 면허증을 반납해야 한다.
    ㉠ 면허가 취소된 때
    ㉡ 면허의 효력이 정지된 때
    ㉢ 면허증의 재교부를 받은 후 잃어버린 면허증을 발견한 때
② 건설기계조종사면허를 받은 사람은 본인의 의사에 따라 해당 면허를 자진해서 시장·군수 또는 구청장에게 반납할 수 있다. 이 경우 건설기계조종사면허증 반납신고서를 작성하여 반납하려는 면허증과 함께 제출해야 한다.

■ **건설기계조종사의 적성검사 기준(규칙 제76조제1항)**

① 두 눈을 동시에 뜨고 잰 시력이 0.7 이상이고, 두 눈의 시력이 각각 0.3 이상일 것(교정시력을 포함)

② 55dB(보청기를 사용하는 사람은 40dB)의 소리를 들을 수 있고, 언어분별력이 80% 이상일 것

③ 시각은 150° 이상일 것

④ 다음에 사유에 해당되지 아니할 것

    ㉠ 건설기계 조종상의 위험과 장해를 일으킬 수 있는 정신질환자 또는 뇌전증환자로서 국토교통부령으로 정하는 사람

    ㉡ 앞을 보지 못하는 사람, 듣지 못하는 사람, 그 밖에 국토교통부령으로 정하는 장애인

    ㉢ 건설기계 조종상의 위험과 장해를 일으킬 수 있는 마약·대마·향정신성의약품 또는 알코올 중독자로서 국토교통부령으로 정하는 사람

■ **2년 이하의 징역 또는 2,000만원 이하의 벌금(법 제40조)**

① 등록되지 아니한 건설기계를 사용하거나 운행한 자

② 등록이 말소된 건설기계를 사용하거나 운행한 자

③ 시·도지사의 지정을 받지 아니하고 등록번호표를 제작하거나 등록번호를 새긴 자

④ 검사대행자 또는 그 소속 직원에게 재물이나 그 밖의 이익을 제공하거나 제공 의사를 표시하고 부정한 검사를 받은 자

⑤ 건설기계의 주요 구조나 원동기, 동력전달장치, 제동장치 등 주요 장치를 변경 또는 개조한 자

⑥ 무단 해체한 건설기계를 사용·운행하거나 타인에게 유상·무상으로 양도한 자

⑦ 제작결함의 시정에 따른 시정명령을 이행하지 아니한 자

⑧ 등록을 하지 아니하고 건설기계사업을 하거나 거짓으로 등록을 한 자

⑨ 등록이 취소되거나 사업의 전부 또는 일부가 정지된 건설기계사업자로서 계속하여 건설기계사업을 한 자

■ **1년 이하의 징역 또는 1,000만원 이하의 벌금(법 제41조)**

① 거짓이나 그 밖의 부정한 방법으로 건설기계 등록을 한 자

② 건설기계의 등록번호를 지워 없애거나 그 식별을 곤란하게 한 자

③ 건설기계의 구조변경검사 또는 수시검사를 받지 아니한 자

④ 검사에 불합격된 건설기계 정비명령을 이행하지 아니한 자

⑤ 건설기계의 사용·운행 중지 명령을 위반하여 사용·운행한 자

⑥ 사업정지명령을 위반하여 사업정지기간 중에 검사를 한 자

⑦ 형식승인, 형식변경승인 또는 확인검사를 받지 아니하고 건설기계의 제작 등을 한 자

⑧ 사후관리에 관한 명령을 이행하지 아니한 자

⑨ 내구연한을 초과한 건설기계 또는 건설기계 장치 및 부품을 운행하거나 사용한 자

⑩ 내구연한을 초과한 건설기계 또는 건설기계 장치 및 부품의 운행 또는 사용을 알고도 말리지 아니하거나 운행 또는 사용을 지시한 고용주

⑪ 부품인증을 받지 아니한 건설기계 장치 및 부품을 사용한 자

⑫ 부품인증을 받지 아니한 건설기계 장치 및 부품을 건설기계에 사용하는 것을 알고도 말리지 아니하거나 사용을 지시한 고용주

⑬ 매매용 건설기계의 운행금지 등의 의무를 위반하여 매매용 건설기계를 운행하거나 사용한 자

⑭ 폐기인수 사실을 증명하는 서류의 발급을 거부하거나 거짓으로 발급한 자

⑮ 폐기요청을 받은 건설기계를 폐기하지 아니하거나 등록번호표를 폐기하지 아니한 자

⑯ 건설기계조종사면허를 받지 아니하고 건설기계를 조종한 자

⑰ 건설기계조종사면허를 거짓이나 그 밖의 부정한 방법으로 받은 자

⑱ 소형건설기계의 조종에 관한 교육과정의 이수에 관한 증빙서류를 거짓으로 발급한 자

⑲ 술에 취하거나 마약 등 약물을 투여한 상태에서 건설기계를 조종한 자와 그러한 자가 건설기계를 조종하는 것을 알고도 말리지 아니하거나 건설기계를 조종하도록 지시한 고용주

⑳ 건설기계조종사면허가 취소되거나 건설기계조종사면허의 효력정지처분을 받은 후에도 건설기계를 계속하여 조종한 자

㉑ 건설기계를 도로나 타인의 토지에 버려둔 자

▎과태료(법 제44조)

① 다음의 어느 하나에 해당하는 자에게는 300만원 이하의 과태료를 부과한다.

　㉠ 등록번호표를 부착하지 아니하거나 봉인하지 아니한 건설기계를 운행한 자

　㉡ 정기검사를 받지 아니한 자

　㉢ 건설기계임대차 등에 관한 계약서를 작성하지 아니한 자

　㉣ 정기적성검사 또는 수시적성검사를 받지 아니한 자

　㉤ 시설 또는 업무에 관한 보고를 하지 아니하거나 거짓으로 보고한 자

　㉥ 소속 공무원의 검사·질문을 거부·방해·기피한 자

　㉦ 정당한 사유 없이 직원의 출입을 거부하거나 방해한 자

② 다음의 어느 하나에 해당하는 자에게는 100만원 이하의 과태료를 부과한다.

　㉠ 수출의 이행 여부를 신고하지 아니하거나 폐기 또는 등록을 하지 아니한 자

　㉡ 등록번호표를 부착·봉인하지 아니하거나 등록번호를 새기지 아니한 자

　㉢ 등록번호표를 가리거나 훼손하여 알아보기 곤란하게 한 자 또는 그러한 건설기계를 운행한 자

　㉣ 등록번호의 새김명령을 위반한 자

⑩ 건설기계안전기준에 적합하지 아니한 건설기계를 사용하거나 운행한 자 또는 사용하게 하거나 운행하게 한 자

⑪ 조사 또는 자료제출 요구를 거부·방해·기피한 자

⑫ 검사유효기간이 끝난 날부터 31일이 지난 건설기계를 사용하게 하거나 운행하게 한 자 또는 사용하거나 운행한 자

⑬ 특별한 사정 없이 건설기계임대차 등에 관한 계약과 관련된 자료를 제출하지 아니한 자

⑭ 건설기계사업자의 의무를 위반한 자

⑮ 안전교육 등을 받지 아니하고 건설기계를 조종한 자

③ 다음의 어느 하나에 해당하는 자에게는 50만원 이하의 과태료를 부과한다.

㉠ 임시번호표를 붙이지 아니하고 운행한 자

㉡ 등록사항의 변경신고에 따른 신고를 하지 아니하거나 거짓으로 신고한 자

㉢ 등록의 말소를 신청하지 아니한 자

㉣ 등록번호표 제작자가 지정받은 사항을 변경하고 변경신고를 하지 아니하거나 거짓으로 변경신고한 자

㉤ 등록번호표를 반납하지 아니한 자

㉥ 국토교통부령으로 정하는 범위를 위반하여 건설기계를 정비한 자

㉦ 건설기계형식의 승인 등에 따른 신고를 하지 아니한 자

㉧ 건설기계사업자의 변경신고 등의 의무에 따른 신고를 하지 아니하거나 거짓으로 신고한 자

㉨ 건설기계사업의 양도·양수 등의 신고에 따른 신고를 하지 아니하거나 거짓으로 신고한 자

㉩ 매매용 건설기계를 사업장에 제시하거나 판 경우에 신고를 하지 아니하거나 거짓으로 신고한 자

㉪ 건설기계를 수출 전까지 등록을 말소한 시·도지사에게 등록말소사유 변경신고를 하지 아니하거나 거짓으로 신고한 자

㉫ 건설기계의 소유자 또는 점유자의 금지행위를 위반하여 건설기계를 세워 둔 자

④ ①부터 ③까지의 규정에 따른 과태료는 대통령령으로 정하는 바에 따라 국토교통부장관, 시·도지사, 시장·군수 또는 구청장이 부과·징수한다.

[02] 도로교통법

▌ **용어 정의(법 제2조)**

① "도로"란 다음에 해당하는 곳을 말한다.
   ㉠ 「도로법」에 따른 도로
   ㉡ 「유료도로법」에 따른 유료도로
   ㉢ 「농어촌도로 정비법」에 따른 농어촌도로
   ㉣ 그 밖에 현실적으로 불특정 다수의 사람 또는 차마(車馬)가 통행할 수 있도록 공개된 장소로서 안전하고 원활한 교통을 확보할 필요가 있는 장소
② 교차로 : '십'자로, 'T'자로나 그 밖에 둘 이상의 도로(보도와 차도가 구분되어 있는 도로에서는 차도)가 교차하는 부분
③ 횡단보도 : 보행자가 도로를 횡단할 수 있도록 안전표지로 표시한 도로의 부분
④ 안전지대 : 도로를 횡단하는 보행자나 통행하는 차마의 안전을 위하여 안전표지나 이와 비슷한 인공구조물로 표시한 도로의 부분
⑤ 안전표지 : 교통안전에 필요한 주의·규제·지시 등을 표시하는 표지판이나 도로의 바닥에 표시하는 기호·문자 또는 선 등

▌ 「도로교통법」상 어린이는 13세 미만인 사람을 말한다(법 제2조).

▌ **안전표지의 구분(규칙 제8조)**

주의표지, 규제표지, 지시표지, 보조표지, 노면표시가 있다.

▌ **안전표지의 종류(규칙 [별표 6])**

■ 신호 또는 지시에 따를 의무(법 제5조)

① 도로를 통행하는 보행자, 차마 또는 노면전차의 운전자는 교통안전시설이 표시하는 신호 또는 지시와 다음의 어느 하나에 해당하는 사람이 하는 신호 또는 지시를 따라야 한다.

    ㉠ 교통정리를 하는 경찰공무원(의무경찰을 포함한다. 이하 같다) 및 제주특별자치도의 자치경찰공무원(이하 "자치경찰공무원"이라 한다)

    ㉡ 경찰공무원(자치경찰공무원을 포함한다. 이하 같다)을 보조하는 사람으로서 대통령령으로 정하는 사람(이하 "경찰보조자"라 한다)

② 도로를 통행하는 보행자, 차마 또는 노면전차의 운전자는 ①에 따른 교통안전시설이 표시하는 신호 또는 지시와 교통정리를 하는 경찰공무원 또는 경찰보조자(이하 "경찰공무원 등"이라 한다)의 신호 또는 지시가 서로 다른 경우에는 경찰공무원 등의 신호 또는 지시에 따라야 한다.

■ 차로에 따른 통행구분(규칙 제16조, [별표 9])

① 차로를 설치한 경우 그 도로의 중앙에서 오른쪽으로 2 이상의 차로(전용차로가 설치되어 운용되고 있는 도로에서는 전용차로를 제외)가 설치된 도로 및 일방통행도로에 있어서 그 차로에 따른 통행차의 기준은 [별표 9]와 같다.

차로에 따른 통행차의 기준(규칙 [별표 9])

도 로		차로 구분	통행할 수 있는 차종
고속도로 외의 도로		왼쪽 차로	승용자동차 및 경형·소형·중형 승합자동차
		오른쪽 차로	대형승합자동차, 화물자동차, 특수자동차, 건설기계, 이륜자동차, 원동기장치자전거(개인형 이동장치 제외)
고속도로	편도 2차로	1차로	앞지르기를 하려는 모든 자동차. 다만, 차량통행량 증가 등 도로상황으로 인하여 부득이하게 80km/h 미만으로 통행할 수밖에 없는 경우에는 앞지르기를 하는 경우가 아니라도 통행할 수 있다.
		2차로	모든 자동차
	편도 3차로 이상	1차로	앞지르기를 하려는 승용자동차 및 앞지르기를 하려는 경형·소형·중형 승합자동차. 다만, 차량통행량 증가 등 도로상황으로 인하여 부득이하게 80km/h 미만으로 통행할 수밖에 없는 경우에는 앞지르기를 하는 경우가 아니라도 통행할 수 있다.
		왼쪽 차로	승용자동차 및 경형·소형·중형 승합자동차
		오른쪽 차로	대형 승합자동차, 화물자동차, 특수자동차, 건설기계

비 고

1. 위 표에서 사용하는 용어의 뜻은 다음과 같다.
    가. "왼쪽 차로"란 다음에 해당하는 차로를 말한다.
        1) 고속도로 외의 도로의 경우 : 차로를 반으로 나누어 1차로에 가까운 부분의 차로(다만, 차로수가 홀수인 경우 가운데 차로는 제외)
        2) 고속도로의 경우 : 1차로를 제외한 차로를 반으로 나누어 그중 1차로에 가까운 부분의 차로(다만, 1차로를 제외한 차로의 수가 홀수인 경우 그중 가운데 차로는 제외)
    나. "오른쪽 차로"란 다음에 해당하는 차로를 말한다.
        1) 고속도로 외의 도로의 경우 : 왼쪽 차로를 제외한 나머지 차로
        2) 고속도로의 경우 : 1차로와 왼쪽 차로를 제외한 나머지 차로

2. 모든 차는 위 표에서 지정된 차로보다 오른쪽에 있는 차로로 통행할 수 있다.

3. 앞지르기를 할 때에는 위 표에서 지정된 차로의 왼쪽 바로 옆 차로로 통행할 수 있다.

4. 도로의 진출입 부분에서 진출입하는 때와 정차 또는 주차한 후 출발하는 때의 상당한 거리 동안은 이 표에서 정하는 기준에 따르지 아니할 수 있다.

5. 이 표 중 승합자동차의 차종 구분은 「자동차관리법 시행규칙」 [별표 1]에 따른다.

6. 다음의 차마는 도로의 가장 오른쪽에 있는 차로로 통행하여야 한다.

    가. 자전거 등

    나. 우 마

    다. 법 제2조제18호 나목에 따른 건설기계 이외의 건설기계

    라. 다음의 위험물 등을 운반하는 자동차

        1) 「위험물안전관리법」 제2조제1항제1호 및 제2호에 따른 지정수량 이상의 위험물

        2) 「총포・도검・화약류 등의 안전관리에 관한 법률」 제2조제3항에 따른 화약류

        3) 「화학물질관리법」 제2조제2호에 따른 유독물질

        4) 「폐기물관리법」 제2조제4호에 따른 지정폐기물과 같은 조 제5호에 따른 의료폐기물

        5) 「고압가스 안전관리법」 제2조 및 같은 법 시행령 제2조에 따른 고압가스

        6) 「액화석유가스의 안전관리 및 사업법」 제2조제1호에 따른 액화석유가스

        7) 「원자력안전법」 제2조제5호에 따른 방사성물질 또는 그에 따라 오염된 물질

        8) 「산업안전보건법」 제117조제1항 및 같은 법 시행령 제87조에 따른 제조 등의 금지 유해물질과 「산업안전보건법」 제118조제1항 및 같은 법 시행령 제88조에 따른 허가대상 유해물질

        9) 「농약관리법」 제2조제3호에 따른 원제

    마. 그 밖에 사람 또는 가축의 힘이나 그 밖의 동력으로 도로에서 운행되는 것

7. 좌회전 차로가 2차로 이상 설치된 교차로에서 좌회전하려는 차는 그 설치된 좌회전 차로 내에서 위 표 중 고속도로 외의 도로에서의 차로 구분에 따라 좌회전하여야 한다.

② 모든 차의 운전자는 통행하고 있는 차로에서 느린 속도로 진행하여 다른 차의 정상적인 통행을 방해할 우려가 있는 때에는 그 통행하던 차로의 오른쪽 차로로 통행하여야 한다.

③ 차로의 순위는 도로의 중앙선쪽에 있는 차로부터 1차로로 한다. 다만, 일방통행도로에서는 도로의 왼쪽부터 1차로로 한다.

▌ 자동차 등과 노면전차의 속도(규칙 제19조제1항)

① 일반도로(고속도로 및 자동차전용도로 외의 모든 도로를 말한다)

    ㉠ 「국토의 계획 및 이용에 관한 법률」 제36조제1항제1호가목부터 다목까지의 규정에 따른 주거지역・상업지역 및 공업지역의 일반도로에서는 50km/h 이내. 다만, 시・도경찰청장이 원활한 소통을 위하여 특히 필요하다고 인정하여 지정한 노선 또는 구간에서는 60km/h 이내

    ㉡ ㉠ 외의 일반도로에서는 60km/h 이내. 다만, 편도 2차로 이상의 도로에서는 80km/h 이내

② 자동차전용도로에서의 최고속도는 90km/h, 최저속도는 30km/h

③ 고속도로

    ㉠ 편도 1차로 고속도로에서의 최고속도는 80km/h, 최저속도는 50km/h

    ㉡ 편도 2차로 이상 고속도로에서의 최고속도는 100km/h(화물자동차(적재중량 1.5ton을 초과하는 경우에 한한다. 이하 같다)・특수자동차・위험물운반자동차([별표 9]에 따른 위험물 등을 운반하는 자동차를 말한다. 이하 같다) 및 건설기계의 최고속도는 80km), 최저속도는 50km/h

ⓒ ⓛ에 불구하고 편도 2차로 이상의 고속도로로서 경찰청장이 고속도로의 원활한 소통을 위하여 특히 필요하다고 인정하여 지정·고시한 노선 또는 구간의 최고속도는 120km/h(화물자동차·특수자동차·위험물운반자동차 및 건설기계의 최고속도는 90km/h) 이내, 최저속도는 50km/h

▌ 감속운행(규칙 제19조제2항)

① 최고속도의 100분의 20을 줄인 속도로 운행하여야 하는 경우
   ㉠ 비가 내려 노면이 젖어 있는 경우
   ㉡ 눈이 20mm 미만 쌓인 경우
② 최고속도의 100분의 50을 줄인 속도로 운행하여야 하는 경우
   ㉠ 폭우·폭설·안개 등으로 가시거리가 100m 이내인 경우
   ㉡ 노면이 얼어붙은 경우
   ㉢ 눈이 20mm 이상 쌓인 경우

▌ 진로 양보의 의무(법 제20조)

① 모든 차(긴급자동차는 제외)의 운전자는 뒤에서 따라오는 차보다 느린 속도로 가려는 경우에는 도로의 우측 가장자리로 피하여 진로를 양보하여야 한다. 다만, 통행 구분이 설치된 도로의 경우에는 그러하지 아니하다.
② 좁은 도로에서 긴급자동차 외의 자동차가 서로 마주 보고 진행할 때에는 다음의 구분에 따른 자동차가 도로의 우측 가장자리로 피하여 진로를 양보하여야 한다.
   ㉠ 비탈진 좁은 도로에서 자동차가 서로 마주 보고 진행하는 경우에는 올라가는 자동차
   ㉡ 비탈진 좁은 도로 외의 좁은 도로에서 사람을 태웠거나 물건을 실은 자동차와 동승자가 없고 물건을 싣지 아니한 자동차가 서로 마주 보고 진행하는 경우에는 동승자가 없고 물건을 싣지 아니한 자동차

▌ 앞지르기 방법 등(법 제21조)

① 모든 차의 운전자는 다른 차를 앞지르려면 앞차의 좌측으로 통행하여야 한다.
② 자전거 등의 운전자는 서행하거나 정지한 다른 차를 앞지르려면 ①에도 불구하고 앞차의 우측으로 통행할 수 있다. 이 경우 자전거 등의 운전자는 정지한 차에서 승차하거나 하차하는 사람의 안전에 유의하여 서행하거나 필요한 경우 일시정지하여야 한다.
③ ①과 ②의 경우 앞지르려고 하는 모든 차의 운전자는 반대방향의 교통과 앞차 앞쪽의 교통에도 주의를 충분히 기울여야 하며, 앞차의 속도·진로와 그 밖의 도로상황에 따라 방향지시기·등화 또는 경음기를 사용하는 등 안전한 속도와 방법으로 앞지르기를 하여야 한다.

④ 모든 차의 운전자는 ①부터 ③까지 또는 안전하게 통행하는 방법으로 앞지르기를 하는 차가 있을 때에는 속도를 높여 경쟁하거나 그 차의 앞을 가로막는 등의 방법으로 앞지르기를 방해하여서는 아니 된다.

▌ 앞지르기 금지의 시기 및 장소(법 제22조)

① 모든 차의 운전자는 다음의 어느 하나에 해당하는 경우에는 앞차를 앞지르지 못한다.
  ㉠ 앞차의 좌측에 다른 차가 앞차와 나란히 가고 있는 경우
  ㉡ 앞차가 다른 차를 앞지르고 있거나 앞지르려고 하는 경우
② 모든 차의 운전자는 다음의 어느 하나에 해당하는 다른 차를 앞지르지 못한다.
  ㉠ 이 법이나 이 법에 따른 명령에 따라 정지하거나 서행하고 있는 차
  ㉡ 경찰공무원의 지시에 따라 정지하거나 서행하고 있는 차
  ㉢ 위험을 방지하기 위하여 정지하거나 서행하고 있는 차
③ 모든 차의 운전자는 다음의 어느 하나에 해당하는 곳에서는 다른 차를 앞지르지 못한다.
  ㉠ 교차로
  ㉡ 터널 안
  ㉢ 다리 위
  ㉣ 도로의 구부러진 곳, 비탈길의 고갯마루 부근 또는 가파른 비탈길의 내리막 등 시·도경찰청장이 도로에서의 위험을 방지하고 교통의 안전과 원활한 소통을 확보하기 위하여 필요하다고 인정하는 곳으로서 안전표지로 지정한 곳

▌ 철길 건널목의 통과(법 제24조)

① 모든 차 또는 노면전차의 운전자는 철길 건널목(이하 "건널목"이라 한다)을 통과하려는 경우에는 건널목 앞에서 일시정지하여 안전한지 확인한 후에 통과하여야 한다. 다만, 신호기 등이 표시하는 신호에 따르는 경우에는 정지하지 아니하고 통과할 수 있다.
② 모든 차 또는 노면전차의 운전자는 건널목의 차단기가 내려져 있거나 내려지려고 하는 경우 또는 건널목의 경보기가 울리고 있는 동안에는 그 건널목으로 들어가서는 아니 된다.
③ 모든 차 또는 노면전차의 운전자는 건널목을 통과하다가 고장 등의 사유로 건널목 안에서 차 또는 노면전차를 운행할 수 없게 된 경우에는 즉시 승객을 대피시키고 비상신호기 등을 사용하거나 그 밖의 방법으로 철도공무원이나 경찰공무원에게 그 사실을 알려야 한다.

▌ 교차로 통행방법(법 제25조)

① 모든 차의 운전자는 교차로에서 우회전을 하려는 경우에는 미리 도로의 우측 가장자리를 서행하면서 우회전하여야 한다. 이 경우 우회전하는 차의 운전자는 신호에 따라 정지하거나 진행하는 보행자 또는 자전거 등에 주의하여야 한다.

② 모든 차의 운전자는 교차로에서 좌회전을 하려는 경우에는 미리 도로의 중앙선을 따라 서행하면서 교차로의 중심 안쪽을 이용하여 좌회전하여야 한다. 다만, 시·도경찰청장이 교차로의 상황에 따라 특히 필요하다고 인정하여 지정한 곳에서는 교차로의 중심 바깥쪽을 통과할 수 있다.

③ ②에도 불구하고 자전거 등의 운전자는 교차로에서 좌회전하려는 경우에는 미리 도로의 우측 가장자리로 붙어 서행하면서 교차로의 가장자리 부분을 이용하여 좌회전하여야 한다.

④ ①부터 ③까지의 규정에 따라 우회전이나 좌회전을 하기 위하여 손이나 방향지시기 또는 등화로써 신호를 하는 차가 있는 경우에 그 뒤차의 운전자는 신호를 한 앞차의 진행을 방해하여서는 아니 된다.

⑤ 모든 차 또는 노면전차의 운전자는 신호기로 교통정리를 하고 있는 교차로에 들어가려는 경우에는 진행하려는 진로의 앞쪽에 있는 차 또는 노면전차의 상황에 따라 교차로(정지선이 설치되어 있는 경우에는 그 정지선을 넘은 부분을 말한다)에 정지하게 되어 다른 차 또는 노면전차의 통행에 방해가 될 우려가 있는 경우에는 그 교차로에 들어가서는 아니 된다.

⑥ 모든 차의 운전자는 교통정리를 하고 있지 아니하고 일시정지나 양보를 표시하는 안전표지가 설치되어 있는 교차로에 들어가려고 할 때에는 다른 차의 진행을 방해하지 아니하도록 일시정지하거나 양보하여야 한다.

■ 교통정리가 없는 교차로에서의 양보운전(법 제26조)

① 교통정리를 하고 있지 아니하는 교차로에 들어가려고 하는 차의 운전자는 이미 교차로에 들어가 있는 다른 차가 있을 때에는 그 차에 진로를 양보하여야 한다.

② 교통정리를 하고 있지 아니하는 교차로에 들어가려고 하는 차의 운전자는 그 차가 통행하고 있는 도로의 폭보다 교차하는 도로의 폭이 넓은 경우에는 서행하여야 하며, 폭이 넓은 도로로부터 교차로에 들어가려고 하는 다른 차가 있을 때에는 그 차에 진로를 양보하여야 한다.

③ 교통정리를 하고 있지 아니하는 교차로에 동시에 들어가려고 하는 차의 운전자는 우측도로의 차에 진로를 양보하여야 한다.

④ 교통정리를 하고 있지 아니하는 교차로에서 좌회전하려고 하는 차의 운전자는 그 교차로에서 직진하거나 우회전하려는 다른 차가 있을 때에는 그 차에 진로를 양보하여야 한다.

■ 보행자의 보호(법 제27조)

① 모든 차 또는 노면전차의 운전자는 보행자(자전거 등에서 내려서 자전거 등을 끌거나 들고 통행하는 자전거 등의 운전자를 포함)가 횡단보도를 통행하고 있거나 통행하려고 하는 때에는 보행자의 횡단을 방해하거나 위험을 주지 아니하도록 그 횡단보도 앞(정지선이 설치되어 있는 곳에서는 그 정지선을 말한다)에서 일시정지하여야 한다.

② 모든 차 또는 노면전차의 운전자는 교통정리를 하고 있는 교차로에서 좌회전이나 우회전을 하려는 경우에는 신호기 또는 경찰공무원 등의 신호나 지시에 따라 도로를 횡단하는 보행자의 통행을 방해하여서는 아니 된다.

③ 모든 차의 운전자는 교통정리를 하고 있지 아니하는 교차로 또는 그 부근의 도로를 횡단하는 보행자의 통행을 방해하여서는 아니 된다.

④ 모든 차의 운전자는 도로에 설치된 안전지대에 보행자가 있는 경우와 차로가 설치되지 아니한 좁은 도로에서 보행자의 옆을 지나는 경우에는 안전한 거리를 두고 서행하여야 한다.

⑤ 모든 차 또는 노면전차의 운전자는 보행자가 횡단보도가 설치되어 있지 아니한 도로를 횡단하고 있을 때에는 안전거리를 두고 일시정지하여 보행자가 안전하게 횡단할 수 있도록 하여야 한다.

⑥ 모든 차의 운전자는 다음 어느 하나에 해당하는 곳에서 보행자의 옆을 지나는 경우에는 안전한 거리를 두고 서행하여야 하며, 보행자의 통행에 방해가 될 때에는 서행하거나 일시정지하여 보행자가 안전하게 통행할 수 있도록 하여야 한다.
  ㉠ 보도와 차도가 구분되지 아니한 도로 중 중앙선이 없는 도로
  ㉡ 보행자 우선도로
  ㉢ 도로 외의 곳

⑦ 모든 차 또는 노면전차의 운전자는 어린이 보호구역 내에 설치된 횡단보도 중 신호기가 설치되지 아니한 횡단보도 앞(정지선이 설치된 경우에는 그 정지선을 말한다)에서는 보행자의 횡단 여부와 관계없이 일시정지하여야 한다.

▌ 긴급자동차의 우선 통행(법 제29조)

① 긴급자동차는 도로의 중앙 우측 부분을 통행하여야 함에도 불구하고 긴급하고 부득이한 경우에는 도로의 중앙이나 좌측 부분을 통행할 수 있다.

② 긴급자동차는 이 법이나 이 법에 따른 명령에 따라 정지하여야 하는 경우에도 불구하고 긴급하고 부득이한 경우에는 정지하지 아니할 수 있다.

③ 긴급자동차의 운전자는 ①이나 ②의 경우에 교통안전에 특히 주의하면서 통행하여야 한다.

④ 교차로나 그 부근에서 긴급자동차가 접근하는 경우에는 차마와 노면전차의 운전자는 교차로를 피하여 일시정지하여야 한다.

⑤ 모든 차와 노면전차의 운전자는 ④에 따른 곳 외의 곳에서 긴급자동차가 접근한 경우에는 긴급자동차가 우선통행할 수 있도록 진로를 양보하여야 한다.

⑥ 긴급자동차(법 제2조제22호)의 자동차 운전자는 해당 자동차를 그 본래의 긴급한 용도로 운행하지 아니하는 경우에는 「자동차관리법」에 따라 설치된 경광등을 켜거나 사이렌을 작동하여서는 아니 된다. 다만, 대통령령으로 정하는 바에 따라 범죄 및 화재 예방 등을 위한 순찰·훈련 등을 실시하는 경우에는 그러하지 아니하다.

■ 긴급자동차(법 제2조제22호, 영 제2조)

① 소방차, 구급차, 혈액 공급차량

② 그 밖에 대통령령으로 정하는 자동차

긴급자동차의 종류(영 제2조)

① 법 제2조제22호라목에서 "대통령령으로 정하는 자동차"란 긴급한 용도로 사용되는 다음의 어느 하나에 해당하는 자동차를 말한다. 다만, 6.부터 11.까지의 자동차는 이를 사용하는 사람 또는 기관 등의 신청에 의하여 시·도경찰청장이 지정하는 경우로 한정한다.

1. 경찰용 자동차 중 범죄수사, 교통단속, 그 밖의 긴급한 경찰업무 수행에 사용되는 자동차
2. 국군 및 주한 국제연합군용 자동차 중 군 내부의 질서 유지나 부대의 질서 있는 이동을 유도(誘導)하는 데 사용되는 자동차
3. 수사기관의 자동차 중 범죄수사를 위하여 사용되는 자동차
4. 다음의 어느 하나에 해당하는 시설 또는 기관의 자동차 중 도주자의 체포 또는 수용자, 보호관찰 대상자의 호송·경비를 위하여 사용되는 자동차
    가. 교도소·소년교도소 또는 구치소
    나. 소년원 또는 소년분류심사원
    다. 보호관찰소
5. 국내외 요인(要人)에 대한 경호업무 수행에 공무(公務)로 사용되는 자동차
6. 전기사업, 가스사업, 그 밖의 공익사업을 하는 기관에서 위험 방지를 위한 응급작업에 사용되는 자동차
7. 민방위업무를 수행하는 기관에서 긴급예방 또는 복구를 위한 출동에 사용되는 자동차
8. 도로관리를 위하여 사용되는 자동차 중 도로상의 위험을 방지하기 위한 응급작업에 사용되거나 운행이 제한되는 자동차를 단속하기 위하여 사용되는 자동차
9. 전신·전화의 수리공사 등 응급작업에 사용되는 자동차
10. 긴급한 우편물의 운송에 사용되는 자동차
11. 전파감시업무에 사용되는 자동차

② ①에 따른 자동차 외에 다음의 어느 하나에 해당하는 자동차는 긴급자동차로 본다.

1. ① 1.에 따른 경찰용 긴급자동차에 의하여 유도되고 있는 자동차
2. ① 2.에 따른 국군 및 주한 국제연합군용의 긴급자동차에 의하여 유도되고 있는 국군 및 주한 국제연합군의 자동차
3. 생명이 위급한 환자 또는 부상자나 수혈을 위한 혈액을 운송 중인 자동차

■ 서행 또는 일시정지할 장소(법 제31조)

① 모든 차 또는 노면전차의 운전자는 다음의 어느 하나에 해당하는 곳에서는 서행하여야 한다.

  ㉠ 교통정리를 하고 있지 아니하는 교차로

  ㉡ 도로가 구부러진 부근

ⓒ 비탈길의 고갯마루 부근

ⓓ 가파른 비탈길의 내리막

ⓔ 시·도경찰청장이 도로에서의 위험을 방지하고 교통의 안전과 원활한 소통을 확보하기 위하여 필요하다고 인정하여 안전표지로 지정한 곳

② 모든 차 또는 노면전차의 운전자는 다음의 어느 하나에 해당하는 곳에서는 일시정지하여야 한다.

　ⓐ 교통정리를 하고 있지 아니하고 좌우를 확인할 수 없거나 교통이 빈번한 교차로

　ⓑ 시·도경찰청장이 도로에서의 위험을 방지하고 교통의 안전과 원활한 소통을 확보하기 위하여 필요하다고 인정하여 안전표지로 지정한 곳

▌ 정차 및 주차의 금지(법 제32조)

모든 차의 운전자는 다음의 어느 하나에 해당하는 곳에서는 차를 정차하거나 주차하여서는 아니된다. 다만, 이 법이나 이 법에 따른 명령 또는 경찰공무원의 지시를 따르는 경우와 위험방지를 위하여 일시정지하는 경우에는 그러하지 아니하다.

① 교차로·횡단보도·건널목이나 보도와 차도가 구분된 도로의 보도(「주차장법」에 따라 차도와 보도에 걸쳐서 설치된 노상주차장은 제외)

② 교차로의 가장자리나 도로의 모퉁이로부터 5m 이내인 곳

③ 안전지대가 설치된 도로에서는 그 안전지대의 사방으로부터 각각 10m 이내인 곳

④ 버스여객자동차의 정류지(停留地)임을 표시하는 기둥이나 표지판 또는 선이 설치된 곳으로부터 10m 이내인 곳. 다만, 버스여객자동차의 운전자가 그 버스여객자동차의 운행시간 중에 운행노선에 따르는 정류장에서 승객을 태우거나 내리기 위하여 차를 정차하거나 주차하는 경우에는 그러하지 아니하다.

⑤ 건널목의 가장자리 또는 횡단보도로부터 10m 이내인 곳

⑥ 다음의 곳으로부터 5m 이내인 곳

　ⓐ 「소방기본법」에 따른 소방용수시설 또는 비상소화장치가 설치된 곳

　ⓑ 「소방시설 설치 및 관리에 관한 법률」에 따른 소방시설로서 대통령령으로 정하는 시설이 설치된 곳

소방 관련 시설 주변에서의 정차 및 주차의 금지 등(영 제10조의3)

① 법 제32조제6호나목에서 "대통령령으로 정하는 시설"이란 다음의 시설을 말한다.
　1. 「소방시설 설치 및 관리에 관한 법률 시행령」의 규정에 따른 옥내소화전설비(호스릴옥내소화전설비를 포함)·스프링클러설비 등·물분무 등 소화설비의 송수구
　2. 「소방시설 설치 및 관리에 관한 법률 시행령」에 따른 소화용수설비
　3. 「소방시설 설치 및 관리에 관한 법률 시행령」에 따른 연결송수관설비·연결살수설비·연소방지설비의 송수구 및 무선통신보조설비의 무선기기접속단자

② 시장 등은 법 제32조제6호에 해당하는 곳 중에서 신속한 소방활동을 위해 특히 필요하다고 인정하는 곳에는 안전표지를 설치해야 한다.

---

⑦ 시·도경찰청장이 도로에서의 위험을 방지하고 교통의 안전과 원활한 소통을 확보하기 위하여 필요하다고 인정하여 지정한 곳
⑧ 시장 등이 지정한 어린이 보호구역

■ 주차금지의 장소(법 제33조)

모든 차의 운전자는 다음의 어느 하나에 해당하는 곳에 차를 주차해서는 아니 된다.
① 터널 안 및 다리 위
② 다음의 곳으로부터 5m 이내인 곳
　㉠ 도로공사를 하고 있는 경우에는 그 공사 구역의 양쪽 가장자리
　㉡ 「다중이용업소의 안전관리에 관한 특별법」에 따른 다중이용업소의 영업장이 속한 건축물로 소방본부장의 요청에 의하여 시·도경찰청장이 지정한 곳
③ 시·도경찰청장이 도로에서의 위험을 방지하고 교통의 안전과 원활한 소통을 확보하기 위하여 필요하다고 인정하여 지정한 곳

■ 승차 또는 적재의 방법과 제한 등(법 제39조제1항, 규칙 제26조제3항)

① 모든 차의 운전자는 승차 인원, 적재중량 및 적재용량에 관하여 대통령령으로 정하는 운행상의 안전기준을 넘어서 승차시키거나 적재한 상태로 운전하여서는 아니 된다. 다만, 출발지를 관할하는 경찰서장의 허가를 받은 경우에는 그러하지 아니하다.
② 안전기준을 넘는 화물의 적재허가를 받은 사람은 그 길이 또는 폭의 양끝에 너비 30cm, 길이 50cm 이상의 빨간 헝겊으로 된 표지를 달아야 한다. 다만, 밤에 운행하는 경우에는 반사체로 된 표지를 달아야 한다.

■ 술에 취한 상태에서의 운전 금지(법 제44조제4항)

운전이 금지되는 술에 취한 상태의 기준은 운전자의 혈중알코올농도가 0.03% 이상인 경우로 한다.

■ 사고발생 시의 조치(법 제54조)

① 차 또는 노면전차의 운전 등 교통으로 인하여 사람을 사상하거나 물건을 손괴(이하 "교통사고"라 한다)한 경우에는 그 차 또는 노면전차의 운전자나 그 밖의 승무원(이하 "운전자 등"이라 한다)은 즉시 정차하여 다음의 조치를 하여야 한다.
　㉠ 사상자를 구호하는 등 필요한 조치
　㉡ 피해자에게 인적 사항(성명·전화번호·주소 등을 말한다) 제공

② ①의 경우 그 차 또는 노면전차의 운전자 등은 경찰공무원이 현장에 있을 때에는 그 경찰공무원에게, 경찰공무원이 현장에 없을 때에는 가장 가까운 국가경찰관서(지구대, 파출소 및 출장소를 포함한다. 이하 같다)에 다음의 사항을 지체 없이 신고하여야 한다. 다만, 차 또는 노면전차만 손괴된 것이 분명하고 도로에서의 위험방지와 원활한 소통을 위하여 필요한 조치를 한 경우에는 그러하지 아니하다.

  ㉠ 사고가 일어난 곳

  ㉡ 사상자 수 및 부상 정도

  ㉢ 손괴한 물건 및 손괴 정도

  ㉣ 그 밖의 조치사항 등

③ ②에 따라 신고를 받은 국가경찰관서의 경찰공무원은 부상자의 구호와 그 밖의 교통위험 방지를 위하여 필요하다고 인정하면 경찰공무원(자치경찰공무원은 제외)이 현장에 도착할 때까지 신고한 운전자 등에게 현장에서 대기할 것을 명할 수 있다.

④ 경찰공무원은 교통사고를 낸 차 또는 노면전차의 운전자 등에 대하여 그 현장에서 부상자의 구호와 교통안전을 위하여 필요한 지시를 명할 수 있다.

⑤ 긴급자동차, 부상자를 운반 중인 차, 우편물자동차 및 노면전차 등의 운전자는 긴급한 경우에는 동승자 등으로 하여금 ①에 따른 조치나 ②에 따른 신고를 하게 하고 운전을 계속할 수 있다.

⑥ 경찰공무원(자치경찰공무원은 제외)은 교통사고가 발생한 경우에는 대통령령으로 정하는 바에 따라 필요한 조사를 하여야 한다.

■ **교통사고처리 특례법상 12개 중요 법규 위반(교통사고처리 특례법 제3조제2항)**

① 신호기가 표시하는 신호 또는 교통정리를 하는 경찰공무원 등의 신호를 위반하거나 통행금지 또는 일시정지를 내용으로 하는 안전표지가 표시하는 지시를 위반하여 운전한 경우

② 중앙선을 침범하거나 법을 위반하여 횡단, 유턴 또는 후진한 경우

③ 제한속도를 시속 20km 초과하여 운전한 경우

④ 앞지르기의 방법·금지시기·금지장소 또는 끼어들기의 금지를 위반하거나 고속도로에서의 앞지르기 방법을 위반하여 운전한 경우

⑤ 철길건널목 통과방법을 위반하여 운전한 경우

⑥ 횡단보도에서의 보행자 보호의무를 위반하여 운전한 경우

⑦ 운전면허 또는 건설기계조종사면허를 받지 아니하거나 국제운전면허증을 소지하지 아니하고 운전한 경우. 이 경우 운전면허 또는 건설기계조종사면허의 효력이 정지 중이거나 운전의 금지 중인 때에는 운전면허 또는 건설기계조종사면허를 받지 아니하거나 국제운전면허증을 소지하지 아니한 것으로 본다.

⑧ 술에 취한 상태에서 운전을 하거나 약물의 영향으로 정상적으로 운전하지 못할 우려가 있는 상태에서 운전한 경우

⑨ 보도(步道)가 설치된 도로의 보도를 침범하거나 보도 횡단방법을 위반하여 운전한 경우

⑩ 승객의 추락 방지의무를 위반하여 운전한 경우

⑪ 어린이 보호구역에서 법에 따른 조치를 준수하고 어린이의 안전에 유의하면서 운전하여야 할 의무를 위반하여 어린이의 신체를 상해(傷害)에 이르게 한 경우

⑫ 자동차의 화물이 떨어지지 아니하도록 필요한 조치를 하지 아니하고 운전한 경우

■ 제1종 대형면허로 운전할 수 있는 건설기계(규칙 [별표 18])

덤프트럭, 노상안정기, 천공기(트럭 적재식), 콘크리트믹서트럭, 콘크리트펌프, 콘크리트믹서트레일러, 아스팔트살포기, 아스팔트콘크리트재생기, 도로보수트럭, 3ton 미만의 지게차, 트럭지게차

■ 제1종 보통면허로 운전할 수 있는 건설기계(규칙 [별표 18])

도로를 운행하는 3ton 미만의 지게차로 한정

■ 운전면허의 결격사유(법 제82조제1항)

다음의 어느 하나에 해당하는 사람은 운전면허를 받을 수 없다.

① 18세 미만(원동기장치자전거의 경우에는 16세 미만)인 사람

② 교통상의 위험과 장해를 일으킬 수 있는 정신질환자 또는 뇌전증 환자로서 대통령령으로 정하는 사람

③ 듣지 못하는 사람(제1종 운전면허 중 대형면허·특수면허만 해당), 앞을 보지 못하는 사람(한쪽 눈만 보지 못하는 사람의 경우에는 제1종 운전면허 중 대형면허·특수면허만 해당)이나 그 밖에 대통령령으로 정하는 신체장애인

④ 양쪽 팔의 팔꿈치관절 이상을 잃은 사람이나 양쪽 팔을 전혀 쓸 수 없는 사람. 다만, 본인의 신체장애 정도에 적합하게 제작된 자동차를 이용하여 정상적인 운전을 할 수 있는 경우에는 그러하지 아니하다.

⑤ 교통상의 위험과 장해를 일으킬 수 있는 마약·대마·향정신성의약품 또는 알코올 중독자로서 대통령령으로 정하는 사람

⑥ 제1종 대형면허 또는 제1종 특수면허를 받으려는 경우로서 19세 미만이거나 자동차(이륜자동차는 제외)의 운전경험이 1년 미만인 사람

⑦ 대한민국의 국적을 가지지 아니한 사람 중 「출입국관리법」에 따라 외국인등록을 하지 아니한 사람(외국인등록이 면제된 사람은 제외)이나 「재외동포의 출입국과 법적 지위에 관한 법률」에 따라 국내거소신고를 하지 아니한 사람

■ **자동차 등의 운전에 필요한 적성의 기준(영 제45조제1항)**

자동차 등의 운전에 필요한 적성의 검사(이하 "적성검사"라 한다)는 다음의 기준을 갖추었는지에 대하여 실시한다. 다만, ②의 기준은 적성검사의 경우에는 적용하지 않고, ③의 기준은 제1종 운전면허 중 대형면허 또는 특수면허를 취득하려는 경우에만 적용한다.

① 다음의 구분에 따른 시력(교정시력을 포함)을 갖출 것
  ㉠ 제1종 운전면허 : 두 눈을 동시에 뜨고 잰 시력이 0.8 이상이고, 두 눈의 시력이 각각 0.5 이상일 것. 다만, 한쪽 눈을 보지 못하는 사람이 보통면허를 취득하려는 경우에는 다른 쪽 눈의 시력이 0.8 이상이고, 수평시야가 120° 이상이며, 수직시야가 20° 이상이고, 중심시야 20° 내 암점(暗點)과 반맹(半盲)이 없어야 한다.
  ㉡ 제2종 운전면허 : 두 눈을 동시에 뜨고 잰 시력이 0.5 이상일 것. 다만, 한쪽 눈을 보지 못하는 사람은 다른 쪽 눈의 시력이 0.6 이상이어야 한다.
② 붉은색·녹색 및 노란색을 구별할 수 있을 것
③ 55dB(보청기를 사용하는 사람은 40dB)의 소리를 들을 수 있을 것
④ 조향장치나 그 밖의 장치를 뜻대로 조작할 수 없는 등 정상적인 운전을 할 수 없다고 인정되는 신체상 또는 정신상의 장애가 없을 것. 다만, 보조수단이나 신체장애 정도에 적합하게 제작·승인된 자동차를 사용하여 정상적인 운전을 할 수 있다고 인정되는 경우에는 그러하지 아니하다.

■ **운전면허의 취소·정지(법 제93조제1항 전단)**

시·도경찰청장은 운전면허(연습운전면허는 제외한다. 이하 같다)를 받은 사람이 다음의 어느 하나에 해당하면 행정안전부령으로 정하는 기준에 따라 운전면허(운전자가 받은 모든 범위의 운전면허를 포함한다. 이하 같다)를 취소하거나 1년 이내의 범위에서 운전면허의 효력을 정지시킬 수 있다.

① 술에 취한 상태에서 자동차 등을 운전한 경우
② 술에 취한 상태에서 자동차 등 또는 경찰공무원의 음주측정에 거부(자동차 등을 운전한 경우로 한정한다. 이하 ③에서 같다)한 사람이 다시 같은 술에 취한 상태에서 자동차 등을 위반하여 운전면허 정지 사유에 해당된 경우
③ 경찰공무원의 음주측정을 위반하여 술에 취한 상태에 있다고 인정할 만한 상당한 이유가 있음에도 불구하고 경찰공무원의 측정에 응하지 아니한 경우
④ 약물의 영향으로 인하여 정상적으로 운전하지 못할 우려가 있는 상태에서 자동차 등을 운전한 경우
⑤ 공동 위험행위를 한 경우
⑥ 난폭운전을 한 경우
⑦ 최고속도보다 100km/h를 초과한 속도로 3회 이상 자동차 등을 운전한 경우
⑧ 교통사고로 사람을 사상한 후 사고발생 시의 필요한 조치 또는 신고를 하지 아니한 경우
⑨ 운전면허의 결격사유에 따른 운전면허를 받을 수 없는 사람에 해당된 경우

⑩ 운전면허의 결격사유에 따라 운전면허를 받을 수 없는 사람이 운전면허를 받거나 운전면허효력의 정지기간 중 운전면허증 또는 운전면허증을 갈음하는 증명서를 발급받은 사실이 드러난 경우

⑪ 거짓이나 그 밖의 부정한 수단으로 운전면허를 받은 경우

⑫ 적성검사를 받지 아니하거나 그 적성검사에 불합격한 경우

⑬ 운전 중 고의 또는 과실로 교통사고를 일으킨 경우

⑭ 운전면허를 받은 사람이 자동차 등을 이용하여 「형법」 특수상해·특수폭행·특수협박 또는 특수손괴를 위반하는 행위를 한 경우

⑮ 운전면허를 받은 사람이 자동차 등을 범죄의 도구나 장소로 이용하여 다음의 어느 하나의 죄를 범한 경우

    ㉠ 「국가보안법」 중 제4조부터 제9조까지의 죄 및 같은 법 제12조 중 증거를 날조·인멸·은닉한 죄

    ㉡ 「형법」 중 다음 어느 하나의 범죄

      • 살인·사체유기 또는 방화

      • 강도·강간 또는 강제추행

      • 약취·유인 또는 감금

      • 상습절도(절취한 물건을 운반한 경우에 한정)

      • 교통방해(단체 또는 다중의 위력으로써 위반한 경우에 한정)

⑯ 다른 사람의 자동차 등을 훔치거나 빼앗은 경우

⑰ 다른 사람이 부정하게 운전면허를 받도록 하기 위하여 운전면허시험에 대신 응시한 경우

⑱ 교통단속 임무를 수행하는 경찰공무원 등 및 시·군공무원을 폭행한 경우

⑲ 운전면허증을 다른 사람에게 빌려 주어 운전하게 하거나 다른 사람의 운전면허증을 빌려서 사용한 경우

⑳ 「자동차관리법」에 따라 등록되지 아니하거나 임시운행허가를 받지 아니한 자동차(이륜자동차는 제외)를 운전한 경우

㉑ 제1종 보통면허 및 제2종 보통면허를 받기 전에 연습운전면허의 취소 사유가 있었던 경우

㉒ 다른 법률에 따라 관계 행정기관의 장이 운전면허의 취소처분 또는 정지처분을 요청한 경우

㉓ 승차 또는 적재의 방법과 제한을 위반하여 화물자동차를 운전한 경우

㉔ 명령 또는 처분을 위반한 경우

㉕ 운전면허를 받은 사람이 자신의 운전면허를 실효(失效)시킬 목적으로 시·도경찰청장에게 자진하여 운전면허를 반납하는 경우. 다만, 실효시키려는 운전면허가 취소처분 또는 정지처분의 대상이거나 효력정지 기간 중인 경우는 제외

㉖ 음주운전 방지장치가 설치된 자동차 등을 시·도경찰청에 등록하지 아니하고 운전한 경우

㉗ 음주운전 방지장치가 설치되지 아니하거나 설치기준에 부합하지 아니한 음주운전 방지장치가 설치된 자동차 등을 운전한 경우

㉘ 음주운전 방지장치가 해체·조작 또는 그 밖의 방법으로 효용이 떨어진 것을 알면서 해당 장치가 설치된 자동차 등을 운전한 경우

▮ 벌점·누산점수 초과로 인한 면허 취소(규칙 [별표 28])

1회의 위반·사고로 인한 벌점 또는 연간 누산점수가 다음 표의 벌점 또는 누산점수에 도달한 때에는 그 운전면허를 취소한다.

기 간	1년간	2년간	3년간
벌점 또는 누산점수	121점 이상	201점 이상	271점 이상

▮ 벌점 공제(규칙 [별표 28])

인적 피해 있는 교통사고를 야기하고 도주한 차량의 운전자를 검거하거나 신고하여 검거하게 한 운전자(교통사고의 피해자가 아닌 경우로 한정)에게는 검거 또는 신고할 때마다 40점의 특혜점수를 부여하여 기간에 관계없이 그 운전자가 정지 또는 취소처분을 받게 될 경우 누산점수에서 이를 공제한다. 이 경우 공제되는 점수는 40점 단위로 한다.

▮ 벌칙(법 제148조, 제148조의2)

① 5년 이하의 징역이나 1,500만원 이하의 벌금 : 교통사고 발생 시의 조치를 하지 아니한 사람(주정차된 차만 손괴한 것이 분명한 경우에 피해자에게 인적 사항을 제공하지 아니한 사람은 제외)

② 음주운전금지 또는 경찰공무원의 음주측정을 거부하여 벌금 이상의 형을 선고받고 그 형이 확정된 날부터 10년 내에 다시 같은 규정을 위반한 사람은 다음의 구분에 따라 처벌한다.

　㉠ 1년 이상 6년 이하의 징역이나 500만원 이상 3,000만원 이하의 벌금 : 경찰공무원의 음주측정 거부

　㉡ 2년 이상 6년 이하의 징역이나 1,000만원 이상 3,000만원 이하의 벌금 : 혈중알코올농도가 0.2% 이상인 사람

　㉢ 1년 이상 5년 이하의 징역이나 500만원 이상 2,000만원 이하의 벌금 : 혈중알코올농도가 0.03% 이상 0.2% 미만인 사람

③ 1년 이상 5년 이하의 징역이나 500만원 이상 2,000만원 이하의 벌금 : 술에 취한 상태에 있다고 인정할 만한 상당한 이유가 있는 사람으로서 경찰공무원의 측정에 응하지 아니하는 사람(자동차 등 또는 노면전차를 운전한 경우로 한정)

④ 음주운전금지를 위반하여 술에 취한 상태에서 자동차 등 또는 노면전차를 운전한 사람은 다음의 구분에 따라 처벌한다.

　㉠ 2년 이상 5년 이하의 징역이나 1,000만원 이상 2,000만원 이하의 벌금 : 혈중알코올농도가 0.2% 이상인 사람

ⓛ 1년 이상 2년 이하의 징역이나 500만원 이상 1,000만원 이하의 벌금 : 혈중알코올농도가 0.08% 이상 0.2% 미만인 사람

ⓒ 1년 이하의 징역이나 500만원 이하의 벌금 : 혈중알코올농도가 0.03% 이상 0.08% 미만인 사람

⑤ 3년 이하의 징역이나 1,000만원 이하의 벌금 : 약물로 인하여 정상적으로 운전하지 못할 우려가 있는 상태에서 자동차 등 또는 노면전차를 운전한 사람

CHAPTER
07 | 안전관리

[01] 산업안전일반

▌ 안전점검은 산업재해 방지 대책을 수립하기 위하여 위험요인을 발견하는 방법으로 주된 목적은
위험을 사전에 발견하여 시정함이다.

▌ 안전수칙은 작업현장에서 작업 시 사고 예방을 위하여 알아 두어야 할 가장 중요한 사항이다.

▌ **사고와 부상의 종류**
① 중상해 : 부상으로 인하여 2주 이상의 노동손실을 가져온 상해 정도
② 경상해 : 부상으로 인하여 1일 이상 14일 미만의 노동손실을 가져온 상해 정도
③ 경미상해 : 부상으로 8시간 이하의 휴무 또는 작업에 종사하면서 치료를 받는 상해 정도

▌ **재해발생 시 조치요령**
운전 정지 → 피해자 구조 → 응급조치 → 2차 재해방지

▌ **사고의 원인**

직접원인	물적 원인	불안전한 상태(1차 원인)
	인적 원인	불안전한 행동(1차 원인)
	천재지변	불가항력
간접원인	교육적 원인	개인적 결함(2차 원인)
	기술적 원인	
	관리적 원인	사회적 환경, 유전적 요인

▍ 사고유발의 직접원인

불안전한 상태(물적 원인)	불안전한 행동(인적 원인)
• 물적인 자체의 결함 • 방호조치의 결함 • 물건의 두는 방법, 작업개소의 결함 • 보호구, 복장 등의 결함 • 작업환경의 결함 • 부외적, 자연적 불안전한 상태 • 작업방법의 결함 • 기타 및 불안전한 상태가 아닌 것 • 분류 불가능	• 안전장치의 무효화 • 안전조치의 불이행 • 불안전한 방치 • 위험한 상태를 만듦 • 기계·장치 등의 소정 외의 사용 • 운전 중의 기계, 장치 등의 청소, 주유, 수리, 점검 등 • 보호구, 복장 등의 결함 • 위험장소에 접근 • 기타 불안전한 행위 • 운전의 실패(탈 것) • 잘못된 동작, 기타 및 분류 불능

▍ 보호구의 구비조건

① 착용이 간편할 것
② 작업에 방해가 안 될 것
③ 위험, 유해요소에 대한 방호성능이 충분할 것
④ 재료의 품질이 양호할 것
⑤ 구조와 끝마무리가 양호할 것
⑥ 외양과 외관이 양호할 것

▍ 장갑은 선반작업, 드릴작업, 목공기계작업, 연삭작업, 제어작업 등을 할 때 착용하면 불안전한 보호구이다.

▍ 작업복의 조건

① 주머니가 적고, 팔이나 발이 노출되지 않는 것이 좋다.
② 점퍼형으로 상의 옷자락을 여밀 수 있는 것이 좋다.
③ 소매가 단정할 수 있도록, 소매를 오므려 붙이도록 되어 있는 것이 좋다.
④ 소매를 손목까지 가릴 수 있는 것이 좋다.
⑤ 작업복은 몸에 알맞고, 동작이 편해야 한다.
⑥ 작업복은 항상 깨끗한 상태로 입어야 한다.
⑦ 착용자의 연령, 성별을 감안하여 적절한 스타일을 선정한다.

■ 안전보건표지의 종류와 형태(산업안전보건법 시행규칙 [별표 6])

① 금지표시

출입금지	보행금지	차량통행금지	사용금지
탑승금지	금 연	화기금지	물체이동금지

② 경고표지

인화성물질 경고	산화성물질 경고	폭발성물질 경고	급성독성물질 경고
부식성물질 경고	발암성 · 변이원성 · 생식독성 · 전신독성 · 호흡기 과민성물질 경고	방사성물질 경고	고압전기 경고
매달린 물체 경고	낙하물 경고	고온 경고	저온 경고
몸균형 상실 경고	레이저광선 경고	위험장소 경고	

③ 지시표지

보안경 착용	방독마스크 착용	방진마스크 착용	보안면 착용	안전모 착용
귀마개 착용	안전화 착용	안전장갑 착용	안전복 착용	

④ 안내표지

녹십자표지	응급구호표지	들 것	세안장치	비상용기구
비상구	좌측비상구		우측비상구	

■ **주요 렌치**

① **오픈엔드렌치** : 박스렌치보다 큰 힘을 줄 수는 없지만 보다 빠르게 볼트, 너트를 조이거나 풀 수 있으며, 연료파이프라인의 피팅(연결부)을 풀고, 조일 때 사용한다.

② **파이프렌치** : 파이프 또는 이와 같이 둥근 물체를 잡고 돌리는 데 사용한다.

③ **토크렌치** : 여러 개의 볼트머리나 너트를 조일 때 조이는 힘을 균일하게 하기 위해 사용하는 렌치로 한 손은 지지점을 고정한 뒤, 눈으로는 게이지 눈금을 확인하면서 조인다.

④ **복스렌치** : 볼트머리나 너트 주위를 완전히 감싸기 때문에 미끄러질 위험성이 적으므로 오픈엔드 렌치보다 더 빠르고, 수월하게 작업할 수 있다는 장점이 있다.

⑤ **조정렌치** : 볼트머리나 너트를 가장 안전하게 조이거나 풀 수 있는 공구이다.

■ **스패너 작업 시 유의할 사항**

① 스패너의 입(口)이 너트의 치수와 들어맞는 것을 사용해야 한다.

② 스패너에 더 큰 힘을 전달하기 위해 자루에 파이프 등을 끼우는 행위를 하지 않아야 한다.

③ 스패너와 너트가 맞지 않을 때 쐐기를 넣어 사용하지 않아야 한다.

④ 너트에 스패너를 깊이 물리도록 하여 완전히 감싸고 조금씩 당기는 방식으로 풀고, 조인다.

⑤ 스패너 작업 시 몸의 균형을 잡는다.

⑥ 스패너를 해머처럼 사용하는 등 본래의 용도가 아닌 방식으로 사용하지 않는다.

⑦ 스패너를 죄고, 풀 때에는 항상 앞으로 당긴다.

⑧ 장시간 보관할 때에는 방청제를 얇게 바른 뒤 건조한 장소에 보관한다.

■ 해머 사용 시 유의 사항

① 손상된 해머를 사용하지 말 것(손잡이에 금이 갔거나 해머의 머리가 손상된 것, 쐐기가 없는 것, 낡은 것, 모양이 찌그러진 것)

② 협소한 장소나 발판이 불안한 장소에서 해머작업을 하지 않는다.

③ 재료에 변형이나 요철이 있을 때 해머를 타격하면 한쪽으로 튕겨서 부상당할 수 있으므로 주의한다.

④ 불꽃이 생기거나 파편이 생길 수 있는 작업에서는 반드시 보호안경을 써야 한다.

⑤ 장갑이나 기름 묻은 손으로 자루를 잡지 않는다.

⑥ 작업할 물건에 해머를 대고 무게중심이 잘 잡히도록 몸의 위치와 발을 고정하여 작업한다.

⑦ 작업에 적합한 무게의 해머를 선택하여 목표에 잘 맞도록 처음부터 크게 휘두르지 않도록 한두 번 가볍게 타격하다가 점차 크게 휘둘러 적당한 힘으로 작업한다.

■ 사용한 공구는 기름걸레로 깨끗이 닦아서 공구상자나 공구를 보관하는 지정된 장소에 보관한다.

■ 방호장치의 일반원칙

① 작업방해의 제거

② 작업점의 방호

③ 외관상의 안전화

④ 기계특성의 적합성

■ 작업복 등이 말려들 수 있는 위험이 존재하는 기계 및 기구에는 회전축, 커플링, 벨트 등이 있으며, 동력전달장치에서 발생하는 재해 중 벨트로 인해 발생하는 사고가 가장 많다.

■ 회전 물체를 작업하는 경우 가장 안전한 작업 방법

회전하는 물체를 탈·부착하거나 풀리에 벨트를 거는 등의 작업을 하는 경우에는 회전 물체가 완전히 정지할 때까지 기다렸다가 작업을 해야 한다.

[02] 작업안전(가스)

▌ **도시가스사업법상 용어(도시가스사업법 시행규칙 제2조)**

① **고압** : 1MPa 이상의 압력(게이지 압력)을 말한다. 다만, 액체상태의 액화가스는 고압으로 본다.

② **중압** : 0.1MPa 이상 1MPa 미만의 압력을 말한다. 다만, 액화가스가 기화되고, 다른 물질과 혼합되지 아니한 경우에는 0.01MPa 이상 0.2MPa 미만의 압력을 말한다.

③ **저압** : 0.1MPa 미만의 압력을 말한다. 다만, 액화가스가 기화되고, 다른 물질과 혼합되지 아니한 경우에는 0.01MPa 미만의 압력을 말한다.

  ※ $1MPa = 10.197kgf/cm^2$

▌ **도시가스가 누출되었을 경우 폭발할 수 있는 조건**

① 누출된 가스의 농도는 폭발범위 내에 들어야 한다.

② 누출된 가스에 불씨 등의 점화원이 있어야 한다.

③ 점화가 가능한 공기(산소)가 있어야 한다.

④ 가스 누출에 의해 폭발범위 내 점화원이 존재할 경우 가스는 폭발한다.

▌ 지상에 설치되어 있는 가스배관의 외면에는 반드시 표시해야 할 사항으로 가스명, 흐름 방향, 압력 등이 있다.

▌ **가스배관 지하매설 심도(도시가스사업법 시행규칙 [별표 6])**

① **공동주택 등의 부지 내** : 0.6m 이상

② **폭 8m 이상의 도로** : 1.2m 이상. 다만, 도로에 매설된 최고사용압력이 저압인 배관에서 횡으로 분기하여 수요가에게 직접 연결되는 배관의 경우에는 1m 이상으로 할 수 있다.

③ **폭 4m 이상 8m 미만인 도로** : 1m 이상. 다만, 다음의 어느 하나에 해당하는 경우에는 0.8m 이상으로 할 수 있다.

  ㉠ 호칭지름이 300mm(KS M 3514에 따른 가스용 폴리에틸렌관의 경우에는 공칭외경 315mm를 말한다) 이하로서 최고 사용압력이 저압인 배관

  ㉡ 도로에 매설된 최고사용압력이 저압인 배관에서 횡으로 분기하여 수요가에게 직접 연결되는 배관

▌ 배관은 외면으로부터 도로의 경계까지 다른 시설물과 0.3m 이상의 거리를 유지한다(도시가스사업법 시행규칙 [별표 5]).

▌ 도시가스배관 매설상황 확인(도시가스사업법 제30조의3)

도시가스사업이 허가된 지역에서 굴착공사를 하려는 자는 굴착공사를 하기 전에 해당 지역을 공급권역으로 하는 도시가스사업자가 해당 토지의 지하에 도시가스배관이 묻혀 있는지에 관하여 확인하여 줄 것을 산업통상자원부령으로 정하는 바에 따라 정보지원센터에 요청하여야 한다. 다만, 도시가스배관에 위험을 발생시킬 우려가 없다고 인정되는 굴착공사로서 대통령령으로 정하는 공사의 경우에는 그러하지 아니하다.

▌ 도시가스배관 표면색은 저압이면 황색이고, 중압 이상은 적색이다(도시가스사업법 시행규칙 [별표 5]).

▌ 가스용기의 도색구분(고압가스 안전관리법 시행규칙 [별표 24])

가스의 종류	산 소	수 소	아세틸렌	기타 가스
도색 구분	녹 색	주황색	황 색	회 색

[03] 작업안전(전기)

▌ 전기기기에 의한 감전사고를 막기 위하여 필요한 설비로 접지설비가 가장 중요하다.

▌ 애자란 전선을 철탑의 완금(Arm)에 기계적으로 고정시키고, 전기적으로 절연하기 위해서 사용하는 것이다.

▌ 가공전선로의 위험 정도는 애자의 개수에 따라 판별한다.

▌ 전압 계급별 애자 수

공칭전압(kV)	22.9	66	154	345
애자 수	2~3	4~5	9~11	18~23

▌ 굴착으로부터 전력케이블을 보호하기 위하여 표지시트, 지중선로 표시기, 보호판 등을 시설한다.

▌ 전선로가 매설된 도로에서 기계굴착작업 중 모래가 발견되면 인력으로 작업을 한다.

▌ 도로에서 파일 항타, 굴착작업 중 지하에 매설된 전력케이블에 충격 또는 손상이 가해지면 전력공급이 차단되거나 일정 시일 경과 후 부식 등으로 전력공급이 중단될 수 있다.

■ 지하 전력케이블이 지상 전주로 입상 또는 지상 전력선이 지하 전력케이블로 입하하는 전주상에는 기기가 설치되어 있어 절대로 접촉 또는 근접해서는 안 된다.

■ 굴착작업 중 주변의 고압선로 등에 주의할 사항은 작업 전 작업장치를 한 바퀴 회전시켜 고압선과 안전거리를 확인한 후 작업한다.

■ 전력케이블이 매설돼 있음을 표시하기 위한 표지 시트는 차도에서 지표면 아래 30cm 깊이에 설치되어 있다.

[04] 작업상의 안전(연소와 소화)

■ **연소의 3요소** : 가연성 물질, 점화원(불), 공기(산소)

■ **화재의 분류 및 소화대책**
   ① A급 화재 : 일반화재 – 냉각소화
   ② B급 화재 : 유류·가스화재 – 질식소화
   ③ C급 화재 : 전기화재 – 냉각 또는 질식소화
   ④ D급 화재 : 금속화재 – 질식소화(냉각소화는 금지)

■ **소화설비**
   ① 포말소화설비는 연소면을 포말로 덮어 산소의 공급을 차단하는 질식작용에 의해 화염을 진화시킨다.
   ② 분말소화설비는 미세한 분말소화제를 화염에 방사시켜 화재를 진화시킨다.
   ③ 물분무소화설비는 연소물의 온도를 인화점 이하로 냉각시키는 효과가 있다.
   ④ 이산화탄소소화설비는 질식작용에 의해 화염을 진화시킨다.

[05] 작업상의 안전(용접)

■ 토치에 점화시킬 때에는 아세틸렌 밸브를 먼저 열고 난 다음에 산소 밸브를 연다.

■ **가스용접 호스** : 산소용은 흑색 또는 녹색, 아세틸렌용은 적색으로 표시한다.

■ 용접작업 시 유해 광선으로 눈에 이상이 생겼을 때 응급처치요령은 냉수로 씻어 낸 다음 치료한다.

PART

01

기출복원문제

행운이란 100%의 노력 뒤에 남는 것이다.

– 랭스턴 콜먼(Langston Coleman)

01 디젤기관의 진동 원인과 가장 거리가 먼 것은?

① 분사시기, 분사간격이 다르다.
② 각 피스톤의 중량 차가 크다.
③ 각 실린더의 분사압력과 분사량이 다르다.
☑ **윤활 펌프의 유압이 높다.**

해설
디젤기관의 진동 원인
• 분사량 · 분사시기 및 분사압력 등의 불균형
• 각 피스톤의 중량 차가 크다.
• 연료 공급 계통에 공기가 침입하였다.
• 다기통 기관에서 어느 한 개의 분사노즐이 막혔다.
• 크랭크축의 무게가 불평형하다.
• 실린더 상호 간의 안지름 차이가 심하다.

02 디젤기관에서 시동을 돕기 위해 설치된 부품으로 적당한 것은?

① 디퓨저
② 과급 장치
☑ **히트레인지**
④ 발전기

03 디젤기관에서 시동이 잘 안 걸리는 원인으로 맞는 것은?

① 스파크 플러그의 불꽃이 약할 때
② 클러치가 과대 마모되었을 때
☑ **연료계통에 공기가 차 있을 때**
④ 냉각수를 경수로 사용할 때

해설
디젤기관의 연료계통에 공기가 차면 연료가 분사되지 못해 시동이 어렵다.

04 디젤기관에서 압축행정 시 밸브는 어떤 상태가 되는가?

① 배기밸브만 닫힌다.
☑ **흡입과 배기밸브 모두 닫힌다.**
③ 흡입밸브만 닫힌다.
④ 흡입과 배기밸브 모두 열린다.

해설
행정 사이클 디젤기관의 작동(2회전 4행정)
• 흡입행정(흡입밸브 열림, 배기밸브 닫힘)
• 압축행정(흡입밸브, 배기밸브 모두 닫힘)
• 동력(폭발)행정(흡입밸브, 배기밸브 모두 닫힘)
• 배기행정(흡입밸브 닫힘, 배기밸브 열림)

05 디젤엔진은 연소실에 연료를 어떤 상태로 공급하는가?

① 가솔린엔진과 같은 연료공급펌프로 공급한다.

✔ **노즐로 연료를 안개와 같이 분사한다.**

③ 기화기와 같은 기구를 사용하여 연료를 공급한다.

④ 액체 상태로 공급한다.

해설
디젤기관은 압축된 고온의 공기 중에 연료를 고압으로 분사하여 자연 착화시키는 기관이다.

06 작업현장에서 드럼통으로 연료를 운반했을 경우 올바른 주유 방법은?

✔ **불순물을 침전시킨 후 침전물이 혼합되지 않도록 주입한다.**

② 불순물을 침전시켜서 모두 주입한다.

③ 연료가 도착하면 즉시 주입한다.

④ 수분이 있는가를 확인 후 즉시 주입한다.

07 방열기에 물이 가득 차 있는데도 기관이 과열되는 원인으로 가장 적절한 것은?

① 에어클리너가 고장 났기 때문

② 팬 벨트의 장력이 세기 때문

✔ **정온기가 폐쇄된 상태로 고장 났기 때문**

④ 온도계가 고장 났기 때문

08 작업 중 엔진온도가 급상승하였을 때 먼저 점검하여야 할 것은?

① 고부하 작업

② 장기간 작업

③ 윤활유 수준 점검

✔ **냉각수의 양 점검**

해설
냉각수는 엔진온도를 항상 적정온도로 유지시켜 엔진의 과열 및 동파를 방지한다.

09 점도지수가 큰 오일의 온도변화에 따른 점도변화는?

✔ **작다.**

② 크다.

③ 온도와 점도 관계는 무관하다.

④ 불변이다.

해설
점도지수 : 온도변화에 따라 점도가 변화하는 정도
• 온도에 따라 점도변화가 큰 오일은 점도지수가 작다.
• 점도변화가 작은 오일은 점도지수가 크다.

10 오일여과기의 역할은?

① 오일의 순환작용

② 오일의 압송

✓ **오일 세정작용**

④ 연료와 오일 정유작용

해설
오일여과기는 오일의 불순물을 제거한다.

---

11 건식 공기 여과기 세척 방법으로 맞는 것은?

① 압축증기로 안에서 밖으로 불어 낸다.

✓ **압축공기로 안에서 밖으로 불어 낸다.**

③ 압축증기로 밖에서 안으로 불어 낸다.

④ 압축공기로 밖에서 안으로 불어 낸다.

---

12 기동전동기의 마그넷 스위치는?

① 기동전동기의 저항 조절기이다.

② 기동전동기의 전류 조절기이다.

③ 기동전동기의 전압 조절기이다.

✓ **기동전동기용 전자석 스위치이다.**

---

13 AC 발전기에서 전류가 발생되는 것은?

① 로터 코일

✓ **스테이터 코일**

③ 전기자코일

④ 레귤레이터

해설
스테이터 코일은 로터 코일에 의해 교류 전기를 발생시킨다.

---

14 6기통 디젤기관에서 병렬로 연결된 예열 (Grow) 플러그가 있다. 3번 기통의 예열 플러그가 단락되면 어떤 현상이 발생되는가?

① 전체가 작동이 안 된다.

② 3번 옆에 있는 2번과 4번도 작동이 안 된다.

③ 축전지 용량의 배가 방전된다.

✓ **3번 실린더만 작동이 안 된다.**

해설
직렬연결인 경우에는 모두 작동 불능이나, 병렬연결인 경우에는 해당 실린더만 작동 불능이다.

15 전자제어 디젤 분사장치에서 연료를 제어하기 위해 센서로부터 각종 정보(가속페달의 위치, 기관속도, 분사시기, 흡기, 냉각수, 연료온도 등)를 입력받아 전기적 출력신호로 변환하는 것은?

① 자기진단(Self Diagnosis)
☑ 제어유닛(ECU)
③ 컨트롤 슬리브 액추에이터
④ 컨트롤 로드 액추에이터

16 12V 축전지의 구성(셀 수)은 어떻게 되는가?

① 약 4V의 셀이 3개로 되어 있다.
② 약 3V의 셀이 4개로 되어 있다.
③ 약 6V의 셀이 2개로 되어 있다.
☑ 약 2V의 셀이 6개로 되어 있다.

해설
6V용 축전지는 내부에 3개의 셀로 나뉘며, 12V용의 축전지는 내부에 6개의 셀이 직렬로 접속되어 있다.

17 장비에 장착된 축전지를 급속 충전할 때 축전지의 접지케이블을 떼는 이유로 맞는 것은?

① 기동전동기를 보호하기 위해
☑ 발전기의 다이오드를 보호하기 위해
③ 과충전을 방지하기 위해
④ 조정기의 접점을 보호하기 위해

해설
급속 충전할 때 많은 전류가 역으로 흘러 다이오드를 손상시킬 수가 있으므로 축전지의 접지케이블을 분리시킨다.

18 유압식 기중기에서 조작레버를 중립으로 하였을 때 붐이 하강하거나 수축하는 원인이 아닌 것은?

☑ 카운터밸런스밸브의 고착
② 유압실린더 내부 누출
③ 제어밸브의 내부 누출
④ 배관호스의 파손으로 인한 오일 누출

해설
카운터밸런스의 밸브가 고착되면 붐이 작동하지 않을 수 있다.

19 무한궤도식 장비에서 트랙 장력이 느슨해졌을 때 팽팽하게 조정하는 방법으로 맞는 것은?

① 기어오일을 주입하여 조정한다.
☑ 그리스를 주입하여 조정한다.
③ 엔진오일을 주입하여 조정한다.
④ 브레이크 오일을 주입하여 조정한다.

해설
트랙 장력의 조정은 그리스를 실린더에 주입하여 조정하는 유압식과 조정나사로 조정하는 기계식이 있다.

20 4행정 기관에서 크랭크축 기어와 캠축 기어의 지름비 및 회전비는 각각 얼마인가?

① 2 : 1 및 1 : 2
② 1 : 2 및 1 : 2
③ 1 : 2 및 2 : 1
④ 2 : 1 및 2 : 1

해설
4행정 기관에서 크랭크축 기어 2회전에 캠축 기어 1회전이므로, 지름비는 1 : 2, 회전비는 2 : 1이다.

21 기중기로 화물을 운반할 때 주의할 사항으로 맞지 않는 것은?

① 시선은 반드시 화물만을 주시한다.
② 적재물이 추락하지 않도록 한다.
③ 규정 무게보다 초과하여 적재하지 않는다.
④ 로프 등의 이상 여부를 항상 점검한다.

해설
선회 작업을 할 때에 사람이 다치지 않도록 한다.

22 트랙의 주요 구성품이 아닌 것은?

① 스윙기어
② 핀
③ 슈 판
④ 링 크

해설
트랙의 구성부품 : 슈, 슈 볼트, 링크, 부싱, 핀
※ 스윙기어는 상부의 구성부품이다.

23 굴착으로부터 전력케이블을 보호하기 위하여 시설하는 것이 아닌 것은?

① 표지 시트
② 지중선로 표시기
③ 보호판
④ 모 래

해설
모래의 사용은 주로 도시가스 관을 보호하기 위함이다.

24 클러치가 연결된 상태에서 기어변속을 하면 일어나는 현상은?

① 기어에서 소리가 나고, 기어가 상한다.
② 변속레버가 마모된다.
③ 클러치 디스크가 마멸된다.
④ 변속이 원활하다.

25 제동장치의 구비조건 중 틀린 것은?

① 점검 및 조정이 용이해야 한다.
② 작동이 확실하고 잘되어야 한다.
③ 마찰력이 남아야 한다.
④ 신뢰성과 내구성이 뛰어나야 한다.

해설
제동장치의 구비조건
• 조작이 간단하고, 운전자에게 피로감을 주지 않을 것
• 브레이크를 작동시키지 않을 때에는 각 바퀴의 회전이 전혀 방해되지 않을 것
• 최소속도와 차량중량에 대해 항상 충분한 제동작용을 하며, 작동이 확실할 것
• 신뢰성이 높고, 내구력이 클 것

26 다음 설명에서 올바르지 않은 것은?

① 최근의 부동액은 4계절 모두 사용하여 도 무방하다.

② 엔진오일 교환 시 여과기도 같이 교환 한다.

③ **장비운전, 작업 시 기관 회전수를 낮추 어 운전한다.**

④ 장비의 그리스 주입은 정기적으로 하는 것이 좋다.

> **해설**
> 장비운전, 작업 시 기관 회전수를 늦추게 되면 운전 중 효율 또한 낮아져 작업능률이 떨어지게 된다.

27 건설기계 등록말소 사유에 해당되지 않는 것은?

① 건설기계가 멸실되었을 때

② **정비 또는 개조를 목적으로 해체된 때**

③ 건설기계를 폐기한 때

④ 건설기계의 차대가 등록 시의 차대와 다른 때

> **해설**
> **등록의 말소(건설기계관리법 제6조제1항)**
> 시 · 도지사는 등록된 건설기계가 다음의 어느 하나에 해당하는 경우에는 그 소유자의 신청이나 시 · 도지사의 직권으로 등록을 말소할 수 있다. 다만, ①, ⑤, ⑧(건설기계의 강제처리(법 제34조의2제2항)에 따라 폐기한 경우로 한정) 또는 ⑫에 해당하는 경우에는 직권으로 등록을 말소하여야 한다.
> ① 거짓이나 그 밖의 부정한 방법으로 등록을 한 경우
> ② 건설기계가 천재지변 또는 이에 준하는 사고 등으로 사용할 수 없게 되거나 멸실된 경우
> ③ 건설기계의 차대(車臺)가 등록 시의 차대와 다른 경우

④ 건설기계가 건설기계안전기준에 적합하지 아니하게 된 경우
⑤ 정기검사 명령, 수시검사 명령 또는 정비 명령에 따르지 아니한 경우
⑥ 건설기계를 수출하는 경우
⑦ 건설기계를 도난당한 경우
⑧ 건설기계를 폐기한 경우
⑨ 건설기계해체재활용업을 등록한 자(건설기계해체재활용업자)에게 폐기를 요청한 경우
⑩ 구조적 제작 결함 등으로 건설기계를 제작자 또는 판매자에게 반품한 경우
⑪ 건설기계를 교육 · 연구 목적으로 사용하는 경우
⑫ 대통령령으로 정하는 내구연한을 초과한 건설기계. 다만, 정밀진단을 받아 연장된 경우는 그 연장기간을 초과한 건설기계
⑬ 건설기계를 횡령 또는 편취당한 경우

28 건설기계의 높이를 정의한 것이다. 가장 적당한 것은?

① **지면에서 가장 윗부분까지의 수직 높이**

② 지면에서부터 적재할 수 있는 최고의 높이

③ 뒷바퀴의 윗부분에서 가장 윗부분까지 의 수직 높이

④ 앞 차축의 중심에서 가장 윗부분까지의 높이

> **해설**
> **건설기계 안전기준에 관한 규칙상 건설기계 "높이"의 정의(건설기계 안전기준에 관한 규칙 제2조)**
> "높이"란 작업장치를 부착한 자체중량 상태의 건설기계의 가장 위쪽 끝이 만드는 수평면으로부터 지면까지의 최단거리를 말한다.

29 건설기계조종사 면허증을 반납하지 않아도 되는 경우는?

① 면허의 효력이 정지된 때

② 분실로 인하여 면허증의 재교부를 받은 후 분실된 면허증을 발견할 때

③ 면허가 취소된 때

☑ **일시적인 부상 등으로 건설기계 조종을 할 수 없게 된 때**

> **해설**
> 건설기계조종사면허증의 반납(건설기계관리법 시행규칙 제80조제1항)
> 건설기계조종사면허를 받은 사람은 다음의 어느 하나에 해당하는 때에는 그 사유가 발생한 날부터 10일 이내에 시장·군수 또는 구청장에게 그 면허증을 반납해야 한다.
> • 면허가 취소된 때
> • 면허의 효력이 정지된 때
> • 면허증의 재교부를 받은 후 잃어버린 면허증을 발견한 때

30 교차로에서 직진하고자 신호대기 중에 있는 차가 진행신호를 받고 가장 안전하게 통행하는 방법은?

☑ **좌우를 살피며 계속 보행 중인 보행자와 진행하는 교통의 흐름에 유의하여야 한다.**

② 진행 권리가 부여되었으므로 좌우의 진행차량에는 구애받지 않는다.

③ 신호와 동시에 출발하면 된다.

④ 신호와 동시에 서행하면 된다.

31 다음 신호 중 가장 우선하는 신호는?

☑ **경찰관의 수신호**

② 안전표지의 지시

③ 신호기의 신호

④ 운전자의 수신호

> **해설**
> 신호 또는 지시에 따를 의무(도로교통법 제5조제2항)
> 도로를 통행하는 보행자, 차마 또는 노면전차의 운전자는 교통안전시설이 표시하는 신호 또는 지시와 교통정리를 하는 경찰공무원 또는 경찰보조자(이하 "경찰공무원 등"이라 한다)의 신호 또는 지시가 서로 다른 경우에는 경찰공무원 등의 신호 또는 지시에 따라야 한다.

32 1년간 누산점수가 몇 점 이상이면 면허가 취소되는가?

① 271 ② 201

☑ 121 ④ 190

> **해설**
> 벌점·누산점수 초과로 인한 면허 취소(도로교통법 시행규칙 [별표 28])
> 1회의 위반·사고로 인한 벌점 또는 연간 누산점수가 다음 표의 벌점 또는 누산점수에 도달한 때에는 그 운전면허를 취소한다.

기 간	벌점 또는 누산점수
1년간	121점 이상
2년간	201점 이상
3년간	271점 이상

33 제1종 운전면허를 받을 수 없는 사람은?

① 양쪽 눈의 시력이 각각 0.5 이상인 사람
② 두 눈을 동시에 뜨고 잰 시력이 0.8 이상인 사람
☑ **한쪽 눈을 보지 못하며, 다른 쪽 눈의 시력이 0.5 이상인 사람**
④ 적색, 황색, 녹색의 색채 식별이 가능한 사람

해설

자동차 등의 운전에 필요한 적성의 기준(도로교통법 시행령 제45조제1항)
• 다음의 구분에 따른 시력(교정시력을 포함)을 갖출 것
  - 제1종 운전면허 : 두 눈을 동시에 뜨고 잰 시력이 0.8 이상이고, 두 눈의 시력이 각각 0.5 이상일 것. 다만, 한쪽 눈을 보지 못하는 사람이 보통면허를 취득하려는 경우에는 다른 쪽 눈의 시력이 0.8 이상이고, 수평시야가 120° 이상이며, 수직시야가 20° 이상이고, 중심시야 20° 내 암점(暗點)과 반맹(半盲)이 없어야 한다.
  - 제2종 운전면허 : 두 눈을 동시에 뜨고 잰 시력이 0.5 이상일 것. 다만, 한쪽 눈을 보지 못하는 사람은 다른 쪽 눈의 시력이 0.6 이상이어야 한다.
• 붉은색·녹색 및 노란색을 구별할 수 있을 것
• 55dB(보청기를 사용하는 사람은 40dB)의 소리를 들을 수 있을 것
• 조향장치나 그 밖의 장치를 뜻대로 조작할 수 없는 등 정상적인 운전을 할 수 없다고 인정되는 신체상 또는 정신상의 장애가 없을 것. 다만, 보조수단이나 신체장애 정도에 적합하게 제작·승인된 자동차를 사용하여 정상적인 운전을 할 수 있다고 인정되는 경우에는 그러하지 아니하다.

34 다음 중 긴급자동차로 볼 수 없는 차는?

☑ **긴급배달 우편물 운송차에 유도되고 있는 차**
② 국군이나 국제연합군 긴급차에 유도되고 있는 차
③ 생명이 위급한 환자를 태우고 가는 승용자동차
④ 경찰 긴급자동차에 유도되고 있는 자동차

해설

긴급자동차(도로교통법 제2조제22호, 영 제2조)
① 소방차
② 구급차
③ 혈액 공급차량
④ 그 밖에 대통령령으로 정하는 자동차(다만, ⓑ부터 ⓐ까지의 자동차는 이를 사용하는 사람 또는 기관 등의 신청에 의하여 시·도경찰청장이 지정하는 경우로 한정)
  ㉠ 경찰용 자동차 중 범죄수사, 교통단속, 그 밖의 긴급한 경찰업무 수행에 사용되는 자동차
  ㉡ 국군 및 주한 국제연합군용 자동차 중 군 내부의 질서 유지나 부대의 질서 있는 이동을 유도(誘導)하는 데 사용되는 자동차
  ㉢ 수사기관의 자동차 중 범죄수사를 위하여 사용되는 자동차
  ㉣ 다음의 어느 하나에 해당하는 시설 또는 기관의 자동차 중 도주자의 체포 또는 수용자, 보호관찰 대상자의 호송·경비를 위하여 사용되는 자동차
    • 교도소·소년교도소 또는 구치소
    • 소년원 또는 소년분류심사원
    • 보호관찰소
  ㉤ 국내외 요인(要人)에 대한 경호업무 수행에 공무(公務)로 사용되는 자동차
  ㉥ 전기사업, 가스사업, 그 밖의 공익사업을 하는 기관에서 위험 방지를 위한 응급작업에 사용되는 자동차
  ㉦ 민방위업무를 수행하는 기관에서 긴급예방 또는 복구를 위한 출동에 사용되는 자동차
  ㉧ 도로관리를 위하여 사용되는 자동차 중 도로상의 위험을 방지하기 위한 응급작업에 사용되거나 운행이 제한되는 자동차를 단속하기 위하여 사용되는 자동차

ⓩ 전신·전화의 수리공사 등 응급작업에 사용되는 자동차

ⓩ 긴급한 우편물의 운송에 사용되는 자동차

ⓩ 전파감시업무에 사용되는 자동차

⑤ ④에 따른 자동차 외에 다음의 어느 하나에 해당하는 자동차는 긴급자동차로 본다.

ⓒ ④의 ⓒ에 따른 경찰용 긴급자동차에 의하여 유도되고 있는 자동차

ⓒ ④의 ⓒ에 따른 국군 및 주한 국제연합군용의 긴급자동차에 의하여 유도되고 있는 국군 및 주한 국제연합군의 자동차

ⓒ 생명이 위급한 환자 또는 부상자나 수혈을 위한 혈액을 운송 중인 자동차

36 유압회로 내에서 서지압(Surge Pressure) 이란?

① 과도적으로 발생하는 이상 압력의 최솟값

② 정상적으로 발생하는 압력의 최댓값

③ **과도적으로 발생하는 이상 압력의 최댓값**

④ 정상적으로 발생하는 압력의 최솟값

35 유압회로의 압력을 점검하는 위치로 가장 적당한 것은?

① 실린더에서 유압오일탱크 사이

② 유압오일탱크에서 유압펌프 사이

③ 유압오일탱크에서 직접 점검

④ **유압펌프에서 컨트롤밸브 사이**

해설

유압회로의 압력 점검은 펌프에서 압력이 발생된 후 사용되기 전에 점검하므로 펌프와 컨트롤밸브 사이가 가장 적당하다.

37 기어식 유압펌프에서 소음이 나는 원인이 아닌 것은?

① **오일량의 과다**

② 펌프의 베어링 마모

③ 흡입 라인의 막힘

④ 오일의 과부족

해설

오일량이 부족하면 소음이 나고, 오일량이 많으면 소음이 나지 않는다.

38 유압조정밸브에서 조정 스프링의 장력이 클 때 나타나는 현상은?

① 채터링 현상이 생긴다.
② 플래터 현상이 생긴다.
③ 유압이 낮아진다.
✓ **유압이 높아진다.**

유압이 높아지는 원인
• 엔진오일의 점도가 높을 때
• 윤활 회로가 막혔을 때
• 유압조절밸브 스프링의 장력이 클 때

39 유압장치 내의 압력을 일정하게 유지하고, 최고 압력을 제한하며, 회로를 보호해 주는 밸브는?

① 제어밸브
② 로터리밸브
✓ **릴리프밸브**
④ 체크밸브

40 유압을 일로 바꾸는 장치는?

① 유압펌프
② 유압 디퓨저
③ 유압 어큐뮬레이터
✓ **유압 액추에이터**

41 유압 작동유에 수분이 미치는 영향이 아닌 것은?

① 작동유의 윤활성을 저하시킨다.
② 작동유의 방청성을 저하시킨다.
✓ **작동유의 내마모성을 향상시킨다.**
④ 작동유의 산화와 열화를 촉진시킨다.

오일과 유압기기의 수명을 감소시킨다.

42 다음에서 베인펌프의 주요 구성요소를 모두 고른 것은?

> ㄱ. 베인(Vane)
> ㄴ. 경사판(Swash Plate)
> ㄷ. 격판(Baffle Plate)
> ㄹ. 캠링(Cam Ring)
> ㅁ. 회전자(Rotor)

① ㄱ, ㄴ, ㄷ, ㄹ
② ㄱ, ㄷ, ㄹ
③ ㄱ, ㄷ, ㄹ, ㅁ
✓ **ㄱ, ㄹ, ㅁ**

격판(Baffle Plate)은 오일탱크 부속품이다.

43 유압장치의 기본적인 구성요소가 아닌 것은?

① 유압발생장치
✔ **유압축적장치**
③ 유압제어장치
④ 유압구동장치

유압장치의 기본 구성요소
• 유압발생장치 : 유압펌프, 오일탱크, 배관, 부속장치 (오일냉각기, 필터, 압력계)
• 유압제어장치 : 방향전환밸브, 압력제어밸브, 유량조절 밸브
• 유압구동장치 : 유압모터, 유압실린더 등

44 복동 실린더 양로드형을 나타내는 유압 기호는?

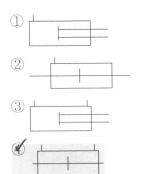

45 유압모터의 속도는 무엇에 의해 결정되는가?

① 오일의 압력
② 오일의 점도
✔ **오일의 흐름양**
④ 오일의 온도

유압모터에서는 그 출력토크와 회전수를 줌으로써 모터의 크기와 필요한 유압유의 압력 유량이 정해진다.

46 다음 중 건설기계에 사용하는 유압 작동유의 성질을 향상시키기 위하여 사용되는 첨가제의 종류가 아닌 것은?

① 점도지수 향상제
② 산화방지제
③ 소포제
✔ **유동점 향상제**

유동점 강하제를 사용한다.

47 보통 종이나 목재 등의 화재 시에 가장 적합한 소화기구는?

① 분말소화기
✔ **포말소화기**
③ 모 래
④ 물

포말소화기는 보통 가연물, 위험물 등에 적합하다.

48 사고로 인한 재해가 가장 많이 발생할 수 있는 것은?

① 기 관
✔️ **벨트, 풀리**
③ 동력전달장치
④ 랙

49 안전한 작업을 하기 위하여 작업복장을 선정할 때의 유의사항으로 가장 거리가 먼 것은?

✔️ **착용자의 취미, 기호 등을 감안하여 적절한 스타일을 선정한다.**
② 화기사용 장소에서는 방염성, 불연성의 것을 사용하도록 한다.
③ 상의의 끝이나 바지자락 등이 기계에 말려들어 갈 위험이 없도록 한다.
④ 작업복은 몸에 맞고 동작이 편하도록 제작한다.

해설
작업복은 작업의 안전에 중점을 둔다.

50 다음 중 주차 시 확인사항으로 틀린 것은?

✔️ **시동스위치의 키를 "ON"에 놓는다.**
② 주차브레이크를 확실히 걸어 장비가 움직이지 않도록 한다.
③ 평탄한 장소에 주차시킨다.
④ 전·후진 레버를 중립위치로 한다.

해설
시동스위치의 키를 "OFF"에 놓는다.

51 다음 중 일반 드라이버 사용 시 안전수칙으로 틀린 것은?

① 드라이버에 압력을 가하지 말아야 한다.
✔️ **정을 대신할 때는 드라이버를 사용한다.**
③ 자루가 쪼개졌거나 또한 허술한 드라이버는 사용하지 않는다.
④ 드라이버의 끝을 항상 양호하게 관리하여야 한다.

해설
드라이버를 정으로 대신하여 사용하면 드라이버가 손상된다.

52 보호안경을 사용하는 설명으로 맞지 않는 것은?

① 유해광선으로부터 눈을 보호하기 위하여
☑ **중량물이 떨어질 때 신체를 보호하기 위하여**
③ 비산되는 칩으로부터 눈을 보호하기 위하여
④ 유해 약물로부터 눈을 보호하기 위하여

해설
②는 안전작업모의 사용 이유이다.

53 건설기계의 점검 및 작업 시 안전사항으로 가장 거리가 먼 것은?

☑ **엔진 등 중량물을 탈착 시에는 반드시 밑에서 잡아 준다.**
② 엔진을 가동 시는 소화기를 비치한다.
③ 유압계통을 점검 시에는 작동유가 식은 다음에 점검한다.
④ 엔진 냉각계통을 점검 시에는 엔진을 정지시키고, 냉각수가 식은 다음에 점검한다.

54 수공구 사용상의 재해 원인이 아닌 것은?

① 잘못된 공구 선택
② 사용법의 미숙지
③ 공구의 점검 소홀
☑ **연마된 공구 사용**

55 다음은 재해발생 시 조치요령이다. 조치순서에 맞는 것은?

> ㄱ. 운전정지
> ㄴ. 2차 재해방지
> ㄷ. 피해자 구조
> ㄹ. 응급처치

① ㄱ → ㄷ → ㄴ → ㄹ
☑ ㄱ → ㄷ → ㄹ → ㄴ
③ ㄷ → ㄹ → ㄱ → ㄴ
④ ㄷ → ㄹ → ㄴ → ㄱ

56 건설기계운전자가 운전위치를 이탈할 때 안전측면에서 조치사항으로 가장 거리가 먼 것은?

① 작업을 일시 멈춘다.
② 원동기를 정지시킨다.
③ 브레이크를 확실히 건다.
☑ **작업장치를 올리고 버팀목을 받친다.**

해설
운전석 이탈 시 원동기를 정지시키고, 브레이크를 작동시키는 등 이탈방지를 조치하여야 하며, 버킷, 리퍼 등 작업장치를 지면에 내려놓고 고임목을 받친다.

57 도시가스로 사용하는 LNG(액화천연가스) 의 특징에 대한 설명으로 틀린 것은?

① 도시가스배관을 통하여 각 가정에 공급 되는 가스이다.

② 공기보다 가벼워서 가스 누출 시 위로 올라간다.

✓ **공기보다 무거워서 소량 누출 시 밑으로 가라앉는다.**

④ 공기와 혼합되어 폭발범위에 이르면 점 화원에 의하여 폭발한다.

58 건설기계로 작업 중 가스배관을 손상시켜 가스가 누출되고 있을 경우 긴급 조치사항 으로 적합하지 않은 것은?

① 즉시 해당 도시가스회사나 한국가스안 전공사에 신고한다.

✓ **가스가 누출되면 가스배관을 손상시 킨 장비를 빼내고 안전한 장소로 이동 한다.**

③ 가스가 다량 누출되고 있으면 우선적으 로 주위 사람들을 대피시킨다.

④ 가스배관을 손상한 것으로 판단되면 즉 시 기계작동을 멈춘다.

59 건설기계에 의한 고압선 주변작업에 대한 설명으로 맞는 것은?

① 작업장비의 최대로 펼쳐진 끝으로부터 전주에 접촉되지 않도록 이격하여 작업 한다.

② 작업장비의 최대로 펼쳐진 끝으로부터 전선에 접촉되지 않도록 이격하여 작업 한다.

③ 전압의 종류를 확인한 후 전선과 전주에 접촉되지 않도록 작업한다.

✓ **전압의 종류를 확인한 후 안전이격거리 를 확보하여 그 이내로 접근되지 않도록 작업한다.**

60 전류에 관한 설명이다. 틀린 것은?

✓ **전류는 전압, 저항과 무관하다.**

② 전류는 전압 크기에 비례한다.

③ $V = IR$(V : 전압, I : 전류, R : 저항) 이다.

④ 전류는 저항 크기에 반비례한다.

01 디젤기관과 관계없는 것은?

① 압축비가 가솔린기관보다 높다.
② 압축 착화한다.
✔ **점화장치 내에 배전기가 있다.**
④ 경유를 연료로 사용한다.

해설
디젤기관은 전기 점화장치(배전기, 점화코일, 점화플러그, 고압케이블)가 없어 이로 인한 고장이 없다.

02 기관 출력을 저하시키는 직접적인 원인이 아닌 것은?

① 실린더 내의 압력이 낮을 때
✔ **클러치가 불량할 때**
③ 노킹이 일어날 때
④ 연료 분사량이 적을 때

해설
클러치는 동력전달 계통으로 기관 부분이 아니다.

03 엔진의 시동 전에 해야 할 가장 일반적인 점검 사항은?

① 유압계의 지침
② 에어클리너의 오염도
③ 충전장치
✔ **엔진오일량과 냉각수량**

해설
시동하기 전에 엔진오일, 라디에이터 냉각수량, 배터리 전해액, 그리고 연료가 적정용량인지를 점검하여야 한다.

04 운전 중 점검해야 할 사항이 아닌 것은?

① 충전상태
✔ **엔진오일량**
③ 냉각수의 온도
④ 유압유의 압력

해설
엔진오일량은 운전 전 점검사항이다.

05 프라이밍 펌프는 어느 때 사용하는가?

✔ **연료계통의 공기배출을 할 때**
② 연료의 분사압력을 측정할 때
③ 출력을 증가시키고자 할 때
④ 연료의 양을 가감할 때

해설
프라이밍 펌프는 연료공급계통의 공기빼기 작업 및 공급펌프를 수동으로 작동시켜 연료탱크 내의 연료를 분사펌프까지 공급하는 공급펌프이다.

06 압축 말 연료분사 노즐로부터 실린더 내로 연료를 분사하여 연소시켜 동력을 얻는 행정은?

① 폭발행정

② 압축행정

③ 배기행정

④ 흡기행정

해설

행정 사이클 디젤기관의 작동순서(2회전 4행정)

• 흡입행정 : 피스톤이 상사점으로부터 하강하면서 실린더 내로 공기만을 흡입한다(흡입밸브 열림, 배기밸브 닫힘).

• 압축행정 : 흡기밸브가 닫히고, 피스톤이 상승하면서 공기를 압축한다(흡입밸브, 배기밸브 모두 닫힘).

• 동력(폭발)행정 : 압축행정 말 고온이 된 공기 중에 연료를 분사하면 압축열에 의하여 자연 착화한다(흡입밸브, 배기밸브 모두 닫힘).

• 배기행정 : 연소가스의 팽창이 끝나면 배기밸브가 열리고, 피스톤의 상승과 더불어 배기행정을 한다(흡입밸브 닫힘, 배기밸브 열림).

07 기관의 냉각장치 방식이 아닌 것은?

① 강제순환식

② 압력순환식

③ 진공순환식

④ 자연순환식

해설

기관의 냉각장치 방식

• 공랭식 : 자연통풍식, 강제통풍식

• 수랭식 : 자연순환식, 강제순환식(압력순환식, 밀봉압력식)

08 냉각계통에 대한 설명 중 틀린 것은?

① 냉각수 펌프의 실(Seal)에 이상이 생기면 누수의 원인이 된다.

② 실린더 물재킷에 물때가 끼면 과열의 원인이 된다.

③ 팬 벨트의 장력이 약하면 엔진 과열의 원인이 된다.

④ 방열기 속의 냉각수 온도는 아랫부분이 높다.

해설

방열기 내의 냉각수는 위 탱크에서 아래 탱크로 흐르므로 윗부분의 온도가 높다.

09 엔진 윤활유에 대하여 설명한 것 중 틀린 것은?

① 인화점은 낮은 것이 좋다.

② 유막이 끊어지지 않아야 한다.

③ 응고점은 낮은 것이 좋다.

④ 온도에 의하여 점도가 변하지 않아야 한다.

해설

인화점이 낮으면 열에 의해서 열화 또는 연소될 수 있다.

윤활유의 성질

• 인화점 및 발화점이 높을 것

• 점성이 적당하고 온도에 따른 점도변화가 작을 것

• 응고점이 낮을 것

• 비중이 적당할 것

• 강인한 유막을 형성할 것

• 카본 생성이 적을 것

• 열 및 산에 대한 안정성이 클 것

• 청정력이 클 것

10 기관의 오일여과기의 교환 시기는?

✔ **윤활유 1회 교환 시 1회 교환한다.**
② 윤활유 3회 교환 시 1회 교환한다.
③ 윤활유 1회 교환 시 2회 교환한다.
④ 윤활유 4회 교환 시 1회 교환한다.

11 디젤기관 운전 중 흑색의 배기가스를 배출하는 원인으로 틀린 것은?

① 공기청정기 막힘
✔ **오일팬 내 유량 과다**
③ 압축 불량
④ 노즐 불량

해설
흑색의 배기가스를 배출하는 원인은 분사펌프의 불량으로 과도한 연료가 분사되거나 공기청정기가 막힌 경우 등이다.

12 시동전동기 취급 시 주의 사항으로 틀린 것은?

① 시동전동기의 회전속도가 규정 이하이면 오랜 시간 연속 회전시켜도 시동이 되지 않으므로 회전속도에 유의해야 한다.
② 기관이 시동된 상태에서 시동스위치를 켜서는 안 된다.
✔ **시동전동기의 연속 사용 기간은 60초 정도로 한다.**
④ 전선 굵기는 규정 이하의 것을 사용하면 안 된다.

해설
시동전동기의 연속 사용기간은 30초 이내이다.

13 발전기의 전기자에 발생되는 전류는?

① 정전기
✔ **교 류**
③ 직 류
④ 맥 류

해설
직류발전기의 전기자는 계자코일 내에서 회전하며, 교류 기전력이 발생된다.

14 다음의 조명에 관련된 용어의 설명으로 틀린 것은?

① 광도의 단위는 캔들이다.
② 피조면의 밝기는 조도이다.
③ 빛의 세기는 광도이다.
✔ **조도의 단위는 루멘이다.**

해설
조도의 단위는 럭스(lx), 광속의 단위는 루멘(lm)이다.

15 엔진을 정지하고 전류계의 지시침을 살펴보니 정상에서 (−)방향을 지시하고 있다. 그 원인이 아닌 것은?

① 전조등 스위치가 점등위치에 있다.

✓ **축전지 본선(Main Line)이 단선되어 있다.**

③ 배선에서 누전되고 있다.

④ 시동스위치가 엔진 예열장치를 동작시키고 있다.

16 충전 중인 축전지에 화기를 가까이 하면 위험하다. 그 이유는?

① 충전기가 폭발될 위험이 있기 때문에

✓ **수소가스가 폭발성가스이기 때문에**

③ 산소가스가 폭발성가스이기 때문에

④ 전해액이 폭발성 액체이기 때문에

17 건설기계에 가장 많이 쓰이는 축전지는?

① 알칼리 축전지

② 니켈카드뮴 축전지

③ 아연산 축전지

✓ **납산 축전지**

18 트랙형 주행장비의 스프로킷 허브 주위에서 오일이 누설되는 원인은?

① 트랙 장력이 팽팽할 때

② 작업장이 험할 때

✓ **내 · 외측 듀콘 실(Duo−Cone Seal)의 파손**

④ 트랙 프레임의 균열

19 기중기에 사용되는 케이블 와이어는 무엇으로 세척하는가?

✓ **엔진오일**

② 경 유

③ HB

④ 휘발유

20 화물을 적재하고 주행할 때 포크와 지면의 간격으로 가장 적당한 것은?

① 80~85cm

② 지면에 밀착

③ 50~55cm

✔ **20~30cm**

21 기중기의 주행 중 점검 사항으로 가장 거리가 먼 것은?

① 훅의 걸림 상태

② 주행 시 붐의 최고 높이

✔ **종감속기어 오일량**

④ 붐과 캐리어의 간격

해설

종감속기어 오일량은 시동 및 작업 전에 점검한다.

22 다음 설명 중 틀린 것은?

① 트랙 핀과 부싱을 뽑을 때에는 유압프레스를 사용한다.

✔ **트랙 슈는 건지형, 수중형으로 구분된다.**

③ 트랙은 링크, 부싱, 슈 등으로 구성되어 있다.

④ 트랙 정렬이 안 되면 링크 측면의 마모 원인이 된다.

해설

트랙 슈의 종류

단일돌기 슈, 이중돌기 슈, 삼중돌기 슈, 습지용 슈, 고무 슈, 암반용 슈, 평활 슈, 건지형 슈, 스노 슈 등

23 기중기의 작업에 대한 설명 중 맞는 것은?

① 파워 셔블은 지면보다 낮은 곳의 굴착에 사용되며, 지면보다 높은 곳의 굴착은 사용이 곤란하다.

② 드래그라인은 굴착력이 강하므로 주로 견고한 지반의 굴착에 사용된다.

③ 기중기의 감아올리는 속도는 드래그라인의 경우보다 빠르다.

✔ **클램셸은 좁은 면적에서 깊은 굴착을 하는 경우나 높은 위치에서의 적재에 적합하다.**

해설

① 파워 셔블은 기계가 위치한 지면보다 높은 굴착작업을 하는 데 반하여, 백호는 기계가 위치한 지면보다 낮은 굴착작업에 적합하다.

② 드래그라인은 굴착력이 약하므로 주로 연질 지반의 굴착에 사용된다.

24 토크컨버터의 구성부품이 아닌 것은?

① 임펠러
✔ **플라이휠**
③ 가이드 링
④ 터 빈

해설
토크컨버터의 구성은 유체클러치의 펌프 임펠러, 터빈, 스테이터, 가이드 링, 댐퍼 클러치 등이다.

25 타이어형 굴삭기의 액슬 허브에 오일을 교환하고자 한다. 옳은 것은?

✔ **오일을 배출시킬 때는 플러그를 6시 방향에, 주입할 때는 플러그 방향을 9시에 위치시킨다.**
② 오일을 배출시킬 때는 플러그를 3시 방향에, 주입할 때는 플러그 방향을 9시에 위치시킨다.
③ 오일을 배출시킬 때는 플러그를 2시 방향에, 주입할 때는 플러그 방향을 12시에 위치시킨다.
④ 오일을 배출시킬 때는 플러그를 1시 방향에, 주입할 때는 플러그 방향을 9시에 위치시킨다.

26 작업장에서 이동 및 선회 시에 먼저 하여야 할 것은?

① 굴착 작업
② 버킷 내림
✔ **경적 울림**
④ 급방향 전환

해설
경적을 울려서 작업장 주변 사람에게 알린다.

27 매매를 위하여 건설기계매매사업장에 제시된 건설기계를 운행할 수 있는 사유가 아닌 것은?

① 정비를 받고자 하는 경우
② 매수인의 요구에 의하여 2km 이내의 거리를 시험운행하고자 하는 경우
③ 정기검사를 받고자 하는 경우
✔ **일시 대여하고자 하는 경우**

해설
매매용건설기계의 운행허용(건설기계관리법 시행규칙 제68조의3)
• 매수인의 요구에 의하여 2km 이내의 거리를 시험운행하고자 하는 경우(타이어식 중고건설기계에 한한다)
• 정기검사 또는 정비를 받고자 하는 경우
• 사업장의 이전에 따라 새로운 사업장으로 이동하고자 하는 경우

28 건설기계관리법상 건설기계조종사의 면허를 받을 수 있는 자는?

✔ **파산자로서 복권되지 아니한 자**
② 사지의 활동이 정상적이 아닌 자
③ 마약 또는 알코올중독자
④ 심신장애자

> **해설**
> 건설기계조종사면허의 결격사유(건설기계관리법 제27조)
> 다음의 어느 하나에 해당하는 사람은 건설기계조종사면허를 받을 자격이 없다.
> • 18세 미만인 사람
> • 건설기계 조종상의 위험과 장해를 일으킬 수 있는 정신질환자 또는 뇌전증환자로서 국토교통부령으로 정하는 사람
> • 앞을 보지 못하는 사람, 듣지 못하는 사람, 그 밖에 국토교통부령으로 정하는 장애인
> • 건설기계 조종상의 위험과 장해를 일으킬 수 있는 마약·대마·향정신성의약품 또는 알코올중독자로서 국토교통부령으로 정하는 사람
> • 건설기계조종사면허가 취소된 날부터 1년(거짓이나 그 밖의 부정한 방법으로 건설기계조종사면허를 받은 경우 및 건설기계조종사면허의 효력정지기간 중 건설기계를 조종한 경우의 사유로 취소된 경우에는 2년)이 지나지 아니하였거나 건설기계조종사면허의 효력정지처분 기간 중에 있는 사람

29 건설기계 등록번호표 중 관용에 해당하는 것은?

① 9001~9999
② 6000~9999
③ 1000~5999
✔ **0001~0999**

> **해설**
> 건설기계 등록번호표 색상과 일련번호(건설기계관리법 시행규칙 [별표 2])
> • 비사업용(관용) : 흰색 바탕에 검은색 문자, 0001~0999
> • 비사업용(자가용) : 흰색 바탕에 검은색 문자, 1000~5999
> • 대여사업용 : 주황색 바탕에 검은색 문자, 6000~9999

30 건널목을 통과할 때 일시정지하지 않고 통과할 수 있는 경우는?

① 경보가 울리고 있을 때
✔ **간수가 진행신호를 하고 있을 때**
③ 앞차가 건널목을 통과하고 있을 때
④ 차단기가 내려지려고 할 때

> **해설**
> 철길 건널목의 통과(도로교통법 제24조)
> • 모든 차 또는 노면전차의 운전자는 철길 건널목(이하 "건널목"이라 한다)을 통과하려는 경우에는 건널목 앞에서 일시정지하여 안전한지 확인한 후에 통과하여야 한다. 다만, 신호기 등이 표시하는 신호에 따르는 경우에는 정지하지 아니하고 통과할 수 있다.
> • 모든 차 또는 노면전차의 운전자는 건널목의 차단기가 내려져 있거나 내려지려고 하는 경우 또는 건널목의 경보기가 울리고 있는 동안에는 그 건널목으로 들어가서는 아니 된다.
> • 모든 차 또는 노면전차의 운전자는 건널목을 통과하다가 고장 등의 사유로 건널목 안에서 차 또는 노면전차를 운행할 수 없게 된 경우에는 즉시 승객을 대피시키고 비상신호기 등을 사용하거나 그 밖의 방법으로 철도공무원이나 경찰공무원에게 그 사실을 알려야 한다.

31 앞지르기 금지 장소가 아닌 것은?

① 교차로, 도로의 구부러진 곳

☑ **버스정류장 부근, 주차금지 구역**

③ 터널 내, 앞지르기 금지표지 설치장소

④ 경사로의 정상 부근, 급경사로의 내리막

해설

앞지르기 금지 장소(도로교통법 제22조제3항)
모든 차의 운전자는 다음의 어느 하나에 해당하는 곳에서는 다른 차를 앞지르지 못한다.

- 교차로
- 터널 안
- 다리 위
- 도로의 구부러진 곳, 비탈길의 고갯마루 부근 또는 가파른 비탈길의 내리막 등 시·도경찰청장이 도로에서의 위험을 방지하고 교통의 안전과 원활한 소통을 확보하기 위하여 필요하다고 인정하는 곳으로서 안전표지로 지정한 곳

32 그림의 교통안전표지는?

① 우로 이중 굽은 도로

☑ **좌우로 이중 굽은 도로**

③ 좌로 굽은 도로

④ 회전형 교차로

33 차도에서 자동차 이외의 마차의 통행방법은?

① 보도의 좌측통행

② 좌·우측 모두 통행

☑ **중앙선 우측 차로 통행**

④ 중앙선 좌측 차로 통행

해설

차마의 통행(도로교통법 제13조제3항)
차마의 운전자는 도로(보도와 차도가 구분된 도로에서는 차도를 말한다)의 중앙(중앙선이 설치되어 있는 경우에는 그 중앙선을 말한다) 우측 부분을 통행하여야 한다.

34 비탈진 좁은 도로에서 서로 마주 보고 진행하는 때의 통행 순위로 틀린 것은?

① 승객을 태운 차가 빈차보다 우선이다.

② 짐을 실은 차가 빈차보다 우선이다.

☑ **속도가 빠른 차가 우선이다.**

④ 내려오는 차가 올라가는 차보다 우선이다.

해설

진로 양보의 의무(도로교통법 제20조)

- 모든 차(긴급자동차는 제외)의 운전자는 뒤에서 따라오는 차보다 느린 속도로 가려는 경우에는 도로의 우측 가장자리로 피하여 진로를 양보하여야 한다. 다만, 통행 구분이 설치된 도로의 경우에는 그러하지 아니하다.
- 좁은 도로에서 긴급자동차 외의 자동차가 서로 마주 보고 진행할 때에는 다음의 구분에 따른 자동차가 도로의 우측 가장자리로 피하여 진로를 양보하여야 한다.
  - 비탈진 좁은 도로에서 자동차가 서로 마주 보고 진행하는 경우에는 올라가는 자동차
  - 비탈진 좁은 도로 외의 좁은 도로에서 사람을 태웠거나 물건을 실은 자동차와 동승자가 없고 물건을 싣지 아니한 자동차가 서로 마주 보고 진행하는 경우에는 동승자가 없고 물건을 싣지 아니한 자동차

35 작동유의 열화를 판정하는 방법으로 적절하지 않은 것은?

✓ ① 오일을 가열한 후 냉각되는 시간 확인
② 점도 상태로 확인
③ 색깔이나 침전물의 유무 확인
④ 냄새로 확인

> **해설**
> ②, ③, ④ 외에도 흔들었을 때 생기는 거품이 없어지는 양상을 확인하는 방법 등이 있다.

36 그림의 유압 기호는 무엇을 표시하는가?

① 오일쿨러
② 유압탱크
✓ ③ 유압펌프
④ 유압모터

37 압력제어밸브는 어느 위치에서 작동하는가?

① 실린더 내부
✓ ② 펌프와 방향전환밸브
③ 탱크와 펌프
④ 방향전환밸브와 실린더

> **해설**
> 압력제어밸브란 유압회로 내의 압력을 설정치 이내로 유지하며, 유압회로 내의 압력이 설정치에 도달하면 유압회로를 전환하여 환류시키는 밸브이다.

38 밀폐된 용기 내의 액체 일부에 가해진 압력은 어떻게 전달되는가?

① 유체의 압력이 돌출 부분에서 더 세게 작용된다.
② 유체 각 부분에 다르게 전달된다.
③ 유체의 압력이 홈 부분에서 더 세게 작용된다.
✓ ④ 유체 각 부분에 동시에 같은 크기로 전달된다.

> **해설**
> **파스칼의 원리** : 밀폐된 용기 내의 일부에 가해진 압력은 유체 각 부분에 동시에 같은 크기로 전달된다.

39 베인펌프의 특징 중 맞지 않은 것은?

✓ ① 수명이 짧다.
② 맥동과 소음이 적다.
③ 간단하고, 성능이 좋다.
④ 소형, 경량이다.

> **해설**
> **베인펌프** : 토출압력의 연동이 적고, 수명이 길다.

40 액추에이터의 운동속도를 조정하기 위하여 사용되는 밸브는?

① 방향제어밸브
② 온도제어밸브
✓ ③ 유량제어밸브
④ 압력제어밸브

> **해설**
> **제어밸브**
> • 방향제어밸브 : 일의 방향 제어
> • 유량제어밸브 : 일의 속도 제어
> • 압력제어밸브 : 일의 크기 제어

41 유압장치 내에 국부적인 높은 압력과 소음·진동이 발생하는 현상은?

✔ **캐비테이션**
② 채터링
③ 오버 랩
④ 하이드롤릭 로크

42 다음 중 오일펌프에서 나온 오일을 오일 여과기에 거쳐 윤활부에 공급하는 방식을 사용하는 여과기는?

① 분류식 여과기
② 션트식 여과기
③ 반전류식 여과기
✔ **전류식 여과기**

> **해설**
> 오일의 여과방식
> • 전류식 : 윤활유 공급펌프에서 공급된 윤활유 전부가 엔진오일필터를 거쳐 윤활부로 가는 방식
> • 분류식 : 오일펌프에서 공급된 오일의 일부만 여과하여 오일 팬으로 공급, 남은 오일은 그대로 윤활부에 공급하는 방식
> • 션트식 : 오일펌프에서 공급된 오일의 일부만 여과하고, 여과된 오일은 오일 팬을 거치지 않고 여과되지 않은 오일과 함께 윤활부에 공급하는 방식

43 유압유에 점도가 다른 오일을 혼합하였을 경우 나타날 수 있는 현상은?

① 오일 첨가제의 좋은 부분만 작동하므로 오히려 더욱 좋다.
② 점도가 달라지나 사용에는 전혀 지장이 없다.
③ 혼합하여도 전혀 지장이 없다.
✔ **열화현상을 촉진시킨다.**

44 유압탱크의 구비조건이 아닌 것은?

① 적당한 크기의 주유구 및 스트레이너를 설치한다.
② 드레인(배출밸브) 및 유면계를 설치한다.
③ 오일에 이물질이 혼입되지 않도록 밀폐되어야 한다.
✔ **오일 냉각을 위한 쿨러를 설치한다.**

> **해설**
> 유압탱크의 구비조건
> • 적당한 크기의 주입구에 여과망을 두어 불순물이 유입되지 않도록 할 것
> • 이물질이 들어가지 않도록 밀폐되어 있을 것
> • 스트레이너의 장치 분해에 충분한 출입구가 있을 것
> • 탱크의 유량을 알 수 있도록 유면계가 있을 것
> • 복귀관과 흡입관 사이에 칸막이를 둘 것
> • 탱크 안을 청소할 수 있도록 떼어 낼 수 있는 측판을 둘 것
> • 작동유를 빼낼 수 있는 드레인 플러그를 탱크 아래에 설치할 것
> • 흡입구 쪽에 작동유를 여과하기 위한 여과기를 설치할 것
> • 필터는 안전을 위하여 바이패스 회로로 구성할 것
> • 적절한 용량을 담을 수 있을 것(용량은 유압펌프의 매분 배출량에 3배 이상으로 설계)
> • 냉각에 방해가 되지 않는 구조로 설치할 것
> • 캡은 압력식일 것

45 유압회로의 최고압력을 제한하고 회로 내의 과부하를 방지하는 밸브는?

✔ **안전밸브(릴리프밸브)**
② 감압밸브(리듀싱밸브)
③ 순차밸브(시퀀스밸브)
④ 무부하밸브(언로더밸브)

46 펌프에서 흐름(Flow, 유량)에 대해 저항(제한)이 생기면?

① 펌프 회전수의 증가 원인이 된다.

☑ **압력 형성의 원인이 된다.**

③ 밸브 작동속도의 증가 원인이 된다.

④ 오일흐름의 증가 원인이 된다.

47 안전보건표지 중 안내에 사용되는 색채로 맞는 것은?

① 흑 색

☑ **녹 색**

③ 적 색

④ 백 색

해설

안전보건표지의 색채와 용도(산업안전보건법 시행규칙 [별표 8])

• 빨간색 : 금지, 경고
• 노란색 : 경고
• 파란색 : 지시
• 녹색 : 안내

48 다음 중 안전사항과 가장 거리가 먼 것은?

① 소음 상태 점검

☑ **운전 중에 트랙 장력 측정**

③ 힘이 작용하는 부분의 손상 유무

④ 볼트, 너트 풀림 상태를 육안 또는 운전 중 감각으로 확인

해설

운전 전에 트랙 장력을 측정한다.

49 용접 작업 시 유해광선으로 눈에 이상이 생겼을 때 응급처치 요령으로 적당한 것은?

① 안약을 넣고, 안대를 한다.

② 온수 찜질 후 치료한다.

☑ **냉수로 씻어 낸 다음 치료한다.**

④ 바람을 마주 보고 눈을 깜박거린다.

50 다음 그림의 안전표지판이 나타내는 것은?

① 비상구

☑ **출입금지**

③ 인화성물질 경고

④ 보안경 착용

해설

안전보건표지(산업안전보건법 시행규칙 [별표 6])

비상구	인화성물질 경고	보안경 착용
🏃	🔥	😎

51 안전보호구 선택 시 유의사항으로 틀린 것은?

① 보호구 검정에 합격하고 보호성능이 보장될 것

② 착용이 용이하고 크기 등 사용자에게 편리할 것

③ 작업 행동에 방해되지 않을 것

✔ **반드시 강철으로 제작되어 안전 보장형일 것**

해설
보호구의 구비 조건
• 착용이 간편할 것
• 작업에 방해가 안 될 것
• 위험, 유해요소에 대한 방호성능이 충분할 것
• 재료의 품질이 양호할 것
• 구조와 끝마무리가 양호할 것
• 외양과 외관이 양호할 것

52 축전지를 충전할 때 주의 사항으로 맞지 않는 것은?

✔ **충전 시 전해액 주입구 마개는 모두 닫는다.**

② 축전지는 사용하지 않아도 1개월에 1회 충전을 한다.

③ 축전지가 단락하여 불꽃이 발생하지 않게 한다.

④ 과충전하지 않는다.

해설
축전지를 충전할 때 전해액 주입구 마개(벤트플러그)를 모두 연다.

53 작업개시 전 운전자의 조치사항으로 가장 거리가 먼 것은?

① 점검에 필요한 점검내용을 숙지한다.

② 운전하는 장비의 사양을 숙지 및 고장나기 쉬운 곳을 파악하여야 한다.

③ 장비의 이상 유무를 작업 전에 항상 점검하여야 한다.

✔ **주행로상에 복수의 장비가 있을 때는 충돌방지를 위하여 주행로 양측에 콘크리트 옹벽을 친다.**

해설
주행로상에 복수의 장비가 있을 때에는 주행로 양측에 가설 고임목을 설치하여 인접 장비와의 충돌을 방지하여야 한다.

54 기중기의 지브가 뒤로 넘어지는 것을 방지하기 위한 장치는?

① 브라이들 프레임

② 지브 백 스톱

✔ **지브 전도 방지장치**

④ A프레임

55 펌프의 흡입 측에 붙여 여과작용을 하는 필터(Filter)의 명칭은?

① 리턴 필터(Return Filter)

✓ **스트레이너(Strainer)**

③ 기계적 필터(Mechanical Filter)

④ 라인 필터(Line Filter)

> **해설**
> **스트레이너** : 유압장치에서 작동유의 오염은 유압기기를 손상시킬 수 있기 때문에 기기 속에 혼입되는 불순물을 제거하기 위해 사용된다.

56 해머 사용 중 사용법이 틀린 것은?

① 타격면이 닳아 경사진 것은 사용하지 않는다.

② 장갑이나 기름 묻은 손으로 자루를 잡지 않는다.

✓ **담금질한 것은 단단하므로 한 번에 정확히 타격한다.**

④ 물건에 해머를 대고 몸의 위치를 정한다.

> **해설**
> ③ 담금질한 것은 함부로 두들겨서는 안 된다.

57 도시가스배관 주위에서 굴착장비 등으로 작업할 때 준수사항으로 적합한 것은?

① 가스배관 주위 30cm까지는 장비로 작업이 가능하다.

✓ **가스배관 좌우 1m 이내에서는 장비작업을 금하고 인력으로 작업해야 한다.**

③ 가스배관 주위 50cm까지는 사람이 직접 확인할 경우 굴삭기 등으로 작업할 수 있다.

④ 가스배관 2m 이내에서는 어떤 장비의 작업도 금한다.

> **해설**
> 도시가스배관 주위를 굴착하는 경우 도시가스배관의 좌우 1m 이내 부분은 인력으로 굴착할 것(도시가스사업법 시행규칙 [별표 16])

58 도시가스사업법에서 고압이라 함은 압축가스일 경우 1cm²당 몇 kgf 이상의 압력을 말하는가?

✓ ① 10   ② 5

③ 1   ④ 100

> **해설**
> **도시가스사업법상 용어(도시가스사업법 시행규칙 제2조)**
> • 고압 : 1MPa 이상의 압력(게이지 압력)을 말한다. 다만, 액체상태의 액화가스는 고압으로 본다.
> • 중압 : 0.1MPa 이상 1MPa 미만의 압력을 말한다. 다만, 액화가스가 기화되고, 다른 물질과 혼합되지 아니한 경우에는 0.01MPa 이상 0.2MPa 미만의 압력을 말한다.
> • 저압 : 0.1MPa 미만의 압력을 말한다. 다만, 액화가스가 기화되고, 다른 물질과 혼합되지 아니한 경우에는 0.01MPa 미만의 압력을 말한다.
> ※ 1MPa = 10.197kgf/cm²

59 차도에서 전력케이블은 지표면 아래 약 몇 m의 깊이에 매설되어 있는가?

① 0.5~0.8
② 2~3
③ 0.3~0.5
④ 1~1.5

해설
지중 전선로의 시설(한국전기설비규정 334.1)
• 관로식에 의하여 시설하는 경우에는 매설 깊이를 1.0m 이상으로 하되, 매설 깊이가 충분하지 못한 장소에는 견고하고 차량 기타 중량물의 압력에 견디는 것을 사용할 것. 다만, 중량물의 압력을 받을 우려가 없는 곳은 0.6m 이상으로 한다.
• 지중 전선로를 직접 매설식에 의하여 시설하는 경우에는 매설 깊이를 차량 기타 중량물의 압력을 받을 우려가 있는 장소에는 1.0m 이상, 기타 장소에는 0.6m 이상으로 하고 또한 지중 전선을 견고한 트로프(Trough) 기타 방호물에 넣어 시설하여야 한다.

60 전선을 철탑의 완금(Arm)에 기계적으로 고정시키고, 전기적으로 절연하기 위해서 사용하는 것을 무엇이라고 하는가?

① 완 철
② 가공지선
③ 애 자
④ 클램프

해설
① 완철(어깨쇠) : 전주에 전선을 가선하기 위해 가로로 대어서 설치하는 쇠막대
② 가공지선 : 송전선의 전선 상단에 평행으로 가설되어 각 철탑에 접지되는 도선
④ 클램프 : 공작물을 고정시키는 것

01 예연소실식 연소실에 대한 설명으로 가장 거리가 먼 것은?

① 예열 플러그가 필요하다.

②✔ 사용연료의 변화에 민감하다.

③ 예연소실식은 주연소실식보다 작다.

④ 분사압력이 낮다.

해설

예연소실식은 사용연료에 민감하지 않고 둔감하다. 사용연료에 민감한 연소실로는 직접분사실식이 있다.

02 엔진 압축압력이 낮을 경우의 원인으로 가장 적당한 것은?

①✔ 압축링이 절손 또는 과마모되었다.

② 배터리의 출력이 높다.

③ 연료펌프가 손상되었다.

④ 연료 세탄가가 높다.

해설

압축링이 절손되거나 마모되면 실린더 벽으로 압축압력이 새므로 압력이 낮아진다.

03 디젤기관을 시동할 때의 주의 사항으로 틀린 것은?

① 기온이 낮을 때는 예열 경고등이 소등되면 시동한다.

② 기관 시동은 각종 조작레버가 중립위치에 있는가를 확인 후 행한다.

③ 공회전을 필요 이상 하지 않는다.

④✔ 엔진이 시동되면 적어도 1분 정도는 스타트 스위치에서 손을 떼지 않아야 한다.

해설

엔진이 시동되면 바로 손을 뗀다. 그렇지 않고 계속 잡고 있으면 전동기가 소손되거나 탄다.

04 연료의 세탄가와 직접 관계가 있는 것은?

① 열효율

② 폭발압력

③✔ 착화성

④ 인화성

해설

경유의 착화성을 나타내는 지표로 세탄가(Cetane Number)를 쓰고 있으며, 이 값이 클수록 착화하기가 쉽다.

05 다음에서 디젤엔진에 사용되는 과급기의 역할은?

① 출력의 증대
② 윤활성의 증대
③ 냉각효율의 증대
④ 배기의 정화

> **해설**
> 과급기는 체적효율을 향상시켜 기관의 출력 증대를 목적으로 설치된다.

06 오일 여과기의 점검 사항으로 틀린 것은?

① 여과기가 막히면 유압이 높아진다.
② 엘리먼트 청소는 압축공기를 사용한다.
③ 여과 능력이 불량하면 부품의 마모가 빠르다.
④ 작업 조건이 나쁘면 교환 시기를 빨리 한다.

> **해설**
> 오일여과기의 엘리먼트는 습식이므로 교환하거나 세척하여 사용한다.

07 디젤기관이 작동 시 과열되는 원인이 아닌 것은?

① 냉각수 양이 적다.
② 물 재킷 내의 물때가 많다.
③ 온도조절기가 열려 있다.
④ 물 펌프의 회전이 느리다.

> **해설**
> 온도조절기가 계속해서 열려 있는 경우에는 과랭되는 원인이다.

08 유압식 밸브 리프터의 장점이 아닌 것은?

① 밸브 간극 조정이 필요하지 않다.
② 밸브 개폐시기가 정확하다.
③ 구조가 간단하다.
④ 밸브 기구의 내구성이 좋다.

09 가압식 라디에이터의 장점으로 틀린 것은?

① 방열기를 작게 할 수 있다.
② 냉각수의 비등점을 높일 수 있다.
③ 냉각수의 순환속도가 빠르다.
④ 냉각수 손실이 적다.

> **해설**
> 냉각수의 순환속도는 펌프의 성능에 따라 달라진다.

10 디젤엔진이 잘 시동되지 않거나 시동되더라도 출력이 약한 원인은?

① 연료탱크에 공기가 들어 있을 때
② 플라이휠이 마모되었을 때
③ 연료분사펌프의 기능이 불량할 때
④ 냉각수 온도가 100℃ 정도 되었을 때

11 디젤기관 연료 중에 공기가 흡입될 경우 나타나는 현상은?

① 분사압력이 높아진다.

② 노크가 일어난다.

③ 시동이 잘된다.

☑ **기관 회전이 불량하다.**

해설

연료 중에 공기가 흡입되면 연료가 불규칙하게 전달되므로 회전이 불량하다.

12 12V 축전지의 구성으로 맞는 것은?

① 셀(Shell) 3개를 병렬로 접속

② 셀(Shell) 3개를 직렬로 접속

③ 셀(Shell) 6개를 병렬로 접속

☑ **셀(Shell) 6개를 직렬로 접속**

해설

6V용 축전지는 내부에 3개의 셀로 나누어지며, 12V용의 축전지는 내부에 6개의 셀이 직렬로 접속되어 있다.

13 디젤기관에서만 볼 수 있는 회로는?

☑ **예열 플러그 회로**

② 시동 회로

③ 충전 회로

④ 등화 회로

해설

가솔린이나 LPG 차량은 점화 플러그가 있어 연소를 도와주고 디젤은 예열 플러그만 있다.

14 전기장치 회로에 사용하는 퓨즈의 재질로 적당한 것은?

① 안티몬합금

② 구리합금

③ 알루미늄합금

☑ **납과 주석합금**

15 AC 발전기에서 다이오드의 역할은?

☑ **교류를 정류하고, 역류를 방지한다.**

② 전압을 조정한다.

③ 여자전류를 조정하고, 역류를 방지한다.

④ 전류를 조정한다.

해설

직류발전에서는 정류자와 브러시가 교류를 정류하고, 역류를 방지하며, 교류발전기에서는 다이오드가 정류한다.

16 발전기 출력 및 축전지 전압이 낮을 때의 원인이 아닌 것은?

① 조정 전압이 낮을 때

② 다이오드 단락

③ 축전지 케이블 접속 불량

☑ **충전 회로에 부하가 작을 때**

해설

④ 충전 회로에 부하가 클 때

17 납산 축전지를 방전하면 양극판과 음극판은 어떻게 변하는가?

① 해면상납으로 바뀐다.
② 일산화납으로 바뀐다.
③ 과산화납으로 바뀐다.
✔ **황산납으로 바뀐다.**

〔해설〕
납산 축전지를 방전하면 양극판과 음극판은 황산납으로 바뀐다. 충전 중에는 양극판의 황산납은 과산화납으로, 음극판의 황산납은 해면상납으로 변한다.

18 그림과 같이 기중기에 부착된 작업장치는?

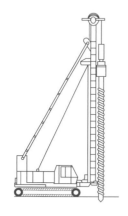

① 클램셀
② 백 호
✔ **파일드라이버**
④ 훅

〔해설〕
파일드라이버 : 말뚝을 때려 박는 기계

19 변속기의 필요조건으로 가장 거리가 먼 것은?

✔ **회전수를 증가시킨다.**
② 기관을 무부하 상태로 한다.
③ 역전이 가능하게 한다.
④ 회전력을 증대시킨다.

〔해설〕
차량의 엔진 회전수와 부하에 따라 주행속도를 증감시킬 수 있다.

20 기중기 작업 시 안전수칙으로 가장 거리가 먼 것은?

① 붐의 각을 20° 이하로 하지 말 것
② 붐의 각을 78° 이상으로 하지 말 것
③ 운전반경 내에는 사람의 접근을 막을 것
✔ **가벼운 물건은 아우트리거를 고이지 말 것**

〔해설〕
기중기 작업 시 반드시 아우트리거를 사용하여 장비를 항상 수평으로 유지해야 한다.

21 각종 기계장치 및 동력전달장치 계통에서의 안전수칙 중 틀린 것은?

① 벨트를 빨리 걸기 위해서 회전하는 풀리에 걸어서는 안 된다.
② 기어가 회전하고 있는 곳은 커버를 잘 덮어서 위험을 방지한다.
✔ **천천히 회전하고 있을 때 벨트를 손으로 잡고 풀리에 걸어야 한다.**
④ 동력 전단기를 사용할 때는 안전방호장치를 장착하고 작업을 수행하여야 한다.

〔해설〕
벨트를 풀리에 걸 때 회전은 정지시키고 걸어야 한다.

22 기중기의 작업용도와 가장 거리가 먼 것은?

① 기중 작업
② 굴토 작업
✔ **지균 작업**
④ 항타 작업

해설
지균 작업(평탄 작업)은 모터그레이더의 작업이다.

23 조향기어 백래시가 클 경우 발생될 수 있는 현상은?

✔ **핸들의 유격이 커진다.**
② 조향핸들의 축 방향 유격이 커진다.
③ 조향각도가 커진다.
④ 핸들이 한쪽으로 쏠린다.

해설
조향기어 백래시가 작으면 핸들이 무거워지고, 너무 크면 핸들의 유격이 커진다.

24 기중기의 주행 중 점검 사항으로 가장 거리가 먼 것은?

① 훅의 걸림 상태는 정상인가
② 주행 시 붐의 최고 높이는 어떠한가
✔ **종감속기어 오일량은 적당한가**
④ 붐과 캐리어의 간격은 정상인가

해설
종감속기어 오일량은 시동 전에 점검한다.

25 트랙의 하부 추진장치에 대한 조치사항으로 가장 거리가 먼 것은?

① 트랙의 장력은 25~30mm로 조정한다.
② 트랙의 장력 조정은 그리스 주입식이 있다.
③ 마멸 및 균열 등이 있으면 교환한다.
✔ **프레임이 휘면 프레스로 수정하여 사용한다.**

26 하부 롤러, 링크 등 트랙부품이 조기 마모되는 원인으로 옳은 것은?

① 일반 객토에서 작업을 하였을 때
② 트랙 장력이 너무 헐거울 때
③ 겨울철에 작업을 하였을 때
✔ **트랙 장력이 너무 팽팽했을 때**

해설
트랙부품이 너무 헐거우면 트랙이 벗겨지고, 너무 팽팽하면 하부 롤러, 링크 등이 조기 마모된다.

27 검사소에서 검사를 받아야 할 건설기계 중 해당 건설기계가 위치한 장소에서 검사를 할 수 있는 경우가 아닌 것은?

① 도서지역에 있는 경우
② 자체중량이 40ton 초과 또는 축하중이 10ton 초과인 경우
✔️ **너비가 2.5m 이상인 경우**
④ 최고속도가 시간당 35km 미만인 경우

해설

검사장소(건설기계관리법 시행규칙 제32조)
① 다음에 해당하는 건설기계에 대하여 검사를 하는 경우에는 [별표 9]의 규정에 의한 시설을 갖춘 검사장소(검사소)에서 검사를 하여야 한다.
　㉠ 덤프트럭
　㉡ 콘크리트믹서트럭
　㉢ 콘크리트펌프(트럭적재식)
　㉣ 아스팔트살포기
　㉤ 트럭지게차(국토교통부장관이 정하는 특수건설기계인 트럭지게차)
② ①의 건설기계가 다음의 어느 하나에 해당하는 경우에는 ①의 규정에 불구하고 해당 건설기계가 위치한 장소에서 검사를 할 수 있다.
　㉠ 도서지역에 있는 경우
　㉡ 자체중량이 40ton을 초과하거나 축하중이 10ton을 초과하는 경우
　㉢ 너비가 2.5m를 초과하는 경우
　㉣ 최고속도가 35km/h 미만인 경우
③ ①의 건설기계 외의 건설기계에 대하여는 건설기계가 위치한 장소에서 검사를 할 수 있다.

28 일시정지 안전표지판이 설치된 횡단보도에서 위반되는 것은?

① 경찰공무원이 진행신호를 하여 일시정지하지 않고 통과하였다.
② 횡단보도 직전에 일시정지하여 안전을 확인한 후 통과하였다.
✔️ **보행자가 없으므로 그대로 통과하였다.**
④ 연속적으로 진행 중인 앞차의 뒤를 따라 진행할 때 일시정지하였다.

29 최고속도의 100분의 50을 줄인 속도로 운행하여야 할 경우와 관계가 없는 것은?

① 눈이 20mm 이상 쌓인 때
✔️ **비가 내려 노면에 습기가 있는 때**
③ 노면이 얼어붙은 때
④ 폭우, 폭설, 안개 등으로 가시거리가 100m 이내인 때

해설

감속운행(도로교통법 시행규칙 제19조제2항)
• 최고속도의 100분의 20을 줄인 속도로 운행하여야 하는 경우
　– 비가 내려 노면이 젖어 있는 경우
　– 눈이 20mm 미만 쌓인 경우
• 최고속도의 100분의 50을 줄인 속도로 운행하여야 하는 경우
　– 폭우·폭설·안개 등으로 가시거리가 100m 이내인 경우
　– 노면이 얼어붙은 경우
　– 눈이 20mm 이상 쌓인 경우

30 건설기계를 운전하여 교차로에서 녹색신호로 우회전을 하려고 할 때 지켜야 할 사항은?

① 우회전 신호를 행하면서 빠르게 우회전한다.

② 신호를 하고 우회전하며, 속도를 빨리하여 진행한다.

③ 신호를 행하면서 서행으로 주행하여야 하며, 보행자가 있을 때는 보행자의 통행을 방해하지 않도록 하여 우회전한다.

④ 우회전은 언제 어느 곳에서나 할 수 있다.

해설
교차로 통행방법(도로교통법 제25조제1항)
모든 차의 운전자는 교차로에서 우회전을 하려는 경우에는 미리 도로의 우측 가장자리를 서행하면서 우회전하여야 한다. 이 경우 우회전하는 차의 운전자는 신호에 따라 정지하거나 진행하는 보행자 또는 자전거 등에 주의하여야 한다.

31 일반도로에서 운전자가 방향을 바꾸려고할 때의 방향지시등을 켜야 하는 시기는?

① 회전하려고 하는 지점 전 2m 이상

② 회전하려고 하는 지점 전 5m 이상

③ 회전하려고 하는 지점 전 30m 이상

④ 자신의 판단대로

해설
신호의 시기 및 방법(도로교통법 시행령 [별표 2])

신호를 하는 경우	좌회전·횡단·유턴 또는 같은 방향으로 진행하면서 진로를 왼쪽으로 바꾸려는 때	우회전 또는 같은 방향으로 진행하면서 진로를 오른쪽으로 바꾸려는 때
신호를 하는 시기	그 행위를 하려는 지점(좌회전할 경우에는 그 교차로의 가장자리)에 이르기 전 30m(고속도로에서는 100m) 이상의 지점에 이르렀을 때	그 행위를 하려는 지점(우회전할 경우에는 그 교차로의 가장자리)에 이르기 전 30m(고속도로에서는 100m) 이상의 지점에 이르렀을 때
신호의 방법	왼팔을 수평으로 펴서 차체의 왼쪽 밖으로 내밀거나 오른팔을 차체의 오른쪽 밖으로 내어 팔꿈치를 굽혀 수직으로 올리거나 왼쪽의 방향지시기 또는 등화를 조작할 것	오른팔을 수평으로 펴서 차체의 오른쪽 밖으로 내밀거나 왼팔을 차체의 왼쪽 밖으로 내어 팔꿈치를 굽혀 수직으로 올리거나 오른쪽의 방향지시기 또는 등화를 조작할 것

32 건설기계 관리 및 사업은 어느 법의 적용을 받는가?

① 자동차관리법

② 화물자동차운수사업법

✔ **건설기계관리법**

④ 여객자동차운수사업법

해설
건설기계관리법의 목적(건설기계관리법 제1조)
이 법은 건설기계의 등록 · 검사 · 형식승인 및 건설기계사업과 건설기계조종사면허 등에 관한 사항을 정하여 건설기계를 효율적으로 관리하고 건설기계의 안전도를 확보하여 건설공사의 기계화를 촉진함을 목적으로 한다.

33 건설기계의 기종별 기호 표시방법으로 맞지 않는 것은?

① 07 : 기중기

✔ **01 : 아스팔트살포기**

③ 03 : 로더

④ 13 : 콘크리트살포기

해설
건설기계 종류의 구분(건설기계관리법 시행규칙 [별표 2])
• 01 : 불도저
• 03 : 로 더
• 07 : 기중기
• 13 : 콘크리트살포기
• 18 : 아스팔트살포기

34 다음 중 도로교통법상 술에 취한 상태의 기준은?

✔ **혈중알코올농도가 0.03% 이상**

② 혈중알코올농도가 0.1% 이상

③ 혈중알코올농도가 0.15% 이상

④ 혈중알코올농도가 0.2% 이상

해설
술에 취한 상태에서의 운전 금지(도로교통법 제44조제4항)
운전이 금지되는 술에 취한 상태의 기준은 운전자의 혈중알코올농도가 0.03% 이상인 경우로 한다.

35 유압장치에서 오일에 거품이 생기는 원인이 아닌 것은?

① 오일탱크와 펌프 사이에서 공기가 유입될 때

② 오일이 부족할 때

③ 펌프 축 주위의 토출 측 실(Seal)이 손상되었을 때

✔ **유압유의 점도지수가 클 때**

해설
점도지수가 큰 오일은 온도변화에 대한 점도의 변화가 작다.

36 유압 작동유가 갖추어야 할 성질이 아닌 것은?

① 온도에 의한 점도변화가 작을 것
② 거품이 적을 것
③ 방청, 방식성이 있을 것
④ 물, 먼지 등의 불순물과 혼합이 잘될 것

> **해설**
> ④ 외부로부터 침입한 불순물이 침전 및 분리가 빠르게 되어야 한다.

37 유압 압력계의 기호는?

 ①   ② PF
 ③ MV   ④

38 유압장치의 부품을 교환 후 우선 시행하여 야 할 작업은?

① 최대 부하 상태의 운전
② 유압을 점검
③ 유압장치의 공기빼기
④ 유압 오일쿨러 청소

> **해설**
> 유압장치의 부품을 교환하면 공기가 들어가므로 공기 빼기를 먼저 실시해야 정상운전이 가능하다.

39 유압펌프의 용량을 나타내는 방법은?

① 주어진 압력과 그때의 오일 무게로 표시
② 주어진 속도와 그때의 토출압력으로 표시
③ 주어진 압력과 그때의 토출량으로 표시
④ 주어진 속도와 그때의 점도로 표시

> **해설**
> 유압펌프의 용량은 주어진 압력과 그때의 토출량으로 표시한다.

40 유압펌프가 오일을 토출하지 않는 경우는?

① 펌프의 회전이 너무 빠를 때
② 유압유의 점도가 낮을 때
③ 흡입관으로부터 공기가 흡입되고 있을 때
④ 릴리프밸브의 설정압이 낮을 때

> **해설**
> 흡입관으로부터 공기가 흡입되고 있을 때 펌프 내부에 서 압축되어 펌프작용이 되지 않아 오일 토출이 안 된다.

41 유압장치의 과부하 방지와 유압기기의 보 호를 위하여 최고압력을 규제하고 유압회 로 내의 필요한 압력을 유지하는 밸브는?

① 압력제어밸브
② 유량제어밸브
③ 방향제어밸브
④ 온도제어밸브

42 유압장치에 부착되어 있는 오일탱크의 부속장치가 아닌 것은?

① 주입구 캡
② 유면계
③ 배 플
✔ **피스톤로드**

해설
피스톤로드는 유압실린더의 부속장치이다.

43 유압회로에서 역류를 방지하고, 회로 내의 잔류압력을 유지하는 밸브는?

✔ **체크밸브**
② 셔틀밸브
③ 매뉴얼밸브
④ 스로틀밸브

해설
체크밸브 : 유체를 한쪽 방향으로만 흐르게 하는 역류방지밸브

44 오일필터의 여과 입도가 너무 조밀하였을 때 가장 발생하기 쉬운 현상은?

① 오일 누출 현상
✔ **공동현상**
③ 맥동 현상
④ 블로바이 현상

해설
공동현상은 소음과 진동이 발생하고, 양정과 효율이 저하되는 현상이다.

45 유압 작동유의 중요 역할이 아닌 것은?

✔ **일을 흡수한다.**
② 부식을 방지한다.
③ 습동부를 윤활시킨다.
④ 압력에너지를 이송한다.

해설
유압 작동유의 주요 기능
• 동력전달 기능
• 윤활작용
• 방청작용
• 냉각작용
• 필요한 요소 사이를 밀봉

46 건설기계에 사용되는 유압실린더의 구성 부품이 아닌 것은?

✔ **어큐뮬레이터(축압기)**
② 로 드
③ 피스톤
④ 실(Seal)

해설
유압실린더의 주요 구성 부품은 피스톤, 피스톤로드, 실린더, 실, 쿠션 기구이다.

47 드라이버(Driver)의 올바른 사용법으로 가장 적절하지 않은 것은?

① 날 끝이 재료의 홈에 맞는 것을 사용한다.
② 공작물을 바이스(Vise)에 고정시킨다.
③ 강하게 조여 있는 작은 공작물은 손으로 단단히 잡고 조인다.
④ 전기 작업 시 절연된 손잡이를 사용한다.

해설
작은 공작물이라도 손으로 잡지 않고, 바이스 등을 이용하여 고정시키도록 한다.

48 작업장의 승강용 계단을 설치하는 안전한 방법 중 가장 거리가 먼 것은?

① 경사는 30° 이하로 완만하게 하는 것이 좋다.
② 구조는 견고하여야 좋다.
③ 추락위험이 있는 곳은 손잡이를 90cm 이상 높이로 설치하는 것이 좋다.
④ 답단 간격은 동일해야 하지만 답단 넓이는 관계없이 설치하는 것이 좋다.

해설
작업장의 승강용 계단의 답단(踏段) 간격은 동일해야 하고, 넓이는 각 답단과 일정해야 한다.

49 운전 차에 물건을 실을 때 무거운 물건의 중심 위치는 어느 곳에 두는 것이 안전한가?

① 상 부   ② 중 부
③ 하 부   ④ 좌 또는 우측

해설
적재방법은 중심이 밑으로 오도록 하고, 중심의 이동에 의해서 물체가 균형을 잃지 않도록 하여야 한다.

50 안전작업은 복장의 착용상태에 따라 달라진다. 다음에서 권장사항이 되지 않는 것은?

① 땀을 닦기 위한 수건이나 손수건을 허리나 목에 걸고 작업해서는 안 된다.
② 옷소매는 폭이 좁게 된 것이나 단추가 달린 것은 되도록 피한다.
③ 물체 추락의 우려가 있는 작업장에서는 아무리 덥더라도 작업모를 착용해야 한다.
④ 복장을 단정하게 하기 위해 넥타이를 꼭 매야 한다.

해설
기계 주위에서 작업할 때는 넥타이를 매지 않으며, 너풀거리거나 찢어진 바지를 입지 않는다.

51 스패너 렌치의 사용법이 잘못된 것은?

① 너트에 맞는 것을 사용한다.
② 스패너를 앞으로 당겨 돌린다.
③ 경미한 해머작업에 사용한다.
④ 파이프 피팅을 풀고, 조일 때 사용한다.

해설
스패너 등을 해머 대신에 써서는 안 된다.

52 안전작업 측면에서 장갑을 착용해도 가장 무리가 없는 작업은?

① 연삭작업을 할 때
✔ **무거운 물건을 들 때**
③ 해머작업을 할 때
④ 정밀기계작업을 할 때

해설
작업 시 장갑을 착용하지 않고 해야 하는 작업으로는 연삭작업, 해머작업, 정밀기계작업, 드릴작업 등이 있다.

53 도로교통법상 교통안전표지의 종류로 바르게 나열한 것은?

① 교통안전표지는 주의, 규제, 안내, 보조, 통행표지로 되어 있다.
✔ **교통안전표지는 주의, 규제, 지시, 보조, 노면표지로 되어 있다.**
③ 교통안전표지는 주의, 규제, 지시, 안내, 보조표지로 되어 있다.
④ 교통안전표지는 주의, 규제, 지시, 안내, 교통표지로 되어 있다.

해설
안전표지(도로교통법 시행규칙 제8조)
• 주의표지
• 규제표지
• 지시표지
• 보조표지
• 노면표시

54 작업자가 작업을 할 때 반드시 알아두어야 할 사항이 아닌 것은?

① 안전수칙
② 1인당 작업량
③ 기계기구의 성능
✔ **경영관리**

55 다음에서 가스용기의 도색으로 모두 맞는 것은?

> ㄱ. 산소 – 녹색
> ㄴ. 수소 – 흰색
> ㄷ. 아세틸렌 – 노란색

① ㄱ
② ㄴ, ㄷ
✔ ㄱ, ㄷ
④ ㄱ, ㄴ, ㄷ

해설
가스용기의 도색구분(고압가스 안전관리법 시행규칙 [별표 24])

가스의 종류	도색 구분
산 소	녹 색
수 소	주황색
아세틸렌	황 색
기타 가스	회 색

56 중장비 공장에서 직원에게 헬멧, 작업화, 작업복을 일정하게 착용시키는 이유는?

① 직원의 복장을 통일하기 위하여
② 공장의 미관을 위하여
✔ **직원의 안전을 위하여**
④ 직원의 정신 통일을 위하여

57 폭 4m 이상, 8m 미만인 도로에 일반 도시가스배관을 매설 시 지면과 도시가스배관 상부와의 최소 이격거리는?

① 0.6m   ✔ **1.0m**

③ 1.2m   ④ 1.5m

해설

가스배관 지하매설 심도(도시가스사업법 시행규칙 [별표 6])

• 공동주택 등의 부지 내 : 0.6m 이상
• 폭 8m 이상의 도로 : 1.2m 이상. 다만, 도로에 매설된 최고사용압력이 저압인 배관에서 횡으로 분기하여 수요가에게 직접 연결되는 배관의 경우에는 1m 이상으로 할 수 있다.
• 폭 4m 이상 8m 미만인 도로 : 1m 이상. 다만, 다음의 어느 하나에 해당하는 경우에는 0.8m 이상으로 할 수 있다.
  – 호칭지름이 300mm(KS M 3514에 따른 가스용 폴리에틸렌관의 경우에는 공칭외경 315mm를 말한다) 이하로서 최고사용압력이 저압인 배관
  – 도로에 매설된 최고사용압력이 저압인 배관에서 횡으로 분기하여 수요가에게 직접 연결되는 배관

58 건설기계에 의한 고압선 주변작업에 대한 설명으로 맞는 것은?

① 작업장비의 최대로 펼쳐진 끝으로부터 전선에 접촉되지 않도록 이격하여 작업한다.
② 작업장비의 최대로 펼쳐진 끝으로부터 전주에 접촉되지 않도록 이격하여 작업한다.
✔ **전압의 종류를 확인한 후 안전이격거리를 확보하여 그 이내로 접근되지 않도록 작업한다.**
④ 전압의 종류를 확인한 후 전선과 전주에 접촉되지 않도록 작업한다.

59 굴착장비를 이용하여 도로 굴착작업 중 "고압선 위험" 표지시트가 발견되었다. 다음 중 맞는 것은?

① 표지시트 좌측에 전력케이블이 묻혀 있다.
② 표지시트 우측에 전력케이블이 묻혀 있다.
③ 표지시트와 직각방향에 전력케이블이 묻혀 있다.
✔ **표지시트 직하에 전력케이블이 묻혀 있다.**

60 도시가스가 누출되었을 경우 폭발하는 조건으로 모두 맞는 것은?

> ㄱ. 누출된 가스의 농도는 폭발범위 내에 들어야 한다.
> ㄴ. 누출된 가스에 불씨 등의 점화원이 있어야 한다.
> ㄷ. 충분한 공기가 있어야 한다.
> ㄹ. 가스가 누출되는 압력이 상당히 커야 한다.

① ㄱ, ㄴ, ㄹ
② ㄱ, ㄴ
③ ㄱ, ㄷ, ㄹ
✔ ㄱ, ㄴ, ㄷ

제 4 회 | 기출복원문제

01 윤활유 사용 방법으로 옳은 것은?

① 계절과 윤활유 SAE 번호는 관계가 없다.

② 겨울은 여름보다 SAE 번호가 큰 윤활유를 사용한다.

③ SAE 번호는 일정하다.

④ 여름은 겨울보다 SAE 번호가 큰 윤활유를 사용한다.

해설
윤활유의 점도는 SAE 번호로 분류하며, 여름은 높은 점도, 겨울은 낮은 점도를 사용한다.

02 기관의 시동을 보조하는 장치가 아닌 것은?

① 실린더의 감압 장치

② 히트레인지

③ 과급 장치

④ 공기 예열 장치

해설
과급 장치는 더 많은 공기를 강제적으로 흡입시켜서 더 높은 출력을 얻도록 하는 역할을 한다.

03 기관 온도계의 눈금은 무엇의 온도를 표시하는가?

① 배기가스의 온도

② 기관오일의 온도

③ 연소실 내의 온도

④ 냉각수의 온도

해설
온도계는 냉각 순환 시 냉각수의 온도를 나타낸다.

04 직접분사식 기관의 장점 중 틀린 것은?

① 구조가 간단하므로 열효율이 높다.

② 연료의 분사압력이 낮다.

③ 실린더헤드의 구조가 간단하다.

④ 냉각 손실이 작다.

해설
직접분사식은 연료의 분사압력이 매우 높다(150~300 kgf/cm²).

05 실린더 벽이 마멸되었을 때 발생되는 현상은?

① 기관의 회전수가 증가한다.

② 오일 소모량이 증가한다.

③ 열효율이 증가한다.

④ 폭발압력이 증가한다.

해설
실린더 벽이 마멸되면 오일 소모량이 증가, 압축 및 폭발압력이 감소한다.

06 4행정으로 1사이클을 완성하는 기관에서 각 행정의 순서는?

① 압축 – 흡입 – 폭발 – 배기

✔ **흡입 – 압축 – 폭발 – 배기**

③ 흡입 – 압축 – 배기 – 폭발

④ 흡입 – 폭발 – 압축 – 배기

08 기관 과열의 원인이 아닌 것은?

① 라디에이터 막힘

② 냉각장치 내부에 물때가 끼었을 때

③ 냉각수의 부족

✔ **오일의 압력 과다**

> **해설**
> 기관의 과열 원인
> • 라디에이터 막힘, 불량
> • 냉각장치 내부의 물때(Scale) 과다
> • 물재킷 스케일 누적
> • 냉각수 또는 윤활유 부족
> • 물 펌프 고장
> • 팬 벨트 이완 및 절손
> • 온도조절기가 열리지 않음

07 다음에서 머플러(소음기)와 관련된 내용으로 모두 맞는 것은?

> ㄱ. 카본이 많이 끼면 엔진이 과열되는 원인이 될 수 있다.
> ㄴ. 머플러를 제거하면 배기음이 커진다.
> ㄷ. 카본이 쌓이면 엔진 출력이 떨어진다.
> ㄹ. 배기가스의 압력을 높여서 열효율을 증가시킨다.

① ㄱ, ㄴ, ㄷ, ㄹ

② ㄴ, ㄷ, ㄹ

③ ㄱ, ㄷ, ㄹ

✔ **ㄱ, ㄴ, ㄷ**

> **해설**
> 소음기에 카본이 많이 끼면 배기가스가 배출되지 못해 과열이 되고, 배압 증가로 엔진 출력이 떨어진다.

09 4행정 기관에서 엔진이 4,000rpm일 때 분사펌프의 회전수는?

① 4,000rpm

✔ **2,000rpm**

③ 8,000rpm

④ 1,000rpm

> **해설**
> 4행정 기관은 크랭크축 2회전에 분사펌프는 1회전하는 기관이므로 기관회전수는 4,000 ÷ 2 = 2,000rpm이다.

10 유압식 밸브 리프터의 장점이 아닌 것은?

① 밸브간극 조정이 필요하지 않다.

② 밸브 개폐시기가 정확하다.

✔ **구조가 간단하다.**

④ 밸브 기구의 내구성이 좋다.

해설

유압식 밸브 리프터

• 밸브간극을 자동으로 조절하는 것으로 오일의 비압축성을 이용하여 기관의 작동 온도에 관계없이 항상 밸브간극을 0으로 유지해 준다.

• 밸브간극을 점검할 필요가 없으며, 밸브 개폐시기가 정확하므로 기관의 성능이 향상됨과 동시에 작동 소음을 줄일 수 있으나 구조가 복잡해지고 항상 일정한 압력의 오일을 공급받아야 한다.

11 디젤기관의 연료 여과기에 장착되어 있는 오버플로 밸브의 역할이 아닌 것은?

① 연료계통의 공기를 배출한다.

② 연료공급펌프의 소음 발생을 방지한다.

③ 연료필터 엘리먼트를 보호한다.

✔ **분사펌프의 압송 압력을 높인다.**

해설

분사펌프의 압송 압력은 펌프, 플런저, 스프링 장력 등에 따라 다르다.

12 AC 발전기에서 전류가 흐를 때 전자석이 되는 것은?

① 계자철심

✔ **로 터**

③ 스테이터 철심

④ 아마추어

해설

전류가 흐를 때 교류발전기는 로터, 직류발전기는 계자 철심이 전자석이 된다.

13 축전지의 취급에 대한 설명 중 옳은 것은?

① 2개 이상의 축전지를 직렬로 배선할 경우 (+)와 (+), (−)와 (−)를 연결한다.

② 축전지의 용량을 크게 하기 위해서는 다른 축전지와 직렬로 연결하면 된다.

✔ **축전지의 방전이 거듭될수록 전압이 낮아지고 전해액의 비중도 낮아진다.**

④ 축전지를 보관할 때는 가능한 한 방전시키는 것이 좋다.

14 예열 플러그가 15~20초에서 완전히 가열되었을 경우 가장 적절한 것은?

✔ **정상 상태이다.**

② 접지되었다.

③ 단락되었다.

④ 다른 플러그가 모두 단선되었다.

15 디젤기관의 전기장치에 없는 것은?

✔ 스파크플러그

② 글로플러그

③ 축전지

④ 솔레노이드 스위치

해설
스파크플러그는 가솔린기관에 사용된다.

16 축전지의 작용을 열거한 것 중 틀린 것은?

① 엔진 시동 시 시동장치 전원을 담당한다.

✔ 양극판은 해면상납, 음극판은 과산화납을 사용하며, 전해액은 묽은황산을 이용한다.

③ 발전기가 고장일 때 일시적인 전원을 공급한다.

④ 발전기의 출력 및 부하의 언밸런스를 조정한다.

해설
양극판은 과산화납, 음극판은 해면상납을 사용하며 전해액은 묽은황산을 이용한다.

17 전류의 자기작용을 응용한 것은?

① 전 구

② 축전지

③ 예열 플러그

✔ 발전기

해설
전류의 3대 작용
• 자기작용 : 전동기, 발전기, 솔레노이드 기구 등
• 발열작용 : 전구, 예열 플러그
• 화학작용 : 축전지의 충·방전 작용

18 동력전달장치에서 클러치판은 어떤 축의 스플라인에 끼어져 있는가?

① 추진축

② 차동기어장치

③ 크랭크축

✔ 변속기 입력축

해설
클러치판은 변속기 입력축의 스플라인에 조립되어 있다.

19 트랙에서 스프로킷이 이상 마모되는 원인은?

✔ 트랙의 이완

② 유압유의 부족

③ 유압이 높음

④ 댐퍼스프링의 장력 약화

해설
트랙이 이완되거나 트랙의 정렬이 맞지 않으면 스프로킷이 이상 마모된다.

20 기중기의 붐이 하강하지 않는다. 그 원인에 해당되는 것은?

① 붐과 호이스트 레버를 하강방향으로 같이 작용시켰기 때문이다.

② 붐에 큰 하중이 걸려 있기 때문이다.

③ 붐에 너무 낮은 하중이 걸려 있기 때문이다.

✔ **붐 호이스트 브레이크가 풀리지 않는다.**

해설
붐이 상승·하강을 하지 않는 원인

붐이 하강하지 않는 원인	붐이 상승하지 않는 원인
• 붐이 제한각도 이상 올라왔을 때	• 붐 호이스트의 클러치가 미끄러질 때
• 고정 장치가 풀리지 않았을 때	• 붐 호이스트 레버의 작용이 안 될 때
• 붐 호이스트 브레이크가 풀리지 않았을 때 등	• 붐 호이스트 브레이크가 풀리지 않았을 때 등

21 기중기에서 훅(Hook)을 너무 많이 상승시키면 경보음이 작동된다. 이 경보장치는?

① 과부하 경보장치

② 전도 방지 경보장치

③ 붐 과권 방지 경보장치

✔ **권상 과권 방지 경보장치**

해설
권상 과권 방지 경보장치 : 권상 와이어를 너무 감으면 와이어가 절단되거나 훅 블록이 지브와 충돌하여 기계를 파손시키는데, 이를 방지하기 위한 장치이다.

22 기중기에서 항타 작업을 할 때 바운싱(Bouncing)이 일어나는 원인과 가장 거리가 먼 것은?

① 파일이 장애물과 접촉할 때

✔ **증기 또는 공기량을 약하게 사용할 때**

③ 2중 작동 해머를 사용할 때

④ 가벼운 해머를 사용할 때

해설
항타 작업을 할 때 바운싱이 일어나는 원인
①, ③, ④를 포함하여 증기 또는 공기 사용량이 너무 많을 때 바운싱(Bouncing)이 일어난다.

23 기중기의 사용 용도와 가장 거리가 먼 것은?

① 파일 항타 작업

② 차량의 화물 적재 및 적하 작업

✔ **경지 정리 작업**

④ 철도·교량 설치 작업

해설
기중기의 사용 용도
철도·교량의 설치 작업, 일반적인 기중(크레인) 작업, 차량의 화물 적재 및 적하 작업, 파일 항타 작업, 굴토 작업 등

24 건설기계의 운전 전 점검 사항이 아닌 것은?

① 볼트·너트의 이완 여부

② 연료량

③ 작동유량

✔ **배기가스 색깔**

25 감전사고 예방을 위한 주의 사항의 내용으로 틀린 것은?

① 젖은 손으로는 전기기기를 만지지 않는다.

② 코드를 뺄 때는 반드시 플러그의 몸체를 잡고 뺀다.

③ 전력선에 물체를 접촉하지 않는다.

✔ **220V는 단상이고, 저압이므로 생명의 위협은 없다.**

220V로 감전되었을 때 사망할 확률이 110V에 비해 훨씬 높다.

26 타이어의 트레드에 대한 설명으로 가장 옳지 못한 것은?

① 트레드가 마모되면 구동력과 선회능력이 저하된다.

✔ **트레드가 마모되면 지면과 접촉면적이 크게 되어 마찰력이 크게 된다.**

③ 타이어의 공기압이 높으면 트레드의 양 단부보다 중앙부의 마모가 크다.

④ 트레드가 마모되면 열의 발산이 불량하게 된다.

트레드가 마모되면 마찰력이 작아진다.

27 시·도지사는 건설기계 등록원부를 건설기계의 등록을 말소한 날부터 몇 년간 보존하여야 하는가?

① 1년   ② 2년

③ 5년   ✔ **10년**

등록원부의 보존(건설기계관리법 시행규칙 제12조)
시·도지사는 건설기계등록원부를 건설기계의 등록을 말소한 날부터 10년간 보존하여야 한다.

28 교차로 통행방법 중 틀린 것은?

① 교차로에서는 정차하지 못한다.

② 교차로에서는 다른 차를 앞지르지 못한다.

③ 좌·우회전 시에는 방향지시기 등으로 신호를 하여야 한다.

✔ **교차로에서는 반드시 경음기를 울려야 한다.**

29 중량물 운반 시 안전사항으로 틀린 것은?

① 규정용량을 초과하지 않는다.

② 화물을 운반할 경우에는 운전반경 내를 확인한다.

③ 무거운 물건을 상승시킨 채 오랫동안 방치하지 않는다.

✔ **흔들리는 화물은 사람이 승차하여 붙잡도록 한다.**

30 정차 방법으로 옳은 것은?

① 차체의 전단부를 도로 중앙을 향하도록
   비스듬히 정차한다.
② 진행방향의 반대방향으로 정차한다.
③ **차도의 오른쪽 가장자리에 정차한다.**
④ 일방통행로에서 좌측단에 정차한다.

해설
정차 또는 주차의 방법 등(도로교통법 시행령 제11조제1
항제1호)
모든 차의 운전자는 도로에서 정차할 때에는 차도의
오른쪽 가장자리에 정차할 것. 다만, 차도와 보도의
구별이 없는 도로의 경우에는 도로의 오른쪽 가장자리
로부터 중앙으로 50cm 이상의 거리를 두어야 한다.

31 교통사고가 발생하였을 때 가장 먼저 취할
조치는?

① 경찰공무원에게 신고한 다음 피해자를
   구호한다.
② 즉시 피해자 가족에게 알리고 합의한다.
③ **즉시 사상자를 구호하고 경찰공무원에
   게 신고한다.**
④ 승무원에게 사상자를 알리게 하고 회사
   에 알린다.

32 유압장치를 정비할 수 없는 정비업은?

① 종합건설기계정비업
② 부분건설기계정비업
③ **원동기 정비업**
④ 유압 정비업

해설
건설기계정비업의 사업범위(건설기계관리법 시행령
[별표 2])

정비항목	종합건설기계정비업					부분건설기계정비업	전문건설기계정비업		
	전기종	굴착기	지게차	기중기	덤프 및 믹서		원동기	유압	타워크레인
유압장치의 탈부착 및 분해·정비	○	○	○	○	○	○		○	

33 건설기계를 운전해서는 안 되는 사람은?

① 국제운전면허증을 가진 사람
② 범칙금 납부 통고서를 교부받은 사람
③ **면허시험에 합격하고 면허증 교부 전에
   있는 사람**
④ 운전면허증을 분실하여 재교부 신청 중
   인 사람

34 기중기의 정기검사 유효기간은?

① 3년

② 2년

☑ **1년**

④ 6월

해설

정기검사 유효기간(건설기계관리법 시행규칙 [별표 7])
• 연식의 기준 없는 건설기계, 특수건설기계의 정기검
  사 유효기간
  – 6개월마다 : 타워크레인
  – 1년마다 : 굴착기, 기중기, 아스팔트살포기, 천공기,
    항타 및 항발기, 터널용 고소작업차

35 유압계통에서 오일의 누설 점검 시 유의
사항이 아닌 것은?

☑ **오일의 윤활성**

② 실(Seal)의 마모

③ 실(Seal)의 파손

④ 볼트의 이완

해설

오일 누설의 원인 : 실의 마모와 파손, 볼트의 이완 등이
있다.

36 플런저 펌프의 장점과 가장 거리가 먼 것은?

① 효율이 양호하다.

② 높은 압력에 잘 견딘다.

☑ **구조가 간단하다.**

④ 토출량의 변화 범위가 크다.

해설

구조가 복잡하다.

37 유압회로 내에서 공동현상의 발생 시 처리
방법은?

① 과포화 상태로 만든다.

② 오일의 온도를 높인다.

③ 오일의 압력을 높인다.

☑ **일정 압력을 유지시킨다.**

해설

공동현상은 압력 변화가 잦을 때 많이 발생되므로 압력
을 일정하게 유지하는 것이 좋다.

38 다음 중에서 유압장치에 주로 사용되지 않
는 것은?

① 베인펌프

② 피스톤펌프

☑ **분사펌프**

④ 기어펌프

해설

분사펌프는 연료장치에 사용되는 펌프이다.

39 가장 큰 압력에 견딜 수 있는 유압 호스는?

☑ **나선 와이어 브레이드**

② 이중 와이어 브레이드

③ 단일 와이어 브레이드

④ 직물 브레이드

해설

나선 와이어 브레이드는 압력이 매우 높은 유압장치에
사용한다.

40 작동유 온도 상승 시의 영향과 관계가 없는 것은?

① 열화를 촉진한다.
② 점도의 저하에 의해 누유되기 쉽다.
✓ **유압펌프 등의 효율은 좋아진다.**
④ 온도변화에 의해 유압기기가 열변형되기 쉽다.

해설
작동유 온도 상승 시에는 열화 촉진과 점도 저하 등의 원인으로 펌프 효율이 저하된다.

41 유압모터의 종류가 아닌 것은?

① 기어형
② 베인형
③ 회전 피스톤형
✓ **복동형**

해설
유압모터의 종류 : 기어형, 베인형, 피스톤형 등

42 일반적인 유압실린더의 종류에 해당하지 않는 것은?

① 단동 실린더 피스톤(Piston)형
② 단동 실린더 램(Ram)형
✓ **단동 실린더 레이디얼(Radial)형**
④ 복동 실린더 양로드(Double Rod)형

해설
레이디얼형은 유압펌프나 모터의 종류이다.

43 유압으로 작동되는 작업장치에서 작업 중 힘이 떨어지는 원인으로 가장 밀접한 관계가 있는 것은?

✓ **메인 릴리프밸브**
② 로드 체크밸브
③ 방향 전환밸브
④ 메이크업 밸브

해설
메인 릴리프밸브 : 압력유지, 압력조정 등에 사용

44 유압실린더에서 실린더의 과도한 자연낙하현상이 발생하는 원인으로 가장 거리가 먼 것은?

① 컨트롤밸브 스풀의 마모
② 릴리프밸브의 조정 불량
✓ **작동압력이 높을 때**
④ 실린더 내 피스톤 실의 마모

해설
③ 작동압력이 낮을 때

45 오일 탱크 내 오일의 적정온도 범위는?

① 10~20℃

☑ **30~50℃**

③ 80~110℃

④ 100~150℃

해설
탱크 내에서는 30~50℃가 적정온도 범위이다.
※ 유압 작동유의 적정온도 : 30~80℃ 이하(80℃ 이상
　 과열 상태)

46 실린더가 중력으로 인하여 제어속도 이상
으로 낙하하는 것을 방지하는 밸브는?

① 방향제어밸브(Directional Control
　 Valve)

② 리듀싱밸브(Reducing Valve)

③ 시퀀스밸브(Sequence Valve)

☑ **카운터밸런스밸브(Counter Balance
　 Valve)**

해설
카운터밸런스밸브 : 한방향의 흐름에 대하여는 규제된
저항에 의하여 배압(背壓)으로서 작동하는 제어유동이
고, 그 반대방향의 유동에 대하여는 자동유동의 밸브로
추의 낙하를 방지하기 위해서 배압을 유지시켜 주는
압력제어밸브이다.

47 작업자가 작업을 할 때 반드시 알아두어야
할 사항이 아닌 것은?

① 안전수칙

② 1인당 작업량

③ 기계기구의 성능

☑ **경영관리**

해설
경영관리는 운영자가 알아두어야 할 사항이다.

48 드라이버 사용방법으로 틀린 것은?

① 날 끝이 홈의 폭과 길이에 맞는 것을
　 사용한다.

② 날 끝이 수평이어야 한다.

③ 전기 작업 시에는 절연된 자루를 사용
　 한다.

☑ **작은 공작물은 가능한 한 손으로 잡고
　 작업한다.**

해설
작은 공작물이라도 한 손으로 잡지 않고 바이스 등으로
고정시킨다.

49 안전작업 사항으로 잘못된 것은?

① 전기장치는 접지를 하고, 이동식 전기기구는 방호장치를 한다.

② 엔진에서 배출되는 일산화탄소에 대비한 통풍 장치를 설치한다.

✅ **담뱃불은 발화력이 약하므로 어느 곳에서나 흡연해도 무방하다.**

④ 주요 장비 등은 조작자를 지정하여 누구나 조작하지 않도록 한다.

[해설]
담뱃불은 발화력이 강하므로 지정된 장소에서 흡연하여야 한다.

50 전기화재 소화 시 가장 좋은 소화기는?

① 모 래

② 분말소화기

✅ **이산화탄소소화기**

④ 포말소화기

[해설]
③ 이산화탄소소화기 : 유류화재, 전기화재
① 모래 : 유류화재
② 분말소화기 : 유류화재, 가스화재
④ 포말소화기 : 보통 가연물, 위험물

51 안전사고와 부상의 종류에서 중상해란 어느 정도의 상해를 말하는가?

① 부상으로 1주 이상의 노동손실을 가져온 상해 정도

✅ **부상으로 2주 이상의 노동손실을 가져온 상해 정도**

③ 부상으로 3주 이상의 노동손실을 가져온 상해 정도

④ 부상으로 4주 이상의 노동손실을 가져온 상해 정도

[해설]
사고와 부상의 종류
• 중상해 : 부상으로 인하여 2주 이상의 노동손실을 가져온 상해 정도
• 경상해 : 부상으로 인하여 1일 이상 14일 미만의 노동손실을 가져온 상해 정도
• 경미상해 : 부상으로 8시간 이하의 휴무 또는 작업에 종사하면서 치료를 받는 상해 정도

52 기계에 사용되는 방호덮개 장치의 구비조건 중 가장 관계가 적은 것은?

① 마모나 외부로부터 충격에 쉽게 손상되지 않을 것

✅ **탈착이 쉬워 필요시 제거 후 사용이 편리할 것**

③ 검사나 급유조정 등 정비가 용이할 것

④ 최소의 손질로 장시간 사용할 수 있을 것

53 다음 중 작업복의 조건으로서 가장 알맞은 것은?

① 작업자의 편안함을 위하여 자율적인 것이 좋다.

② 도면, 공구 등을 넣어야 하므로 주머니가 많아야 한다.

③ 작업에 지장이 없는 한 손발이 노출되는 것이 간편하고 좋다.

❹ 주머니가 적고, 팔이나 발이 노출되지 않는 것이 좋다.

54 회전 중인 물체를 정지시킬 때 안전한 방법은?

① 발로 정지시킨다.

② 손으로 정지시킨다.

❸ 스스로 정지하도록 한다.

④ 공구로 정지시킨다.

55 렌치 사용 시 적합하지 않은 것은?

① 너트에 맞는 것을 사용할 것

❷ 렌치를 몸 밖으로 밀어 움직이게 할 것

③ 해머 대용으로 사용치 말 것

④ 파이프렌치를 사용할 때는 정지 상태를 확실히 할 것

해설
렌치를 사용할 때는 자기 쪽으로 당겨서 사용하도록 한다.

56 작업상의 안전수칙으로 적합하지 않은 것은?

① 차를 받칠 때는 안전 잭이나 고임목으로 고인다.

② 벨트 등의 회전부위에 주의한다.

❸ 배터리액이 눈에 들어갔을 때는 알칼리 유로 씻는다.

④ 기관 시동 시에는 소화기를 비치한다.

해설
배터리액이 눈에 들어갔을 때는 물로 씻는다.

57 도로의 지하에 매설된 도시가스배관의 색상으로 맞는 것은?

① 회색, 흑색

❷ 적색, 황색

③ 청색, 남색

④ 흑색, 청색

해설
도시가스배관 표면색은 저압이면 황색이고, 중압 이상은 적색이다(도시가스사업법 시행규칙 [별표 5]).

58 가스배관 주위를 굴착하고자 할 때에는 가스배관의 좌우 몇 m 이내를 인력으로 굴착해야 하는가?

① 0.5
✔ ② 1
③ 1.5
④ 2

해설

가스배관 좌우 1m 이내는 인력으로 굴착해야 한다(도시가스사업법 시행규칙 [별표 16]).

60 기중기로 물건을 운반할 때 주의 사항으로 틀린 것은?

✔ ① 규정 무게보다 초과하여 사용하여야 한다.
② 적재물이 떨어지지 않도록 한다.
③ 로프 등의 안전 여부를 항상 점검한다.
④ 선회작업 전에 작업반경을 확인한다.

해설

규정 무게보다 초과하여 적재하지 않는다.

59 도로에서 파일 항타, 굴착작업 중 지하에 매설된 전력케이블이 손상되었을 때 전력공급에 파급되는 영향 중 옳은 것은?

① 케이블이 절단되어도 전력공급에는 지장이 없다.
② 케이블은 외피 및 내부에 철그물망으로 되어 있어 절대로 절단되지 않는다.
③ 케이블을 보호하는 관은 손상이 되어도 전력공급에는 지장이 없으므로 별도의 조치는 필요 없다.
✔ ④ 전력케이블에 충격 또는 손상이 가해지면 즉각 전력공급이 차단되거나 일정 시일 경과 후 부식 등으로 전력공급이 중단될 수 있다.

해설

전력케이블에 손상이 가해지면 전력공급이 차단되거나 중단될 수 있으므로 즉시 한국전력공사에 통보해야 한다.

01 디젤기관에서 시동이 잘 안 되는 원인으로 맞는 것은?

✔ **연료공급라인에 공기가 차 있을 때**
② 냉각수를 경수로 사용할 때
③ 스파크 플러그의 불꽃이 약할 때
④ 클러치가 과대 마모되었을 때

해설
디젤기관의 연료계통에 공기가 들어가면 연료분사가 어려워져서 엔진 시동을 어렵게 만든다.

02 공기만을 실린더 내로 흡입하여 고압축비로 압축한 다음 압축열에 연료를 분사하는 작동원리의 디젤기관은?

✔ **압축착화기관**
② 전기점화기관
③ 외연기관
④ 제트기관

해설
② 전기점화기관 : 전기불꽃으로 실린더 안의 연료를 태우는 기관
③ 외연기관 : 실린더 밖에서 연료를 직접 연소시켜 동력을 얻는 기관
④ 제트기관 : 빨아들인 공기에 연료가 섞여 연소한 다음 발생한 가스가 고속으로 분출할 때의 반동으로 추진력을 얻는 장치

03 오일펌프(기계식)의 작동에 관한 내용으로 맞는 것은?

① 항상 작동된다.
✔ **엔진이 가동되어야 작동한다.**
③ 운전석에서 따로 작동시켜야 한다.
④ 전기 장치가 작동되었을 때 작동을 시작한다.

04 건설기계에서 엔진부조가 발생되고 있다. 그 원인으로 맞는 것은?

✔ **인젝터 공급파이프 연료 누설**
② 인젝터 연료리턴파이프 연료 누설
③ 가속페달 케이블 조정 불량
④ 자동변속기의 고장 발생

해설
엔진부조는 연료가 공급되지 못할 때 발생한다.

05 디젤기관의 연료 여과기에 장착되어 있는 오버플로 밸브의 역할로 가장 관련이 없는 것은?

① 연료계통의 공기를 배출한다.
② 연료공급펌프의 소음 발생을 방지한다.
③ 연료필터 엘리먼트를 보호한다.
✔ **분사펌프의 압송 압력을 높인다.**

해설
분사펌프의 압송 압력은 펌프, 플런저, 스프링 장력 등에 따라 다르다.

06 냉각장치에 사용되는 전동 팬에 대한 설명으로 틀린 것은?

① 냉각수 온도에 따라 작동한다.

② 정상온도 이하에는 작동하지 않고, 과열일 때 작동한다.

☑ 엔진이 시동되면 동시에 회전한다.

④ 팬 벨트는 필요 없다.

해설
전동 팬 : 모터로 냉각 팬을 구동하는 형식이며, 라디에이터에 부착된 서모 스위치는 냉각수의 온도를 감지하여 일정 온도에 도달하면 팬을 작동(냉각 팬 ON)시키고, 일정 온도 이하로 내려가면 팬의 작동을 정지(냉각 팬 OFF)시킨다.

07 일반적으로 기관에 많이 사용되는 윤활 방법은?

① 수 급유식

② 적하 급유식

☑ 압송 급유식

④ 분무 급유식

해설
압송식은 윤활방식 중 오일펌프로 급유하는 방식으로 4행정 기관에서 일반적으로 사용된다.

08 디젤기관에서 시동을 돕기 위해 설치된 부품으로 맞는 것은?

① 과급 장치

② 발전기

③ 디퓨저

☑ 히트 레인지

해설
히트 레인지는 흡기 다기관에 흡입되는 공기를 예열하는 장치이다.

09 부동액이 구비하여야 할 조건이 아닌 것은?

① 물과 쉽게 혼합될 것

② 침전물의 발생이 없을 것

③ 부식성이 없을 것

☑ 비등점이 물보다 낮을 것

해설
비등점이 물보다 높아야 과열로 인한 피해를 방지할 수 있다.

10 디젤엔진에서 연료분사의 3대 조건으로 틀린 것은?

① 무화가 좋을 것

② 분산이 좋을 것

③ 관통력이 좋을 것

☑ 흡입력이 좋을 것

해설
연료분사의 3대 요소는 관통력, 분포, 무화상태이다.

11 기관에서 공기청정기의 설치 목적으로 맞는 것은?

① 연료의 여과와 가압작용
② 공기의 가압작용
☑ **공기의 여과와 소음방지**
④ 연료의 여과와 소음방지

해설
에어클리너(공기청정기)
연소에 필요한 공기를 실린더로 흡입할 때 먼지 등을 여과하여 피스톤 등의 마모를 방지하는 역할을 하는 장치

12 실린더에 마모가 생겼을 때 나타나는 현상이 아닌 것은?

① 압축효율 저하
② 크랭크실 내의 윤활유 오염 및 소모
③ 출력 저하
☑ **조속기의 작동 불량**

해설
조속기는 로터회전수를 일정하게 유지하기 위한 안정 장치로 실린더 마모와 관련이 없다.

13 전해액의 온도가 내려가면 비중은?

① 내려간다.
☑ **올라간다.**
③ 변함없다.
④ 보충이 요구된다.

해설
전해액은 온도가 상승하면 비중은 낮아지고, 온도가 낮아지면 비중은 높아진다.

14 전기장치 회로에 사용하는 퓨즈의 재질로 적합한 것은?

① 스틸합금
② 구리합금
③ 알루미늄합금
☑ **납과 주석합금**

15 건설기계장비가 시동이 되지 않아 시동장치를 점검하고 있다. 적절하지 않은 것은?

① 마그넷 스위치 점검
② 기동전동기의 고장 여부 점검
☑ **발전기의 성능 점검**
④ 축전지의 (+)선 접촉상태 점검

해설
시동장치는 전기를 이용해 크랭크축을 회전시켜 주는 것이고, 발전기는 자동차에 시동이 걸려 크랭크축이 회전을 시작하면 그 힘을 이용해 전기를 발생시키는 것이다.

16 NPN형 트랜지스터에서 접지되는 단자는?

① 베이스
✔ **이미터**
③ 컬렉터
④ 트랜지스터 몸체

해설
(+)극은 NPN 트랜지스터의 베이스에 연결되어 있고, (-)극은 이미터 단자에 연결되어 있다.

18 겨울철 축전지 전해액의 비중이 낮아져서 전해액이 얼기 시작하는 온도는?

① 낮아진다.
✔ **높아진다.**
③ 관계없다.
④ 일정하지 않다.

해설
전해액의 온도와 비중은 반비례한다.

19 클러치의 압력판은 무슨 역할을 하는가?

✔ **클러치판을 밀어서 플라이휠에 압착시키는 역할을 한다.**
② 동력 차단을 용이하게 한다.
③ 릴리스 베어링의 회전을 용이하게 한다.
④ 엔진의 동력을 받아 속도를 조절한다.

해설
압력판은 클러치 커버에 지지되어 클러치페달을 놓았을 때 클러치 스프링의 장력에 의해 클러치판을 플라이휠에 압착시키는 작용을 한다.

17 교류발전기의 특징으로 틀린 것은?

① 속도변화에 따른 적용 범위가 넓고, 소형·경량이다.
② 저속 시에도 충전이 가능하다.
✔ **정류자를 사용한다.**
④ 다이오드를 사용하기 때문에 정류 특성이 좋다.

해설
직류발전기에서는 정류자와 브러시가, 교류발전기에서는 다이오드가 교류를 직류로 바꾸어 준다.

20 기계식 변속기가 장착된 건설기계장비에서 클러치 사용방법으로 가장 올바른 것은?

① 클러치페달에 항상 발을 올려놓는다.
② 저속 운전 시에만 발을 올려놓는다.
✔ **클러치페달은 변속 시에만 밟는다.**
④ 클러치페달은 커브 길에서만 밟는다.

21 타이어식 건설기계의 종감속장치에서 열이 발생하고 있다. 그 원인으로 틀린 것은?

① 윤활유의 부족
② 종감속기어의 접촉상태 불량
③ 오일의 오염
✔ **종감속기 하우징 볼트의 과도한 조임**

해설
종감속장치에서 열의 발생은 기어 접속상태 불량 또는 윤활유의 부족에 의해 발생한다.

22 주행 중 트랙 전면에서 오는 충격을 완화하여 차체파손을 방지하고 운전을 원활하게 해 주는 장치는?

① 트랙 롤러   ② 상부 롤러
✔ **리코일 스프링**   ④ 댐퍼 스프링

23 기중기 작업 전 점검사항이 아닌 것은?

① 작업반경 내에 장애물은 없는가
② 급유는 골고루 되어 있는가
✔ **전원 스위치는 잘 차단되어 있는가**
④ 운전실 조정 레버, 스위치류는 정위치에 있는가

해설
매일 작업 개시 전 기계의 운전상태 점검사항
• 와이어로프는 바르게 도르래에 걸려 있는가, 또는 드럼에 바르게 감겨 있는가를 점검한다.
• 각부의 급유개소에 급유한다.
• 각부의 볼트, 너트, 키 등의 헐거움, 탈락은 없는가 점검한다.
• 클러치, 브레이크, 유압기기 등의 압력 및 작동상태를 점검한다.
• 각 안전장치의 작동을 확인한다.
• 지브를 선회하는 주변에 장애물의 유무를 확인한다.

24 타이어식 장비의 휠 얼라인먼트에서 토인의 필요성과 가장 거리가 먼 것은?

✔ **조향바퀴의 방향성을 준다.**
② 조향바퀴를 평행하게 회전시킨다.
③ 바퀴가 옆방향으로 미끄러지는 것을 방지한다.
④ 타이어의 이상마멸을 방지한다.

해설
토인의 필요성
• 앞바퀴를 평행하게 회전하도록 하여 주행을 쉽게 해 준다.
• 앞바퀴의 옆방향 미끄러짐과 타이어의 마멸을 방지한다.
• 조향 링키지 마멸에 의해 토아웃이 되는 것을 방지한다.
• 노면과의 마찰을 줄인다.

25 절토 작업 시 안전준수 사항으로 잘못된 것은?

① 상부에서 붕괴낙하 위험이 있는 장소에서의 작업은 금지한다.
✔ **상·하부 동시작업으로 작업 능률을 높인다.**
③ 굴착면이 높은 경우는 계단식으로 굴착한다.
④ 부석이나 붕괴되기 쉬운 지반은 적절한 보강을 한다.

해설
절토(굴착공사 표준안전 작업지침 제7조제2호)
상·하부 동시작업은 금지하여야 하나 부득이한 경우 다음의 조치를 실시한 후 작업하여야 한다.
• 견고한 낙하물 방호시설 설치
• 부석 제거
• 작업장소에 불필요한 기계 등의 방치 금지
• 신호수 및 담당자 배치

26 다음 중 기중기의 작업 용도가 아닌 것은?

① 항타 작업

② **지균 작업**

③ 기중 작업

④ 굴토 작업

해설

기중기의 사용 용도

철도·교량의 설치 작업, 일반적인 기중(크레인) 작업, 차량의 화물 적재 및 적하 작업, 파일 항타 작업, 굴토 작업 등

27 건설기계해체재활용업 등록은 누구에게 하는가?

① 국토교통부장관

② **시장·군수 또는 구청장**

③ 행정안전부장관

④ 읍·면·동장

해설

건설기계사업의 등록 등(건설기계관리법 제21조제1항)

건설기계사업을 하려는 자(지방자치단체는 제외)는 대통령령으로 정하는 바에 따라 사업의 종류별로 특별자치시장·특별자치도지사·시장·군수 또는 자치구의 구청장("시장·군수·구청장"이라 한다)에게 등록하여야 한다.

※ "건설기계사업"이란 건설기계대여업, 건설기계정비업, 건설기계매매업 및 건설기계해체재활용업을 말한다(건설기계관리법 제2조).

28 건설기계조종사의 면허취소 사유가 아닌 것은?

① 거짓 또는 부정한 방법으로 건설기계의 면허를 받은 때

② 면허정지처분을 받은 자가 그 정지기간 중 건설기계를 조종한 때

③ 건설기계의 조종 중 고의 또는 과실로 중대한 사고를 일으킨 때

④ **정기검사를 받지 않은 건설기계를 조종한 때**

해설

건설기계조종사면허의 취소·정지(건설기계관리법 제28조)

시장·군수 또는 구청장은 건설기계조종사가 다음의 어느 하나에 해당하는 경우에는 국토교통부령으로 정하는 바에 따라 건설기계조종사면허를 취소하거나 1년 이내의 기간을 정하여 건설기계조종사면허의 효력을 정지시킬 수 있다. 다만, ①, ②, ⑧ 또는 ⑨에 해당하는 경우에는 건설기계조종사면허를 취소하여야 한다.

① 거짓이나 그 밖의 부정한 방법으로 건설기계조종사면허를 받은 경우

② 건설기계조종사면허의 효력정지기간 중 건설기계를 조종한 경우

③ 다음 중 어느 하나에 해당하게 된 경우

　㉠ 건설기계 조종상의 위험과 장해를 일으킬 수 있는 정신질환자 또는 뇌전증환자로서 국토교통부령으로 정하는 사람

　㉡ 앞을 보지 못하는 사람, 듣지 못하는 사람, 그 밖에 국토교통부령으로 정하는 장애인

　㉢ 건설기계 조종상의 위험과 장해를 일으킬 수 있는 마약·대마·향정신성의약품 또는 알코올중독자로서 국토교통부령으로 정하는 사람

④ 건설기계의 조종 중 고의 또는 과실로 중대한 사고를 일으킨 경우

⑤ 「국가기술자격법」에 따른 해당 분야의 기술자격이 취소되거나 정지된 경우

⑥ 건설기계조종사면허증을 다른 사람에게 빌려 준 경우

⑦ 술에 취하거나 마약 등 약물을 투여한 상태 또는 과로·질병의 영향이나 그 밖의 사유로 정상적으로 조종하지 못할 우려가 있는 상태에서 건설기계를 조종한 경우

⑧ 정기적성검사를 받지 아니하고 1년이 지난 경우

⑨ 정기적성검사 또는 수시적성검사에서 불합격한 경우

29 도로교통법상 운전자의 술에 취한 상태는 혈중알코올농도 몇 % 이상일 경우인가?

① 0.25

☑ 0.03

③ 1.25

④ 1.50

해설

술에 취한 상태에서의 운전 금지(도로교통법 제44조제4항)

운전이 금지되는 술에 취한 상태의 기준은 운전자의 혈중알코올농도가 0.03% 이상인 경우로 한다.

30 건설기계 임시운행 번호표의 도색은?

① 청색 페인트판에 흰색 문자

☑ 흰색 페인트판에 검은색 문자

③ 녹색 페인트판에 검은색 문자

④ 검은색 페인트판에 흰색 문자

해설

등록된 건설기계의 임시번호표(건설기계관리법 시행규칙 [별표 1])

- 번호표 크기 : 가로 520mm × 세로 110mm
- 재질 : 목판
- 색칠 : 흰색 페인트판에 검은색 문자
- 번호 : 현재의 등록번호(예 012가4586)
- 상호 : 정비소 또는 검사소 명칭(예 ○○건설기계정비공장)
- 전화번호 : 정비소 또는 검사소의 전화번호(예 ○○○−○○○○−○○○○)

31 교통사고가 발생하였을 때 운전자가 가장 먼저 취해야 할 조치는?

① 즉시 피해자 가족에게 알린다.

☑ 즉시 사상자를 구호하고 경찰공무원에게 신고한다.

③ 즉시 보험회사에 신고한다.

④ 모범운전자에게 신고한다.

32 4차로 이상 고속도로에서 건설기계의 최고속도는 얼마인가?

① 40km/h

☑ 80km/h

③ 60km/h

④ 100km/h

해설

고속도로(도로교통법 시행규칙 제19조제1항제3호나목)

편도 2차로 이상 고속도로에서의 최고속도는 100km/h(화물자동차(적재중량 1.5ton을 초과하는 경우에 한한다. 이하 같다)·특수자동차·위험물운반자동차([별표 9]에 따른 위험물 등을 운반하는 자동차를 말한다. 이하 같다) 및 건설기계의 최고속도는 80km), 최저속도는 50km/h

33 일시정지 안전표지판이 설치된 횡단보도에서 위반되는 것은?

① 경찰공무원이 진행신호를 하여 일시정지하지 않고 통과하였다.
② 횡단보도 직전에 일시정지하여 안전을 확인한 후 통과하였다.
③ 보행자가 보이지 않아 그대로 통과하였다.
④ 연속적으로 진행 중인 앞차의 뒤를 따라 진행할 때 일시정지하였다.

34 연식이 20년 이하의 건설기계 중 정기검사 유효기간이 2년인 건설기계는?

① 지게차(1ton 이상)
② 타워크레인
③ 기중기
④ 덤프트럭

해설

정기검사 유효기간(건설기계관리법 시행규칙 [별표 7])
• 연식 20년 이하
 – 1년 : 덤프트럭, 콘크리트 믹서트럭, 콘크리트펌프(트럭적재식), 도로보수트럭(타이어식), 트럭지게차(타이어식)
 – 2년 : 로더(타이어식), 지게차(1ton 이상), 모터그레이더, 노면파쇄기(타이어식), 노면측정 장비(타이어식), 수목이식기(타이어식)
 – 3년 : 그 밖의 특수건설기계, 그 밖의 건설기계
• 연식 20년 초과
 – 6개월 : 덤프트럭, 콘크리트 믹서트럭, 콘크리트펌프(트럭적재식), 도로보수트럭(타이어식), 트럭지게차(타이어식)
 – 1년 : 로더(타이어식), 지게차(1ton 이상), 모터그레이더, 노면파쇄기(타이어식), 노면측정 장비(타이어식), 수목이식기(타이어식), 그 밖의 특수건설기계, 그 밖의 건설기계

• 연식의 기준 없는 건설기계, 특수건설기계의 정기검사 유효기간
 – 6개월마다 : 타워크레인
 – 1년마다 : 굴착기, 기중기, 아스팔트살포기, 천공기, 항타 및 항발기, 터널용 고소작업차

35 도로교통법상 정차 및 주차의 금지 장소로 틀린 것은?

① 건널목의 가장자리
② 교차로의 가장자리
③ 횡단보도로부터 10m 이내의 곳
④ 버스정류장 표시판으로부터 20m 이내의 장소

해설

정차 및 주차의 금지(도로교통법 제32조)
• 건널목의 가장자리 또는 횡단보도로부터 10m 이내인 곳
• 교차로의 가장자리나 도로의 모퉁이로부터 5m 이내인 곳
• 버스여객자동차의 정류지(停留地)임을 표시하는 기둥이나 표지판 또는 선이 설치된 곳으로부터 10m 이내인 곳

36 건설기계의 등록말소 사유에 해당되지 아니한 것은?

① 건설기계가 멸실되었을 때

☑ **건설기계로 화물을 운송한 때**

③ 부정한 방법으로 등록을 한 때

④ 건설기계를 폐기한 때

해설

등록의 말소(건설기계관리법 제6조제1항)

시·도지사는 등록된 건설기계가 다음의 어느 하나에 해당하는 경우에는 그 소유자의 신청이나 시·도지사의 직권으로 등록을 말소할 수 있다. 다만, ①, ⑤, ⑧(건설기계의 강제처리(법 제34조의2제2항)에 따라 폐기한 경우로 한정) 또는 ⑫에 해당하는 경우에는 직권으로 등록을 말소하여야 한다.

① 거짓이나 그 밖의 부정한 방법으로 등록을 한 경우

② 건설기계가 천재지변 또는 이에 준하는 사고 등으로 사용할 수 없게 되거나 멸실된 경우

③ 건설기계의 차대(車臺)가 등록 시의 차대와 다른 경우

④ 건설기계가 건설기계안전기준에 적합하지 아니하게 된 경우

⑤ 정기검사 명령, 수시검사 명령 또는 정비 명령에 따르지 아니한 경우

⑥ 건설기계를 수출하는 경우

⑦ 건설기계를 도난당한 경우

⑧ 건설기계를 폐기한 경우

⑨ 건설기계해체재활용업을 등록한 자(건설기계해체재활용자)에게 폐기를 요청한 경우

⑩ 구조적 제작 결함 등으로 건설기계를 제작 또는 판매자에게 반품한 경우

⑪ 건설기계를 교육·연구 목적으로 사용하는 경우

⑫ 대통령령으로 정하는 내구연한을 초과한 건설기계. 다만, 정밀진단을 받아 연장된 경우는 그 연장기간을 초과한 건설기계

⑬ 건설기계를 횡령 또는 편취당한 경우

37 유압실린더의 구성부품이 아닌 것은?

① 피스톤로드

② 피스톤

③ 실린더

☑ **커넥팅로드**

해설

유압실린더의 주요 구성 부품은 피스톤, 피스톤로드, 실린더, 실, 쿠션 기구이다.

※ 커넥팅로드는 피스톤과 크랭크샤프트를 연결하는 부품이다.

38 오일량은 정상인 상태에서 유압오일이 과열되는 경우에 우선적으로 점검해야 할 부분은?

① 호 스

② 컨트롤 밸브

☑ **오일 쿨러**

④ 필 터

해설

오일 쿨러는 윤활 등으로 사용되어 온도가 상승한 기름을 물 또는 공기로 냉각하는 장치이다.

39 유압 작동유에 수분이 미치는 영향이 아닌 것은?

① 작동유의 윤활성을 저하시킨다.

② 작동유의 방청성을 저하시킨다.

☑ **작동유의 내마모성을 향상시킨다.**

④ 작동유의 산화와 열화를 촉진시킨다.

해설

유압기기의 마모를 촉진시킨다.

40 유압회로 내의 유압유 점도가 너무 낮을 때 생기는 현상이 아닌 것은?

① 오일 누설에 영향이 있다.

② 펌프 효율이 떨어진다.

③ **시동 저항이 커진다.**

④ 회로 압력이 떨어진다.

해설
점도가 너무 높으면 윤활유의 내부마찰과 저항이 커져 동력의 손실이 증가한다.

41 유압기에서 회전 펌프가 아닌 것은?

① 기어펌프

② **피스톤펌프**

③ 베인펌프

④ 나사펌프

해설
용적식 펌프의 종류
• 왕복식 : 피스톤펌프, 플런저펌프
• 회전식 : 기어펌프, 베인펌프, 나사펌프 등

42 유압 라인에서 압력에 영향을 주는 요소로 가장 관계가 적은 것은?

① 유체의 흐름량

② 유체의 점도

③ 관로 직경의 크기

④ **관로의 좌우 방향**

43 방향제어밸브의 종류가 아닌 것은?

① 셔틀밸브(Shuttle Valve)

② **교축밸브(Throttle Valve)**

③ 체크밸브(Check Valve)

④ 방향변환밸브(Direction Control Valve)

해설
교축밸브는 유량제어밸브이다.

44 유압모터에 장착되어 있는 릴리프밸브의 기능 중 틀린 것은?

① 고압에 대한 회로 보호

② **모터의 속도 증가**

③ 설정압력 유지

④ 모터 내의 쇼크방지 기능

45 일반적으로 오일탱크의 구성품이 아닌 것은?

① 스트레이너
② 배 플
③ 드레인 플러그
④ **압력조절기**

해설
오일탱크의 구성품
• 스트레이너 : 흡입구에 설치되어 회로 내의 불순물 혼입 방지
• 배플(격판) : 기포의 분리 및 제거 역할
• 드레인 플러그 : 오일탱크 내의 오일을 전부 배출시킬 때 사용하는 탱크 하부에 위치한 마개
• 주입부 캡 : 주입부 마개
• 유면계 : 오일의 적정량 측정

46 유압장치에서 고압 소용량, 저압 대용량 펌프를 조합 운전할 때, 작동압이 규정 압력 이상으로 상승 시 동력 절감을 하기 위해 사용하는 밸브는?

① 강압밸브
② 릴리프밸브
③ 시퀀스밸브
④ **무부하밸브**

47 작업 중 기계장치에서 이상한 소리가 날 경우 작업자가 해야 할 조치로 가장 적합한 것은?

① 진행 중인 작업은 계속하고 작업 종료 후에 조치한다.
② 장비를 멈추고 열을 식힌 후 계속 작업한다.
③ 속도를 조금 줄여 작업한다.
④ **즉시 작동을 멈추고 점검한다.**

48 유류화재 시 소화방법으로 가장 부적절한 것은?

① B급 화재 소화기를 사용한다.
② **다량의 물을 부어 끈다.**
③ 모래를 뿌린다.
④ ABC소화기를 사용한다.

해설
유류화재, 전기화재, 화공약품과 같은 화재는 물을 사용하면 위험하다.

49 다음 그림은 안전보건표지에서의 어떠한 종류의 표지를 나타내는가?

① **지시표지**
② 글자표지
③ 경고표지
④ 안내표지

50 스패너(Spanner)의 올바른 사용법이 아닌 것은?

① 너트에 맞는 것을 사용한다.

② 렌치는 몸 쪽으로 당기면서 볼트·너트를 풀거나 조인다.

⑤ **볼트·너트를 푸는 경우는 밀어서 힘이 작용하도록 한다.**

④ 공구핸들에 묻은 기름은 잘 닦아서 사용한다.

51 가스 용접의 안전사항으로 적합하지 않은 것은?

⑤ **토치에 점화시킬 때에는 산소 밸브를 먼저 열고 다음에 아세틸렌 밸브를 연다.**

② 산소누설 시험에는 비눗물을 사용한다.

③ 토치 끝으로 용접물의 위치를 바꾸면 안 된다.

④ 용접 가스를 들이마시지 않도록 한다.

해설
토치의 아세틸렌 밸브를 먼저 열고 점화 후, 산소 밸브를 연다.

52 수공구 취급 시 지켜야 할 안전수칙으로 옳은 것은?

① 줄질 후 쇳가루는 입으로 불어 낸다.

② 해머작업 시 손에 장갑을 끼고 한다.

⑤ **사용 전에 사용법을 충분히 숙지하고 익히도록 한다.**

④ 큰 회전력이 필요한 경우 스패너에 파이프를 끼워서 사용한다.

53 동력전달장치에서 가장 재해가 많이 발생하는 것은?

① 차 축   ② 기 어

⑤ 피스톤   ④ **벨 트**

해설
벨트는 회전 부위에서 노출되어 있어 재해발생률이 높다.

54 작업장에서 일상적인 안전 점검의 가장 주된 목적은?

① 시설 및 장비의 설계 상태를 점검한다.

② 안전작업 표준의 적합 여부를 점검한다.

⑤ **위험을 사전에 발견하여 시정한다.**

④ 관련법에 적합 여부를 점검하는 데 있다.

55 원목처럼 길이가 긴 화물을 외줄 달기 슬링용구를 사용하여 크레인으로 물건을 안전하게 달아 올릴 때의 방법으로 가장 거리가 먼 것은?

① 슬링을 거는 위치를 한쪽으로 약간 치우치게 묶고 화물의 중량이 많이 걸리는 방향을 아래쪽으로 향하게 들어 올린다.
② 제한용량 이상을 달지 않는다.
③ 수평으로 달아 올린다.
④ 신호에 따라 움직인다.

56 작업복 등이 말려드는 위험이 주로 존재하는 기계 및 기구와 가장 거리가 먼 것은?

① 회전축
② 기 어
③ 벨 트
④ 프레스

해설
프레스는 재료에 힘을 가해서 소성변형시켜 굽힘·전단·단면수축 등의 가공을 하는 기계이다.

57 일반 도시가스사업자의 지하배관 설치 시 도로 폭이 4m 이상 8m 미만인 도로에서는 규정상 어느 정도의 깊이에 배관이 설치되어 있는가?

① 1.5m 이상
② 1.2m 이상
③ 1.0m 이상
④ 0.6m 이상

해설
가스배관 지하매설 심도(도시가스사업법 시행규칙 [별표 6])
폭 4m 이상 8m 미만인 도로 : 1m 이상. 다만, 다음의 어느 하나에 해당하는 경우에는 0.8m 이상으로 할 수 있다.
• 호칭지름이 300mm(KS M 3514에 따른 가스용 폴리에틸렌관의 경우에는 공칭외경 315mm를 말한다) 이하로서 최고사용압력이 저압인 배관
• 도로에 매설된 최고사용압력이 저압인 배관에서 횡으로 분기하여 수요가에게 직접 연결되는 배관

58 도로에서 파일 항타, 굴착작업 중 지하에 매설된 전력케이블 피복이 손상되었을 때 전력공급에 파급되는 영향 중 가장 적합한 것은?

① 케이블이 절단되어도 전력공급에는 지장이 없다.
② 케이블은 외피 및 내부에 철 그물망으로 되어 있어 절대로 절단되지 않는다.
③ 케이블을 보호하는 관은 손상이 되어도 전력공급에는 지장이 없으므로 별도의 조치는 필요 없다.
④ 전력케이블에 충격 또는 손상이 가해지면 전력공급이 차단되거나 일정 시일 경과 후 부식 등으로 전력공급이 중단될 수 있다.

59 보기에서 도시가스가 누출되었을 경우 폭발할 수 있는 조건으로 모두 맞는 것은?

┌ 보기 ┐
ㄱ. 누출된 가스의 농도는 폭발범위 내에 들어야 한다.
ㄴ. 누출된 가스에 불씨 등의 점화원이 있어야 한다.
ㄷ. 점화가 가능한 공기(산소)가 있어야 한다.
ㄹ. 가스가 누출되는 압력이 $30kgf/cm^2$ 이상이어야 한다.
└─────────────────────┘

① ㄱ
② ㄱ, ㄴ
✔ ㄱ, ㄴ, ㄷ
④ ㄱ, ㄷ, ㄹ

해설
도시가스는 가연성가스로 누출에 따른 폭발범위 내에서 점화원이 있을 때는 항상 폭발한다.

60 전기 관련 단위로 틀린 것은?

① A : 전류
✔ V : 주파수
③ W : 전력
④ Ω : 저항

해설
V는 전압의 단위이다.

01 디젤기관 연료장치에서 연료필터의 공기를 배출하기 위해 설치되어 있는 것으로 가장 적합한 것은?

✔ **벤트플러그**
② 오버플로 밸브
③ 코어플러그
④ 글로플러그

해설
① 벤트플러그 : 공기를 배출하기 위해 사용하는 플러그
② 오버플로 밸브 : 연료필터 엘리먼트를 보호한다.
③ 코어플러그 : 실린더헤드 및 블록의 동파 방지용 플러그
④ 글로플러그 : 디젤기관 시동 보조 기구(예열장치)

02 다음 중 코먼레일 디젤기관의 공기 유량 센서(AFS)에 대한 설명 중 맞지 않는 것은?

① EGR 피드백 제어기능을 주로 한다.
② 열막 방식을 사용한다.
✔ **연료량 제어기능을 주로 한다.**
④ 스모그 제한 부스터 압력 제어용으로 사용한다.

해설
공기 유량 센서(AFS)는 엔진에 흡입되는 공기량을 검출하기 위한 센서이다.

03 엔진 과열 시 일어나는 현상이 아닌 것은?

① 각 작동부분이 열팽창으로 고착될 수 있다.
② 윤활유의 점도 저하로 유막이 파괴될 수 있다.
③ 유압조절밸브를 조인다.
✔ **연료소비율이 줄고, 효율이 향상된다.**

해설
엔진 과열 시 일어나는 현상
• 부품의 변형
• 유막의 파괴
• 윤활유 손실 과대
• 엔진의 출력 저하
• 마찰 및 마멸 증대로 심하면 소결

04 오일량은 정상이나 오일압력계의 압력이 규정치보다 높을 경우 조치사항으로 맞는 것은?

① 오일을 보충한다.
② 오일을 배출한다.
③ 유압조절밸브를 조인다.
✔ **유압조절밸브를 풀어 준다.**

해설
유압조절밸브를 풀어 주면 압력이 낮아지고, 조여 주면 압력이 높아진다.

05 건설기계기관의 부동액에 사용되는 종류가 아닌 것은?

✓ **그리스**
② 글리세린
③ 메탄올
④ 에틸렌글리콜

[해설]
부동액의 종류에는 메탄올(주성분 : 알코올), 에틸렌글리콜, 글리세린 등이 있다.

06 건식 공기청정기의 장점이 아닌 것은?

① 설치 또는 분해조립이 간단하다.
② 작은 입자의 먼지나 오물을 여과할 수 있다.
✓ **구조가 간단하고, 여과망을 세척하여 사용할 수 있다.**
④ 기관 회전속도의 변동에도 안정된 공기 청정 효율을 얻을 수 있다.

[해설]
습식 공기청정기는 세척유로 세척하고, 건식 공기청정기는 압축공기로 털어 낸다.

07 디젤기관에서 시동이 잘 안 되는 원인으로 가장 적합한 것은?

① 냉각수의 온도가 높은 것을 사용할 때
② 보조탱크의 냉각수량이 부족할 때
③ 낮은 점도의 기관오일을 사용할 때
✓ **연료계통에 공기가 들어 있을 때**

[해설]
디젤기관의 연료계통에 공기가 들어가면 연료분사가 어려워져서 엔진 시동을 어렵게 만든다.

08 실린더헤드 개스킷이 손상되었을 때 일어나는 현상으로 가장 적절한 것은?

① 엔진오일의 압력이 높아진다.
② 피스톤링의 작동이 느려진다.
✓ **압축압력과 폭발압력이 낮아진다.**
④ 피스톤이 가벼워진다.

[해설]
실린더헤드 개스킷이 손상되면 가스의 누출로 압축압력 및 폭발압력이 낮아지고 오일의 누출, 냉각수의 누출이 발생된다.

09 4행정으로 1사이클을 완성하는 기관에서 각 행정의 순서는?

① 압축 – 흡입 – 폭발 – 배기
✓ **흡입 – 압축 – 폭발 – 배기**
③ 흡입 – 압축 – 배기 – 폭발
④ 흡입 – 폭발 – 압축 – 배기

10 다음 중 가솔린엔진에 비해 디젤엔진의 장점으로 볼 수 없는 것은?

① 열효율이 높다.

☑ **압축압력, 폭발압력이 크기 때문에 마력당 중량이 크다.**

③ 유해 배기가스 배출량이 적다.

④ 흡기행정 시 펌핑 손실을 줄일 수 있다.

[해설]

디젤기관과 가솔린기관의 장단점

구 분	장 점	단 점
디젤기관	• 연료비가 저렴하고, 열효율이 높으며, 운전 경비가 적게 든다. • 이상연소가 일어나지 않고 고장이 적다. • 토크 변동이 작고, 운전이 용이하다. • 대기오염 성분이 적다. • 인화점이 높아서 화재의 위험성이 작다.	• 마력당 중량이 크다. • 소음 및 진동이 크다. • 연료분사장치 등이 고급재료이고 정밀 가공해야 한다. • 배기 중에 SO_2 유리탄소가 포함되고 매연으로 인하여 대기 중에 스모그 현상이 심하다. • 시동전동기 출력이 커야 한다.
가솔린기관	• 배기량당 출력의 차이가 없고, 제작이 쉽다. • 제작비가 적게 든다. • 가속성이 좋고, 운전이 정숙하다.	• 전기 점화장치의 고장이 많다. • 기화기식은 회로가 복잡하고, 조정이 곤란하다. • 연료소비율이 높아서 연료비가 많이 든다. • 배기 중에 CO, HC, NOx 등 유해성분이 많이 포함되어 있다. • 연료의 인화점이 낮아서 화재의 위험성이 크다.

11 디젤엔진의 시동을 위한 직접적인 장치가 아닌 것은?

① 예열 플러그

☑ **터보차저**

③ 기동전동기

④ 감압밸브

[해설]

터보차저는 실린더 내에 공기를 압축 공급하는 기관부품이다.

12 건식 공기여과기 세척방법으로 가장 적합한 것은?

☑ **압축공기로 안에서 밖으로 불어 낸다.**

② 압축공기로 밖에서 안으로 불어 낸다.

③ 압축 오일로 안에서 밖으로 불어 낸다.

④ 압축 오일로 밖에서 안으로 불어 낸다.

13 건설기계에 사용되는 12V 80A 축전지 2개를 병렬로 연결하면 전압과 전류는 어떻게 변하는가?

① 24V, 160A가 된다.

② 12V, 80A가 된다.

③ 24V, 80A가 된다.

☑ **12V, 160A가 된다.**

[해설]

병렬연결은 전압은 그대로이고, 전류만 더해지고, 직렬연결은 전류는 그대로이고, 전압이 더해진다.

14 축전지의 수명을 단축하는 요인이 아닌 것은?

① 전해액의 부족으로 극판의 노출로 인한 설페이션
② 전해액에 불순물이 함유된 경우
③ 내부에서 극판이 단락 또는 탈락이 된 경우
④ **단자 기둥의 굵기가 서로 다른 경우**

해설
축전지의 수명을 단축하는 요인
• 전해액의 부족으로 극판의 노출로 인한 설페이션 (Sulfation)
• 전해액에 불순물이 함유된 경우
• 전해액의 비중이 너무 높을 경우
• 충전부족으로 인한 설페이션
• 과충전으로 인한 온도 상승, 격리판의 열화, 양극판의 격자 균열, 음극판의 페이스트 연화(軟化)
• 과방전으로 인한 음극판의 굽음 또는 설페이션
• 내부에서 극판이 단락 또는 탈락된 경우

15 다음 배선의 색과 기호에서 파란색(Blue)의 기호는?

① G
② **L**
③ B
④ R

해설
배선의 색과 기호

기호	와이어 색상	기호	와이어 색상
B	검은색(Black)	O	오렌지색(Orange)
Br	갈색(Brown)	P	분홍색(Pink)
G	초록색(Green)	Pp	자주색(Purple)
Gr	회색(Gray)	R	빨간색(Red)
L	파란색(Blue)	Y	노란색(Yellow)
Lg	연두색(Light Green)	W	흰색(White)
Ll(s)	하늘색(Light Blue)		

16 충전장치의 개요에 대한 설명으로 틀린 것은?

① 건설기계의 전원을 공급하는 것은 발전기와 축전지이다.
② 발전량이 부하량보다 적을 경우에는 축전지가 전원으로 사용된다.
③ 축전지는 발전기가 충전시킨다.
④ **발전량이 부하량보다 많을 경우에는 축전지의 전원이 사용된다.**

해설
발전량이 부하량보다 많을 때는 발전기를 전원으로 사용한다.

17 기동전동기의 전자석(솔레노이드) 스위치에 구성된 코일로 맞는 것은?

① 계자코일, 전기자코일
② 로터코일, 스테이터 코일
③ 1차코일, 2차코일
④ **풀인 코일, 홀드인 코일**

해설
솔레노이드 스위치(마그네틱 스위치)
플런저를 끌어당기는 풀인 코일, 당겨진 플런저를 계속 유지시켜 주는 홀드인 코일, 리턴 스프링 등으로 구성되었다.

18 다음 중 전류의 3대 작용이 아닌 것은?

① 발열작용

✔ **자정작용**

③ 자기작용

④ 화학작용

해설
전류의 3대 작용
• 발열작용 : 전기 회로의 부하에 전류가 흐르면 열이나 빛 등의 에너지가 발생한다.
• 자기작용 : 전기적 에너지를 기계적 에너지로 바꾼다.
• 화학작용 : 화학적 에너지를 전기적 에너지로 바꾼다.

19 기중기의 붐 작업을 할 때 운전반경이 작아지면 기중능력은?

① 감소한다.

✔ **증가한다.**

③ 변하지 않는다.

④ 수시로 변한다.

해설
기중기의 붐 작업을 할 때 운전반경이 작아지면 기중능력은 증가하고, 작업반경(운전반경)이 커지면 기중능력은 감소한다.

20 타이어식 기중기는 몇 % 구배(평탄하고, 견고한 건조지면)의 제동능력을 갖추어야 하는가?

① 15%

✔ **25%**

③ 35%

④ 45%

21 무한궤도식 주행 장치에서 스프로킷의 이상 마모를 방지하기 위해서 조정하여야 하는 것은?

① 슈의 간격

✔ **트랙의 장력**

③ 롤러의 간격

④ 아이들러의 위치

해설
트랙의 장력이 너무 팽팽하면 트랙 핀과 부싱의 내·외부 및 스프로킷 돌기 등이 마모된다.

22 조향핸들의 유격이 커지는 원인과 관계없는 것은?

① 피트먼 암의 헐거움

✔ **타이어 공기압 과대**

③ 조향기어, 링키지 조정 불량

④ 앞바퀴 베어링 과대 마모

해설
타이어 공기압이 지나치게 높으면 타이어의 중앙부만 지면에 접촉하게 되어 타이어 중앙부가 심하게 마모되고, 서스펜션에도 좋지 않은 영향을 주며, 승차감도 좋지 않다.

23 액슬축과 액슬 하우징의 조향방법에서 액슬축의 지지 방식이 아닌 것은?

① 전부동식
② 반부동식
③ 3/4부동식
④ 1/4부동식

해설
액슬 샤프트 지지 형식에 따른 분류
• 전부동식 : 자동차의 모든 중량을 액슬 하우징에서 지지하고 차축은 동력만을 전달하는 방식
• 반부동식 : 차축에서 1/2, 하우징이 1/2 정도의 하중을 지지하는 형식
• 3/4부동식 : 차축은 동력을 전달하면서 하중은 1/4 정도만 지지하는 형식
• 분리식 차축 : 승용차량의 후륜 구동차나 전륜 구동차에 사용되며, 동력을 전달하는 차축과 자동차 중량을 지지하는 액슬 하우징을 별도로 조립한 방식

24 토크컨버터 오일의 구비조건이 아닌 것은?

① 점도가 높을 것
② 착화점이 높을 것
③ 빙점이 낮을 것
④ 비점이 높을 것

해설
오일의 구비조건
• 점도가 낮을 것
• 빙점이 낮을 것
• 유성이 좋을 것
• 윤활성이 좋을 것
• 내산성, 비중이 클 것
• 비점, 착화점이 높을 것

25 기중기 하중에 대한 용어 설명으로 틀린 것은?

① 정격 총하중 : 각 붐의 길이와 작업반경에 허용되는 훅, 그래브, 버킷 등 달아올림 기구를 포함한 최대 하중
② 정격하중 : 정격 총하중에서 훅, 그래브, 버킷 등 달아올림 기구의 무게에 상당하는 하중을 뺀 하중
③ 호칭하중 : 기중기의 최대 작업하중
④ 작업하중 : 기중기로 화물을 최대로 들 수 있는 하중과 들 수 없는 하중과의 한계점에 놓인 하중

해설
작업하중(안전하중) : 붐 각도에 따라 안전하게 들어 올릴 수 있는 하중

26 트럭 탑재식 기중기에서 아우트리거가 불량일 경우 일어날 수 있는 고장은?

① 선회가 되지 않는다.
② 작업 선회 시 차체가 기울어진다.
③ 축이 올라가지 않는다.
④ 붐이 올라가지 않는다.

27 성능이 불량하거나 사고가 빈발한 건설기계에 대해 실시하는 검사는?

① 정기검사

② 예비검사

③ 구조변경검사

☑ **수시검사**

해설

건설기계 검사의 종류(건설기계관리법 제13조)
- 신규등록검사 : 건설기계를 신규로 등록할 때 실시하는 검사
- 정기검사 : 건설공사용 건설기계로서 3년의 범위에서 국토교통부령으로 정하는 검사유효기간이 끝난 후에 계속하여 운행하려는 경우에 실시하는 검사와 「대기환경보전법」 및 「소음·진동관리법」에 따른 운행차의 정기검사
- 구조변경검사 : 건설기계의 주요 구조를 변경하거나 개조한 경우 실시하는 검사
- 수시검사 : 성능이 불량하거나 사고가 자주 발생하는 건설기계의 안전성 등을 점검하기 위하여 수시로 실시하는 검사와 건설기계 소유자의 신청을 받아 실시하는 검사

28 건설기계관리법상 건설기계에 해당되지 않는 것은?

① 노상안정기

② 자체중량 2ton 이상의 로더

☑ **천장크레인**

④ 콘크리트 살포기

해설

건설기계의 범위(건설기계관리법 시행령 [별표 1])
불도저, 굴착기, 로더, 지게차, 스크레이퍼, 덤프트럭, 기중기, 모터그레이더, 롤러, 노상안정기, 콘크리트배칭플랜트, 콘크리트피니셔, 콘크리트살포기, 콘크리트믹서트럭, 콘크리트펌프, 아스팔트믹싱플랜트, 아스팔트피니셔, 아스팔트살포기, 골재살포기, 쇄석기, 공기압축기, 천공기, 항타 및 항발기, 자갈채취기, 준설선, 타워크레인, 특수건설기계

29 도로의 중앙으로부터 좌측을 통행할 수 있는 경우는?

① 편도 2차로의 도로를 주행할 때

☑ **도로가 일방통행으로 된 때**

③ 중앙선 우측에 차량이 밀려 있을 때

④ 좌측도로가 한산할 때

해설

차마의 통행(도로교통법 제13조제4항)
차마의 운전자는 도로의 중앙(중앙선) 우측 부분을 통행하여야 함에도 불구하고 다음의 어느 하나에 해당하는 경우에는 도로의 중앙이나 좌측 부분을 통행할 수 있다.
- 도로가 일방통행인 경우
- 도로의 파손, 도로공사나 그 밖의 장애 등으로 도로의 우측 부분을 통행할 수 없는 경우
- 도로 우측 부분의 폭이 6m가 되지 아니하는 도로에서 다른 차를 앞지르려는 경우. 다만, 다음의 어느 하나에 해당하는 경우에는 그러하지 아니하다.
  - 도로의 좌측 부분을 확인할 수 없는 경우
  - 반대 방향의 교통을 방해할 우려가 있는 경우
  - 안전표지 등으로 앞지르기를 금지하거나 제한하고 있는 경우
- 도로 우측 부분의 폭이 차마의 통행에 충분하지 아니한 경우
- 가파른 비탈길의 구부러진 곳에서 교통의 위험을 방지하기 위하여 시·도경찰청장이 필요하다고 인정하여 구간 및 통행방법을 지정하고 있는 경우에 그 지정에 따라 통행하는 경우

30 건설기계등록을 말소한 때에는 등록번호표를 며칠 이내에 시·도지사에게 반납하여야 하는가?

✔ ① 10일
② 15일
③ 20일
④ 30일

등록번호표의 반납(건설기계관리법 제9조)
등록된 건설기계의 소유자는 다음의 어느 하나에 해당하는 경우에는 10일 이내에 등록번호표의 봉인을 떼어낸 후 그 등록번호표를 국토교통부령으로 정하는 바에 따라 시·도지사에게 반납하여야 한다. 다만, 건설기계가 천재지변 또는 이에 준하는 사고 등으로 사용할 수 없게 되거나 멸실된 경우, 건설기계를 도난당한 경우 또는 건설기계를 폐기한 경우의 사유로 등록을 말소하는 경우에는 그러하지 아니하다.
• 건설기계의 등록이 말소된 경우
• 건설기계의 등록사항 중 대통령령으로 정하는 사항이 변경된 경우
• 등록번호표의 부착 및 봉인을 신청하는 경우

31 도로교통법에 위반이 되는 것은?

① 밤에 교통이 빈번한 도로에서 전조등을 계속 하향했다.
② 낮에 어두운 터널 속을 통과할 때 전조등을 켰다.
③ 소방용 방화 물통으로부터 10m 지점에 주차하였다.
✔ ④ 노면이 얼어붙은 곳에서 최고속도의 20/100을 줄인 속도로 운행하였다.

감속운행(도로교통법 시행규칙 제19조제2항)
• 최고속도의 100분의 20을 줄인 속도로 운행하여야 하는 경우
  − 비가 내려 노면이 젖어 있는 경우
  − 눈이 20mm 미만 쌓인 경우
• 최고속도의 100분의 50을 줄인 속도로 운행하여야 하는 경우
  − 폭우·폭설·안개 등으로 가시거리가 100m 이내인 경우
  − 노면이 얼어붙은 경우
  − 눈이 20mm 이상 쌓인 경우

32 연식이 20년 초과된 덤프트럭의 대한 정기검사 유효기간은?

✔ ① 6개월
② 1년
③ 2년
④ 3년

정기검사 유효기간(건설기계관리법 시행규칙 [별표 7])
• 연식 20년 초과
  − 6개월 : 덤프트럭, 콘크리트 믹서트럭, 콘크리트펌프(트럭적재식), 도로보수트럭(타이어식), 트럭지게차(타이어식)
  − 1년 : 로더(타이어식), 지게차(1ton 이상), 모터그레이더, 노면파쇄기(타이어식), 노면측정 장비(타이어식), 수목이식기(타이어식), 그 밖의 특수건설기계, 그 밖의 건설기계

33 보행자가 도로를 횡단할 수 있도록 안전표지로 표시한 도로의 부분은?

① 교차로

✔ **횡단보도**

③ 안전지대

④ 규제표지

도로교통법 용어
- 교차로 : '십자로, 'T'자로나 그 밖에 둘 이상의 도로(보도와 차도가 구분되어 있는 도로에서는 차도)가 교차하는 부분을 말한다.
- 횡단보도 : 보행자가 도로를 횡단할 수 있도록 안전표지로 표시한 도로의 부분을 말한다.
- 안전지대 : 도로를 횡단하는 보행자나 통행하는 차마의 안전을 위하여 안전표지나 이와 비슷한 인공구조물로 표시한 도로의 부분을 말한다.
- 규제표지 : 도로교통의 안전을 위하여 각종 제한·금지 등의 규제를 하는 경우에 이를 도로사용자에게 알리는 표지를 말한다.

등록사항의 변경신고(건설기계관리법 시행령 제5조제1항)
건설기계의 소유자는 건설기계등록사항에 변경이 있는 때에는 그 변경이 있는 날부터 30일(상속의 경우에는 상속개시일부터 6개월) 이내에 건설기계등록사항변경신고서(전자문서로 된 신고서를 포함)에 다음의 서류(전자문서를 포함)를 첨부하여 등록을 한 시·도지사에게 제출하여야 한다. 다만, 전시·사변 기타 이에 준하는 국가비상사태하에 있어서는 5일 이내에 하여야 한다.
- 변경내용을 증명하는 서류
- 건설기계등록증
- 건설기계검사증

34 건설기계조종사는 성명, 주소, 주민등록번호 및 국적의 변경이 있는 경우에는 그 사실이 발생한 날부터 며칠 이내에 기재사항 변경신고서를 시·도지사에게 제출하여야 하는가?

① 15일

② 20일

③ 25일

✔ **30일**

35 다음 중 교통정리가 행하여지지 않는 교차로에서 통행의 우선권이 가장 큰 차량은?

① 우회전하려는 차량이다.

② 좌회전하려는 차량이다.

✔ **이미 교차로에 진입하여 좌회전하고 있는 차량이다.**

④ 직진하려는 차량이다.

교통정리가 없는 교차로에서의 양보운전(도로교통법 제26조제1항)
교통정리를 하고 있지 아니하는 교차로에 들어가려고 하는 차의 운전자는 이미 교차로에 들어가 있는 다른 차가 있을 때에는 그 차에 진로를 양보하여야 한다.

36 외접형 기어펌프의 폐입현상에 대한 설명으로 틀린 것은?

① 폐입현상은 소음과 진동의 원인이 된다.

② 폐입된 부분의 기름은 압축이나 팽창을 받는다.

③ 보통기어 측면에 접하는 펌프 측판(Side Plate)에 릴리프 홈을 만들어 방지한다.

✔ 펌프의 압력, 유량, 회전수 등이 주기적으로 변동해서 발생하는 진동현상이다.

〔해설〕
기어펌프의 폐쇄 작용(폐입 · 봉입현상)
• 토출 측까지 운반된 오일의 일부는 기어의 맞물림에 의해 두 이의 틈새에 폐쇄되어 흡입 측으로 되돌려진다. 이것을 폐쇄현상이라 한다.
• 기름의 압축팽창이 행해져 축 동력의 증가, 기어의 진동, 캐비테이션에 의한 기포의 발생 등이 발생한다.
• 이를 막기 위해 측판(Side Plate)에 탈출 홈의 설치 또는 전위기어 사용 등의 방법을 택하고 있다.

〔해설〕
건설기계조종사면허의 취소 · 정지처분기준(건설기계관리법 시행규칙 [별표 22])

위반행위	처분기준
건설기계의 조종 중 고의 또는 과실로 중대한 사고를 일으킨 경우	
① 인명피해	
㉠ 고의로 인명피해(사망 · 중상 · 경상 등)를 입힌 경우	취 소
㉡ 과실로 「산업안전보건법」에 따른 중대재해가 발생한 경우	취 소
㉢ 그 밖의 인명피해를 입힌 경우	
• 사망 1명마다	면허효력정지 45일
• 중상 1명마다	면허효력정지 15일
• 경상 1명마다	면허효력정지 5일
② 재산피해 : 피해금액 50만원마다	면허효력정지 1일 (90일을 넘지 못함)
③ 건설기계의 조종 중 고의 또는 과실로 「도시가스사업법」에 따른 가스공급시설을 손괴하거나 가스공급시설의 기능에 장애를 입혀 가스의 공급을 방해한 경우	면허효력정지 180일

37 건설기계조종사 면허의 취소 정지처분 기준 중 면허취소에 해당되지 않는 것은?

① 고의로 인명피해를 입힌 때

② 과실로 7명 이상에게 중상을 입힌 때

③ 과실로 19명 이상에게 경상을 입힌 때

✔ 1,000만원 이상 재산피해를 입힌 때

38 릴리프밸브에서 포핏밸브를 밀어 올려 기름이 흐르기 시작할 때의 압력은?

① 설정 압력

② 허용 압력

✔ 크랭킹 압력

④ 전량 압력

〔해설〕
크랭킹 압력 : 릴리프밸브가 열리기 시작하는 압력을 말한다.

39 유압유의 점도가 지나치게 높았을 때 나타나는 현상이 아닌 것은?

☑ **오일 누설이 증가한다.**
② 유동저항이 커져 압력손실이 증가한다.
③ 동력손실이 증가하여 기계효율이 감소한다.
④ 내부마찰이 증가하고, 압력이 상승한다.

해설
오일 누설의 증가는 유압유의 점도가 지나치게 낮았을 때 나타나는 현상이다.

40 유압회로에서 속도제어회로에 속하지 않는 것은?

① 카운터밸런스
② 미터아웃
③ 미터인
☑ **시퀀스**

해설
속도제어회로 종류
• 미터인 회로
• 미터아웃 회로
• 블리드오프 회로
• 카운터밸런스 회로
• 차동회로
• 가변용량형 펌프회로
• 감속회로

41 다음 중 여과기를 설치위치에 따라 분류할 때 관로용 여과기에 포함되지 않는 것은?

① 라인 여과기
② 리턴 여과기
③ 압력 여과기
☑ **흡입 여과기**

해설
여과기의 분류
• 탱크용(펌프 흡입 쪽) : 스트레이너, 흡입 여과기
• 관로용
  − 펌프 토출 쪽 : 라인 여과기
  − 되돌아오는 쪽 : 리턴 여과기
  − 순환라인 : 순환 여과기

42 방향제어밸브에서 내부 누유에 영향을 미치는 요소가 아닌 것은?

☑ **관로의 유량**
② 밸브 간극의 크기
③ 밸브 양단의 압력 차
④ 유압유의 점도

43 유압장치에서 기어모터에 대한 설명 중 잘못된 것은?

☑ **내부 누설이 적어 효율이 높다.**
② 구조가 간단하고, 가격이 저렴하다.
③ 일반적으로 스퍼기어를 사용하나 헬리컬기어도 사용한다.
④ 유압유에 이물질이 혼입되어도 고장 발생이 적다.

해설
기어모터는 누설유량이 많고, 수명이 짧다.

44 유압식 작업장치의 속도가 느릴 때의 원인으로 가장 맞는 것은?

① 오일 쿨러의 막힘이 있다.
② 유압펌프의 토출압력이 높다.
③ 유압 조정이 불량하다.
✔ **유량 조정이 불량하다.**

【해설】
유압식 작업장치의 속도는 유량에 따라 달라진다.

45 다음에서 설명하는 유압밸브는?

> 액추에이터의 속도를 서서히 감속시키는 경우나 서서히 증속시키는 경우에 사용되며, 일반적으로 캠(Cam)으로 조작된다. 이 밸브는 행정에 대응하여 통과 유량을 조정하며, 원활한 감속 또는 증속을 하도록 되어 있다.

✔ **디셀러레이션밸브**
② 카운터밸런스밸브
③ 방향제어밸브
④ 프레필밸브

46 유압실린더의 속도를 제어하는 블리드 오프(Bleed Off) 회로에 대한 설명으로 틀린 것은?

✔ **유량제어밸브를 실린더와 직렬로 설치한다.**
② 펌프 토출량 중 일정한 양을 탱크로 되돌린다.
③ 릴리프밸브에서 과잉압력을 줄일 필요가 없다.
④ 부하변동이 급격한 경우에는 정확한 유량제어가 곤란하다.

【해설】
유량조절밸브 설치 위치
• 미터인 회로 : 실린더 입구 측
• 미터아웃 회로 : 실린더 출구 측
• 블리드오프 회로 : 실린더로 유입하는 측, 실린더와 병렬로 설치

47 세척작업 중에 알칼리 또는 산성 세척유가 눈에 들어갔을 경우 가장 먼저 조치하여야 하는 응급처치는?

✔ **먼저 수돗물로 씻어 낸다.**
② 눈을 크게 뜨고 바람 부는 쪽을 향해 눈물을 흘린다.
③ 알칼리성 세척유가 눈에 들어가면 붕산수를 구입하여 중화시킨다.
④ 산성 세척유가 눈에 들어가면 병원으로 후송하여 알칼리성으로 중화시킨다.

48 소화설비를 설명한 내용으로 맞지 않는 것은?

① 포말소화설비는 저온압축한 질소가스를 방사시켜 화재를 진화한다.

② 분말소화설비는 미세한 분말소화제를 화염에 방사시켜 화재를 진화시킨다.

③ 물 분무 소화설비는 연소물의 온도를 인화점 이하로 냉각시키는 효과가 있다.

④ 이산화탄소 소화설비는 질식작용에 의해 화염을 진화시킨다.

해설
포말소화설비는 연소면을 포말로 덮어 산소의 공급을 차단하는 질식작용 원리를 이용한 소화방식이다.

해설
안전보건표지의 색도기준 및 용도(산업안전보건법 시행규칙 [별표 8])

색 채	색도 기준	용 도	사용례
빨간색	7.5R 4/14	금 지	정지신호, 소화설비 및 그 장소, 유해행위의 금지
		경 고	화학물질 취급장소에서의 유해·위험 경고
노란색	5Y 8.5/12	경 고	화학물질 취급장소에서의 유해·위험경고 이외의 위험경고, 주의표지 또는 기계방호물
파란색	2.5PB 4/10	지 시	특정 행위의 지시 및 사실의 고지
녹 색	2.5G 4/10	안 내	비상구 및 피난소, 사람 또는 차량의 통행표지
흰 색	N9.5		파란색 또는 녹색에 대한 보조색
검은색	N0.5		문자 및 빨간색 또는 노란색에 대한 보조색

49 산업안전보건법상 안전보건표지에서 색채와 용도가 다르게 짝지어진 것은?

① 파란색 : 지시

② 녹색 : 안내

③ 노란색 : 위험

④ 빨간색 : 금지·경고

50 귀마개가 갖추어야 할 조건으로 틀린 것은?

① 내습·내유성을 가질 것

② 적당한 세척 및 소독에 견딜 수 있을 것

③ 가벼운 귓병이 있어도 착용할 수 있을 것

④ 안경이나 안전모와 함께 착용을 하지 못하게 할 것

51 풀리에 벨트를 걸거나 벗길 때 안전하게 하기 위한 작동상태는?

① 중속인 상태   ✔ **정지한 상태**

③ 역회전 상태   ④ 고속인 상태

52 사용한 공구를 정리 보관할 때 가장 옳은 것은?

① 사용한 공구는 종류별로 묶어서 보관 한다.

② 사용한 공구는 녹슬지 않게 기름칠을 잘해서 작업대 위에 진열해 놓는다.

③ 사용 시 기름이 묻은 공구는 물로 깨끗 이 씻어서 보관한다.

✔ **사용한 공구는 면 걸레로 깨끗이 닦아서 공구상자 또는 공구 보관으로 지정된 곳에 보관한다.**

53 가스 용접 작업 시 안전수칙으로 바르지 않은 것은?

① 산소 용기는 화기로부터 지정된 거리를 둔다.

② 40℃ 이하의 온도에서 산소 용기를 보 관한다.

③ 산소 용기 운반 시 충격을 주지 않도록 주의한다.

✔ **토치에 점화할 때 성냥불이나 담뱃불로 직접 점화한다.**

해설
토치에 점화할 때 토치 전용 라이터를 사용한다.

54 안전모에 대한 설명으로 적합하지 않은 것은?

✔ **혹한기에 착용하는 것이다.**

② 안전모의 상태를 점검하고 착용한다.

③ 안전모 착용으로 불안전한 상태를 제거 한다.

④ 올바른 착용으로 안전도를 증가시킬 수 있다.

해설
안전모는 물체가 떨어지거나 날아올 위험 또는 근로자 가 떨어질 위험이 있는 작업에 사용한다.

55 전기기기에 의한 감전 사고를 막기 위하여 필요한 설비로 가장 중요한 것은?

✔ **접지설비**

② 방폭등 설비

③ 고압계 설비

④ 대지전위 상승 설비

56 그림과 같이 고압 가공전선로의 주상변압기를 설치하는데, 높이 H는 시가지와 시가지 외에서 각각 몇 m인가?

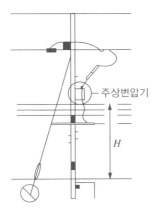
주상변압기

H

① **시가지 : 4.5, 시가지 외 : 4**
② 시가지 : 4.5, 시가지 외 : 3
③ 시가지 : 5, 시가지 외 : 4
④ 시가지 : 5, 시가지 외 : 3

해설
주상변압기의 지상고(한국전기설비규정 341.4, 341.8)
• 특고압 주상변압기 : 지표상 5.0m 이상
• 고압 주상변압기 : 지표상 4.5m 이상(시가지 이외의 장소는 4.0m 이상)

57 드릴작업 시 유의사항으로 잘못된 것은?

① 작업 중 칩 제거를 금지한다.
② 작업 중 면장갑 착용을 금한다.
③ **작업 중 보안경 착용을 금한다.**
④ 균열이 있는 드릴은 사용을 금한다.

해설
드릴작업 중에는 보안경, 안전화를 착용하도록 한다.

58 도시가스배관을 지하에 매설 시 보호관 외면이 지면과 최소 얼마 이상의 깊이를 유지하여야 하는가?

① **0.3m**
② 0.4m
③ 0.5m
④ 0.6m

해설
지하매설 시 배관은 그 외면으로부터 다른 공작물에 대하여 0.3m 이상의 거리를 보유할 것(위험물안전관리법 시행규칙 [별표 15])

59 가스배관용 폴리에틸렌관의 특징으로 틀린 것은?

① 지하매설용으로 사용된다.
② 일광, 열에 약하다.
③ **도시가스 고압관으로 사용된다.**
④ 부식이 잘되지 않는다.

해설
PE(폴리에틸렌)관은 도시가스배관 중 공동 주택단지 내에 설치되는 저압배관용으로 주로 사용된다.

60 전선로 주변에서의 굴착작업에 대한 설명 중 맞는 것은?

① 버킷이 전선에 근접하는 것은 괜찮다.
② **붐이 전선에 근접되지 않도록 한다.**
③ 붐의 길이는 무시해도 된다.
④ 전선로 주변에서는 어떠한 경우에도 작업할 수 없다.

01 공기만을 실린더 내로 흡입하여 고압축비로 압축한 다음 압축열에 연료를 분사하는 작동원리의 디젤기관은?

✓ **압축착화기관**
② 전기점화기관
③ 외연기관
④ 제트기관

해설
② 전기점화기관 : 전기 불꽃으로 실린더 안의 연료를 태우는 기관
③ 외연기관 : 실린더 밖에서 연료를 직접 연소시켜 동력을 얻는 기관
④ 제트기관 : 빨아들인 공기에 연료가 섞여 연소한 다음 발생한 가스가 고속으로 분출할 때의 반동으로 추진력을 얻는 장치

02 디젤기관 작동 시 과열되는 원인이 아닌 것은?

① 냉각수량이 적다.
② 물재킷 내의 물때가 많다.
✓ **온도조절기가 열려 있다.**
④ 물 펌프의 회전이 느리다.

해설
온도조절기가 계속해서 열려 있는 고장의 경우는 과랭의 원인이다.

03 디젤엔진의 연료탱크에서 분사노즐까지 연료의 순환 순서로 맞는 것은?

① 연료탱크 → 연료공급펌프 → 분사펌프 → 연료필터 → 분사노즐
② 연료탱크 → 연료필터 → 분사펌프 → 연료공급펌프 → 분사노즐
✓ **연료탱크 → 연료공급펌프 → 연료필터 → 분사펌프 → 분사노즐**
④ 연료탱크 → 분사펌프 → 연료필터 → 연료공급펌프 → 분사노즐

04 디젤기관 연료장치에서 연료필터의 공기를 배출하기 위해 설치되어 있는 것으로 가장 적합한 것은?

✓ **벤트플러그**
② 오버플로 밸브
③ 코어플러그
④ 글로플러그

해설
벤트플러그 : 공기를 배출하기 위해 사용하는 플러그
② 오버플로 밸브 : 연료필터 엘리먼트를 보호한다.
③ 코어플러그 : 실린더 헤드 및 블록의 동파 방지용 플러그
④ 글로플러그 : 디젤기관 시동 보조 기구(예열장치)

05 라디에이터(Radiator)에 대한 설명으로 틀린 것은?

① 라디에이터의 재료 대부분은 알루미늄 합금이 사용된다.
② 단위면적당 방열량이 커야 한다.
③ 냉각효율을 높이기 위해 방열판이 설치된다.
✔ **공기 흐름저항이 커야 냉각효율이 높다.**

해설
공기 흐름저항이 적어야 냉각효율이 높다.

06 밀봉 압력식 냉각 방식에서 보조탱크 내의 냉각수가 라디에이터로 빨려 들어갈 때 개방되는 압력 캡의 밸브는?

① 릴리프밸브   ✔ **진공밸브**
③ 압력밸브   ④ 리듀싱밸브

해설
라디에이터 캡의 압력밸브는 물의 비등점을 높이고, 진공밸브는 냉각 상태를 유지할 때 과랭 현상이 되는 것을 막아주는 역할을 한다.

07 일반적으로 기관에 많이 사용되는 윤활방식은?

① 수 급유식   ② 적하 급유식
✔ **압송 급유식**   ④ 분무 급유식

해설
압송식은 윤활방식 중 오일펌프로 급유하는 방식으로 4행정 기관에서 일반적으로 사용된다.

08 엔진오일 교환 후 압력이 높아졌다면 그원인으로 가장 적절한 것은?

① 엔진오일 교환 시 냉각수가 혼입되었다.
② 오일의 점도가 낮은 것으로 교환하였다.
③ 오일 회로 내 누설이 발생하였다.
✔ **오일 점도가 높은 것으로 교환하였다.**

해설
점도가 높으면 마찰력이 높아지기 때문에 압력이 높아진다.

09 다음 디젤기관에서 과급기를 사용하는 이유로 맞지 않는 것은?

① 체적효율 증대
✔ **냉각효율 증대**
③ 출력 증대
④ 회전력 증대

해설
과급기는 강제로 압축한 공기를 연소실로 보내 더 많은 연료가 연소될 수 있도록 하여 엔진의 출력을 높이는 역할을 한다. 체적 대비 출력 효율을 높이는 것이 목적이다.

10 디젤기관에서 시동이 잘 안 되는 원인으로 가장 적합한 것은?

① 냉각수의 온도가 높은 것을 사용할 때
② 보조탱크의 냉각수량이 부족할 때
③ 낮은 점도의 기관오일을 사용할 때
✔ **연료계통에 공기가 들어 있을 때**

해설
디젤기관의 연료계통에 공기가 들어가면 연료분사가 어려워져서 엔진 시동을 어렵게 만든다.

11 디젤기관을 시동할 때의 주의사항으로 틀린 것은?

① 기온이 낮을 때는 예열 경고등이 소등되면 시동한다.
② 기관 시동은 각종 조작레버가 중립위치에 있는가를 확인 후 행한다.
③ 공회전을 필요 이상 하지 않는다.
✔ **엔진이 시동되면 적어도 1분 정도는 스타트 스위치에서 손을 떼지 않아야 한다.**

해설
엔진이 시동되면 바로 손을 뗀다. 그렇지 않고 계속 잡고 있으면 전동기가 소손되거나 탄다.

12 축전지의 용량을 결정짓는 인자가 아닌 것은?

① 셀당 극판 수　② 극판의 크기
✔ **단자의 크기**　④ 전해액의 양

해설
축전지 용량에 영향을 미치는 요소
• 셀당 극판 수
• 극판의 크기
• 전해액(황산)의 양
• 셀의 크기
• 극판의 두께

13 전해액의 비중이 20℃일 때 축전지 자기 방전을 설명한 것이다. 틀린 것은?

① 완전 충전 : 1.280 이상
② 75% 충전 : 1.210~1.259
③ 50% 충전 : 1.150~1.209
✔ **25% 충전 : 1.050~1.099**

해설
비중에 의한 충전상태
• 100% 충전 : 1.280 이상
• 75% 충전 : 1.210~1.259
• 50% 충전 : 1.150~1.209
• 25% 충전 : 1.100~1.149
• 0% 상태 : 1.050~1.099

14 전조등 회로의 구성품으로 틀린 것은?

① 전조등 릴레이　② 전조등 스위치
③ 디머 스위치　✔ **플래셔 유닛**

해설
플래셔 유닛은 방향 지시등 회로 구성품이다.

15 건설기계장비 운전 시 계기판에서 냉각수량 경고등이 점등되었다. 그 원인으로 가장 거리가 먼 것은?

① 냉각수량이 부족할 때
② 냉각계통의 물 호스가 파손되었을 때
③ 라디에이터 캡이 열린 채 운행하였을 때
✔ **냉각수 통로에 스케일(물때)이 없을 때**

16 6기통 디젤기관에서 병렬로 연결된 예열(Grow) 플러그가 있다. 3번 기통의 예열 플러그가 단락되면 어떤 현상이 발생되는가?

① 전체가 작동이 안 된다.
② 3번 옆에 있는 2번과 4번도 작동이 안 된다.
③ 축전지 용량의 배가 방전된다.
✔ **3번 실린더만 작동이 안 된다.**

해설
직렬연결인 경우에는 모두 작동 불능이나, 병렬연결인 경우에는 해당 실린더만 작동 불능이다.

17 예열 플러그를 빼서 보았더니 심하게 오염되어 있다. 그 원인은?

① 플러그의 용량 과다
② 냉각수 부족
✔ **불완전연소 또는 노킹**
④ 엔진 과열

해설
예열 플러그가 심하게 오염되어 있으면 불완전연소 또는 노킹의 원인이 된다.

18 클러치의 필요성으로 틀린 것은?

✔ **전·후진을 위해**
② 관성운동을 하기 위해
③ 기어변속 시 기관의 동력을 차단하기 위해
④ 기관 시동 시 기관을 무부하 상태로 하기 위해

해설
클러치의 필요성
• 기관 시동 시 기관을 무부하 상태로 하기 위해
• 변속 시 기관 동력을 차단하기 위해
• 정차 및 기관의 동력을 서서히 전달하기 위해

19 엔진과 직결되어 같은 회전수로 회전하는 토크컨버터의 구성품은?

① 터 빈
✔ **펌 프**
③ 스테이터
④ 변속기 출력축

해설
토크컨버터의 구성품
• 기관에 의해 직접 구동되는 것은 펌프(구동축)
• 따라 도는 부분은 터빈(피동축)
• 회전력을 증대시키고 오일의 흐름방향을 바꿔주는 것은 스테이터(반작용)이다.

20 타이어식 기중기에서 브레이크 장치의 유압회로에 베이퍼 로크가 생기는 원인이 아닌 것은?

① 마스터 실린더 내외 잔압 저하
☑ **비점이 높은 브레이크 오일 사용**
③ 드럼과 라이닝의 끌림에 의한 가열
④ 긴 내리막길에서 과도한 브레이크 사용

해설
② 브레이크 오일의 변질에 의한 비점의 저하 및 불량한 오일을 사용했을 때

21 타이어식 건설기계에서 조향 바퀴의 토인을 조정하는 것은?

① 핸 들   ☑ **타이로드**
③ 워엄기어   ④ 드래그링크

해설
토인의 조정은 타이로드 또는 타이로드 엔드의 고정너트를 풀고 타이로드 또는 타이로드 엔드를 회전시켜 길이를 늘이고 줄여서 조정한다.

22 타이어의 트레드에 대한 설명으로 가장 옳지 않은 것은?

① 트레드가 마모되면 구동력과 선회능력이 저하된다.
☑ **트레드가 마모되면 지면과 접촉면적이 크게 되어 마찰력이 크게 된다.**
③ 타이어의 공기압이 높으면 트레드의 양단부보다 중앙부의 마모가 크다.
④ 트레드가 마모되면 열의 발산이 불량하게 된다.

해설
트레드가 마모되면 마찰력이 적어진다.

23 기중기의 3가지 주요 작동체에 해당되지 않는 것은?

① 하부 주행장치
② 상부 회전체
③ 작업장치
☑ **굴삭장치**

해설
기중기의 3가지 주요 작동체 : 하부 주행장치, 상부 회전체, 작업장치

24 기중기의 드래그라인 작업방법으로 틀린 것은?

① 도랑을 팔 때 경사면이 크레인 앞쪽에 위치하도록 한다.
② 굴착력을 높이기 위해 버킷 투스를 날카롭게 연마한다.
③ 기중기 앞에 작업한 토사를 쌓아 놓지 않는다.
☑ **드래그 베일 소켓을 페어리드 쪽으로 당긴다.**

해설
페어리드는 드래그로프가 드럼에 잘 감기도록 안내해 주는 장치이다.

25 장비가 있는 장소보다 높은 곳의 굴착에 적합한 기중기의 작업장치는?

① 훅
☑ **셔 블**
③ 드래그라인
④ 파일 드라이버

> 해설
> 셔블의 용도는 기중기가 서 있는 장소보다 높은 경사지의 굴토 및 상차 작업용이다.

26 기중기에서 상부에 권상 와이어용 시브가 있고, 하부에 훅을 장치한 것은?

☑ **훅 블록 장치**
② 붐 전도 방지장치
③ 권과 방지장치
④ 붐 기복 정지장치

27 기중기의 기둥박기 작업의 안전수칙이 아닌 것은?

① 작업 시 붐을 상승시키지 않는다.
② 항타할 때 반드시 우드 캡을 씌운다.
③ 호이스트 케이블의 고정 상태를 점검한다.
☑ **붐의 각을 작게 한다.**

> 해설
> ④ 붐의 각을 크게 한다.

28 인양작업 시 화물의 중심에 대하여 필요한 사항을 설명한 것으로 틀린 것은?

① 화물의 중량 중심을 정확히 판단할 것
☑ **화물의 중량 중심은 스윙을 고려하여 여유 옵셋을 확보할 것**
③ 화물의 중량 중심 바로 위에 훅을 유도할 것
④ 화물의 중량 중심이 화물의 위에 있는 것과, 좌·우로 치우쳐 있는 것은 특히 경사지지 않도록 주의할 것

29 화물의 하중을 직접 지지하는 와이어로프의 안전계수는?

① 4 이상
☑ **5 이상**
③ 8 이상
④ 10 이상

> 해설
> 와이어로프의 안전계수(안전율)

와이어로프의 종류	안전율
• 권상용 와이어로프 • 지브의 기복용 와이어로프 • 횡행용 와이어로프 및 케이블 크레인의 주행용 와이어로프	5.0
• 지브의 지지용 와이어로프 • 보조로프 및 고정용 와이어로프	4.0
• 케이블 크레인의 주로프 및 레일로프	2.7
• 제45호의 운전실 등 권상용 와이어로프	10.0

30 유압펌프에서 사용되는 GPM의 의미는?

✔ **① 분당 토출하는 작동유의 양**
② 복동 실린더의 치수
③ 계통 내에서 형성되는 압력의 크기
④ 흐름에 대한 저항

> **해설**
> GPM : 계통 내에서 이동되는 유체의 양을 표시할 때 사용하는 단위로 분당 유량단위 g/min을 뜻한다.

31 다음 중 건설기계에 사용하는 유압 작동유의 성질을 향상시키기 위하여 사용되는 첨가제 종류가 아닌 것은?

① 점도지수 향상제
② 산화방지제
③ 소포제
✔ **④ 유동점 향상제**

> **해설**
> 유동점 강하제를 사용한다.

32 오일필터의 여과 입도가 너무 조밀하였을 때 가장 발생하기 쉬운 현상은?

① 오일 누출 현상
✔ **② 공동 현상**
③ 맥동 현상
④ 블로바이 현상

> **해설**
> 공동 현상은 소음과 진동이 발생하고, 양정과 효율이 저하되는 현상이다.

33 유압장치에서 액추에이터의 종류에 속하지 않는 것은?

✔ **① 감압밸브**   ② 유압실린더
③ 유압모터   ④ 플런저 모터

> **해설**
> 유압 액추에이터 : 유압밸브에서 기름을 공급받아 실질적으로 일을 하는 장치로서 직선운동을 하는 유압실린더와 회전운동을 하는 유압모터로 분류된다.

34 압력제어밸브는 어느 위치에서 작동하는가?

① 실린더 내부
✔ **② 펌프와 방향전환밸브**
③ 탱크와 펌프
④ 방향전환밸브와 실린더

> **해설**
> 압력제어밸브란 유압회로 내의 압력을 설치치 이내로 유지하며, 유압회로 내의 압력이 설정치에 도달하면 유압회로를 전환하여 환류시키는 밸브이다.

35 다음에서 설명하는 유압밸브는?

> 액추에이터의 속도를 서서히 감속시키는 경우나 서서히 증속시키는 경우에 사용되며, 일반적으로 캠(cam)으로 조작된다. 이 밸브는 행정에 대응하여 통과 유량을 조정하며 원활한 감속 또는 증속을 하도록 되어 있다.

✔ **① 디셀러레이션밸브**
② 카운터밸런스밸브
③ 방향제어밸브
④ 프레필밸브

> **해설**
> 디셀러레이션밸브(감속밸브) : 유압회로에서 감소회로를 구성할 때 사용한다.

36 건설기계에 사용되는 유압실린더의 구성 부품이 아닌 것은?

✔ **어큐뮬레이터(축압기)**

② 로드

③ 피스톤

④ 실(seal)

해설
유압실린더의 주요 구성 부품은 피스톤, 피스톤 로드, 실린더, 실, 쿠션 기구이다.

37 유압모터의 속도는 무엇에 의해 결정되는가?

① 오일의 압력

② 오일의 점도

✔ **오일의 흐름량**

④ 오일의 온도

해설
유압모터에서는 출력 토크와 회전수를 줌으로써 모터의 크기와 필요한 유압유의 압력 유량이 정해진다.

38 오일여과기의 역할은?

① 오일의 순환작용

② 오일의 압송

✔ **오일 세정작용**

④ 연료와 오일 정유작용

해설
오일여과기는 오일의 불순물을 제거한다.

39 펌프의 흡입 측에 붙여 여과작용을 하는 필터의 명칭은?

① 리턴 필터(Return Filter)

✔ **스트레이너(Strainer)**

③ 기계적 필터(Mechanical Filter)

④ 라인 필터(Line Filter)

해설
스트레이너 : 유압장치에서 작동유의 오염은 유압기기를 손상시킬 수 있기 때문에 기기 속에 혼입되는 불순물을 제거하기 위해 사용된다.

40 건설기계의 기종별 기호 표시방법으로 맞지 않는 것은?

① 07 : 기중기

✔ **01 : 아스팔트살포기**

③ 03 : 로더

④ 13 : 콘크리트살포기

해설
건설기계 종류의 구분(건설기계관리법 시행규칙 [별표 2])
• 01 : 불도저
• 03 : 로 더
• 07 : 기중기
• 13 : 콘크리트살포기
• 18 : 아스팔트살포기

41 건설기계조종사는 성명, 주소, 주민등록번호 및 국적의 변경이 있는 경우에는 그 사실이 발생한 날부터 며칠 이내에 기재사항 변경신고서를 시·도지사에게 제출하여야 하는가?

① 15일   ② 20일
③ 25일   ✔ 30일

> **해설**
> **등록사항의 변경신고(건설기계관리법 시행령 제5조 제1항)**
> 건설기계의 소유자는 건설기계등록사항에 변경이 있는 때에는 그 변경이 있은 날부터 30일(상속의 경우에는 상속개시일부터 6개월) 이내에 건설기계 등록사항변경신고서(전자문서로 된 신고서를 포함)에 다음의 서류(전자문서를 포함)를 첨부하여 등록을 한 시·도지사에게 제출하여야 한다. 다만, 전시·사변 기타 이에 준하는 국가비상사태하에 있어서는 5일 이내에 하여야 한다.
> ① 변경내용을 증명하는 서류
> ② 건설기계등록증
> ③ 건설기계검사증

42 성능이 불량하거나 사고가 빈발한 건설기계에 대해 실시하는 검사는?

① 정기검사   ② 예비검사
③ 구조변경검사   ✔ 수시검사

> **해설**
> **건설기계검사의 종류(건설기계관리법 제13조)**
> • 신규등록검사 : 건설기계를 신규로 등록할 때 실시하는 검사
> • 정기검사 : 건설공사용 건설기계로서 3년의 범위에서 국토교통부령으로 정하는 검사유효기간이 끝난 후에 계속하여 운행하려는 경우에 실시하는 검사와 「대기환경보전법」 제62조 및 「소음·진동관리법」 제37조에 따른 운행차의 정기검사
> • 구조변경검사 : 건설기계의 주요 구조를 변경하거나 개조한 경우 실시하는 검사
> • 수시검사 : 성능이 불량하거나 사고가 자주 발생하는 건설기계의 안전성 등을 점검하기 위하여 수시로 실시하는 검사와 건설기계 소유자의 신청을 받아 실시하는 검사

43 검사소에서 검사를 받아야 할 건설기계 중 해당 건설기계가 위치한 장소에서 검사를 할 수 있는 경우가 아닌 것은?

① 도서지역에 있는 경우
② 자체중량이 40ton 초과 또는 축하중이 10ton 초과인 경우
✔ 너비가 2.5m 이상인 경우
④ 최고속도가 시간당 35km 미만인 경우

> **해설**
> **검사장소(건설기계관리법 시행규칙 제32조)**
> 다음의 어느 하나에 해당하는 경우에는 해당 건설기계가 위치한 장소에서 검사를 할 수 있다.
> • 도서지역에 있는 경우
> • 자체중량이 40ton을 초과하거나 축하중이 10ton을 초과하는 경우
> • 너비가 2.5m를 초과하는 경우
> • 최고속도가 시간당 35km 미만인 경우

44 건설기계를 운전해서는 안 되는 사람은?

① 국제운전면허증을 가진 사람
② 범칙금 납부 통고서를 교부받은 사람
✔ 면허시험에 합격하고 면허증 교부 전에 있는 사람
④ 운전면허증을 분실하여 재교부 신청 중인 사람

45 다음 중 건설기계대여업에 대한 설명이 틀린 것은?

① 일반건설기계 대여업은 5대 이상의 건설기계로 운영하는 사업이다(단, 2인 이상의 개인 또는 법인이 공동운영하는 경우 포함).

② 개별건설기계 대여업은 1인의 개인 또는 법인이 4대 이하의 건설기계로 운영하는 사업이다.

③ 건설기계대여업은 건설기계를 건설기계조종사와 함께 대여하는 경우도 가능하다.

✔ **건설기계대여업의 등록을 하려는 자는 국토교통부령이 정하는 서류를 구비하여 관할 시·도지사에게 제출한다.**

해설

건설기계대여업의 등록(건설기계관리법 시행규칙 제57조제1항)
건설기계대여업의 등록을 하려는 자는 건설기계대여업 등록신청서에 국토교통부령이 정하는 서류를 첨부하여 시장·군수 또는 구청장에게 제출하여야 한다.

46 건설기계등록번호표를 가리거나 훼손하여 알아보기 곤란하게 한 자 또는 그러한 건설기계를 운행한 자(1차 위반했을 경우)에게 부과하는 과태료로 옳은 것은?

✔ **50만원** ② 70만원

③ 100만원 ④ 1,000만원

해설

과태료의 부과기준(건설기계관리법 시행령 [별표 3])

위반행위	과태료 금액		
	1차 위반	2차 위반	3차 위반 이상
등록번호표를 가리거나 훼손하여 알아보기 곤란하게 한 경우 또는 그러한 건설기계를 운행한 경우	50만원	70만원	100만원

47 도로교통법상에서 정의된 긴급자동차가 아닌 것은?

① 응급 전신·전화 수리공사에 사용되는 자동차

② 긴급한 경찰업무수행에 사용되는 자동차

③ 위독환자의 수혈을 위한 혈액 운송 차량

✔ **학생운송 전용버스**

해설

긴급자동차(도로교통법 제2조제22호, 영 제2조)
① 소방차
② 구급차
③ 혈액 공급차량
④ 그 밖에 대통령령으로 정하는 자동차(다만, ㉣부터 ㉠까지의 자동차는 이를 사용하는 사람 또는 기관 등의 신청에 의하여 시·도경찰청장이 지정하는 경우로 한정)
  ㉠ 경찰용 자동차 중 범죄수사, 교통단속, 그 밖의 긴급한 경찰업무 수행에 사용되는 자동차
  ㉡ 국군 및 주한 국제연합군용 자동차 중 군 내부의 질서 유지나 부대의 질서 있는 이동을 유도(誘導)하는 데 사용되는 자동차
  ㉢ 수사기관의 자동차 중 범죄수사를 위하여 사용되는 자동차
  ㉣ 다음의 어느 하나에 해당하는 시설 또는 기관의 자동차 중 도주자의 체포 또는 수용자, 보호관찰 대상자의 호송·경비를 위하여 사용되는 자동차
    • 교도소·소년교도소 또는 구치소
    • 소년원 또는 소년분류심사원
    • 보호관찰소
  ㉤ 국내외 요인(要人)에 대한 경호업무 수행에 공무(公務)로 사용되는 자동차

ⓗ 전기사업, 가스사업, 그 밖의 공익사업을 하는 기관에서 위험 방지를 위한 응급작업에 사용되는 자동차

ⓢ 민방위업무를 수행하는 기관에서 긴급예방 또는 복구를 위한 출동에 사용되는 자동차

ⓞ 도로관리를 위하여 사용되는 자동차 중 도로상의 위험을 방지하기 위한 응급작업에 사용되거나 운행이 제한되는 자동차를 단속하기 위하여 사용되는 자동차

ⓩ 전신·전화의 수리공사 등 응급작업에 사용되는 자동차

ⓒ 긴급한 우편물의 운송에 사용되는 자동차

ⓚ 전파감시업무에 사용되는 자동차

⑤ ④에 따른 자동차 외에 다음의 어느 하나에 해당하는 자동차는 긴급자동차로 본다.

ⓖ 긴급자동차에 의하여 유도되고 있는 자동차

ⓛ 국군 및 주한 국제연합군용의 긴급자동차에 의하여 유도되고 있는 국군 및 주한 국제연합군의 자동차

ⓒ 생명이 위급한 환자 또는 부상자나 수혈을 위한 혈액을 운송 중인 자동차

48 비탈진 좁은 도로에서 서로 마주보고 진행하는 때의 통행 순위로 틀린 것은?

① 승객을 태운 차가 빈차보다 우선이다.

② 짐을 실은 차가 빈차보다 우선이다.

❸ 속도가 빠른 차가 우선이다.

④ 내려오는 차가 올라가는 차보다 우선이다.

해설

진로 양보의 의무(도로교통법 제20조)

• 모든 차(긴급자동차는 제외)의 운전자는 뒤에서 따라오는 차보다 느린 속도로 가려는 경우에는 도로의 우측 가장자리로 피하여 진로를 양보하여야 한다. 다만, 통행 구분이 설치된 도로의 경우에는 그러하지 아니하다.

• 좁은 도로에서 긴급자동차 외의 자동차가 서로 마주보고 진행할 때에는 다음의 구분에 따른 자동차가 도로의 우측 가장자리로 피하여 진로를 양보하여야 한다.

– 비탈진 좁은 도로에서 자동차가 서로 마주보고 진행하는 경우에는 올라가는 자동차

– 비탈진 좁은 도로 외의 좁은 도로에서 사람을 태웠거나 물건을 실은 자동차와 동승자가 없고 물건을 싣지 아니한 자동차가 서로 마주보고 진행하는 경우에는 동승자가 없고 물건을 싣지 아니한 자동차

49 도로교통법에 따라 도로공사를 하고 있는 경우에는 그 공사 구역의 양쪽 가장자리 ( ) 이내의 지점에 주차를 하여서는 아니 된다. ( ) 안에 들어갈 거리는?

① 10m

② 7m

❸ 5m

④ 3m

해설

주차금지의 장소(도로교통법 제33조)

모든 차의 운전자는 다음의 어느 하나에 해당하는 곳에 차를 주차해서는 아니 된다.

• 터널 안 및 다리 위

• 다음의 곳으로부터 5m 이내인 곳

– 도로공사를 하고 있는 경우에는 그 공사 구역의 양쪽 가장자리

– 「다중이용업소의 안전관리에 관한 특별법」에 따른 다중이용업소의 영업장이 속한 건축물로 소방본부장의 요청에 의하여 시·도경찰청장이 지정한 곳

• 시·도경찰청장이 도로에서의 위험을 방지하고 교통의 안전과 원활한 소통을 확보하기 위하여 필요하다고 인정하여 지정한 곳

50 도로교통법에서 안전운행을 위한 차속을 제한하고 있는데, 악천후 시 최고속도의 100분의 50으로 감속 운행하여야 할 경우가 아닌 것은?

① 노면이 얼어붙은 때

② 폭우·폭설·안개 등으로 가시거리가 100m 이내인 때

❸ 비가 내려 노면이 젖어 있을 때

④ 눈이 20mm 이상 쌓인 때

해설

감속운행(규칙 제19조제2항)

최고속도의 100분의 50을 줄인 속도로 운행하여야 하는 경우

• 폭우·폭설·안개 등으로 가시거리가 100m 이내인 경우

• 노면이 얼어붙은 경우

• 눈이 20mm 이상 쌓인 경우

51 산업재해 방지 대책을 수립하기 위하여 위험요인을 발견하는 방법으로 가장 적합한 것은?

✔ **안전점검**

② 경영층 참여와 안전조직 진단

③ 재해 사후조치

④ 안전대책회의

> **해설**
> 안전점검 : 안전을 확보하기 위해서 실태를 파악해, 설비의 불안전상태나 사람의 불안전행위에서 생기는 결함을 발견하여 안전대책의 상태를 확인하는 행동이다.

52 다음 그림과 같은 안전 표지판이 나타내는 것은?

① 비상구

✔ **출입금지**

③ 인화성물질 경고

④ 보안경 착용

> **해설**
> 안전보건표지(산업안전보건법 시행규칙 [별표 6])
>
> | 비상구 | 인화성물질 경고 | 보안경 착용 |
> |---|---|---|
> | | | |

53 작업장에서 수공구 재해예방 대책으로 잘못된 사항은?

① 결함이 없는 안전한 공구 사용

② 공구의 올바른 사용과 취급

✔ **공구는 항상 오일을 바른 후 보관**

④ 작업에 알맞은 공구 사용

> **해설**
> 사용한 공구는 면 걸레로 깨끗이 닦아서 공구상자 또는 공구보관으로 지정된 곳에 보관한다.

54 다음 중 일반 드라이버 사용 시 안전수칙으로 틀린 것은?

① 드라이버에 압력을 가하지 말아야 한다.

✔ **정을 대신할 때는 드라이버를 사용한다.**

③ 자루가 쪼개졌거나 또한 허술한 드라이버는 사용하지 않는다.

④ 드라이버의 끝을 항상 양호하게 관리하여야 한다.

> **해설**
> 드라이버를 정으로 대신하여 사용하면 드라이버가 손상된다.

55 드릴작업 시 주의사항으로 틀린 것은?

① 칩을 털어낼 때는 칩털이를 사용한다.
② 작업이 끝나면 드릴을 척에서 빼놓는다.
❸ **드릴이 움직일 때는 칩을 손으로 치운다.**
④ 재료는 힘껏 조이든가 정지구로 고정한다.

해설
드릴 회전 중에는 칩을 손으로 털거나 불지 말 것

56 스패너 사용 시 안전 사항으로 틀린 것은?

❶ **스패너는 밀면서 작업한다.**
② 스패너는 볼트, 너트의 규격에 맞는 것을 사용한다.
③ 녹이 슨 볼트나 너트는 녹을 제거하고 사용한다.
④ 스패너 사용 시 몸의 균형을 유지한다.

해설
스패너를 너트에 단단히 끼워서 앞으로 당겨 사용한다.

57 작업 중 기계장치에서 이상한 소리가 날 경우 작업자가 해야 할 조치로 가장 적합한 것은?

① 진행 중인 작업은 계속하고 작업 종료 후에 조치한다.
② 장비를 멈추고 열을 식힌 후 계속 작업한다.
③ 속도를 조금 줄여 작업한다.
❹ **즉시 작동을 멈추고 점검한다.**

58 운반 작업 시 지켜야 할 사항으로 옳은 것은?

① 운반 작업은 장비를 사용하기보다 가능한 많은 인력을 동원하여 하는 것이 좋다.
❷ **인력으로 운반 시 무리한 자세로 장시간 취급하지 않도록 한다.**
③ 인력으로 운반 시 보조구를 사용하되 몸에서 멀리 떨어지게 하고, 가슴 위치에서 하중이 걸리게 한다.
④ 통로 및 인도에 가까운 곳에서는 빠른 속도로 벗어나는 것이 좋다.

해설
무리한 몸가짐으로 물건을 들지 않는다.

59 가스 용접 작업 시 안전수칙으로 바르지 못한 것은?

① 산소 용기는 화기로부터 지정된 거리를 둔다.

② 40℃ 이하의 온도에서 산소 용기를 보관한다.

③ 산소 용기 운반 시 충격을 주지 않도록 주의한다.

④ 토치에 점화할 때 성냥불이나 담뱃불로 직접 점화한다.

해설
토치에 점화할 때 토치 전용 라이터를 사용한다.

60 화재 및 폭발의 우려가 있는 가스발생장치 작업장에서 지켜야 할 사항으로 맞지 않는 것은?

① 불연성 재료 사용금지

② 화기 사용금지

③ 인화성 물질 사용금지

④ 점화원이 될 수 있는 기재 사용금지

해설
불연성 재료를 사용하여야 한다.

교육은 우리 자신의 무지를 점차 발견해 가는 과정이다.

– 윌 듀란트 –

PART

02

모의고사

제1회~제7회   모의고사
정답 및 해설

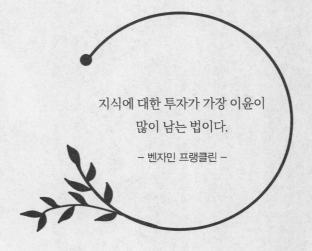

지식에 대한 투자가 가장 이윤이
많이 남는 법이다.

– 벤자민 프랭클린 –

01 건설기계장비 운전 시 계기판에서 냉각수량 경고등이 점등되었다. 그 원인으로 가장 거리가 먼 것은?

① 냉각수량이 부족할 때
② 냉각계통의 물 호스가 파손되었을 때
③ 라디에이터 캡이 열린 채 운행하였을 때
④ 냉각수 통로에 스케일(물때)이 없을 때

02 엔진의 밸브가 닫혀 있는 동안 밸브 시트와 밸브 페이스를 밀착시켜 기밀이 유지되도록 하는 것은?

① 밸브 리테이너
② 밸브 가이드
③ 밸브 스템
④ 밸브 스프링

03 다음 디젤기관에서 과급기를 사용하는 이유로 맞지 않은 것은?

① 체적효율 증대
② 냉각효율 증대
③ 출력 증대
④ 회전력 증대

04 윤활유의 점도가 기준보다 높은 것을 사용했을 때의 현상으로 맞는 것은?

① 좁은 공간에 잘 스며들어 충분한 윤활이 된다.
② 동절기에 사용하면 기관 시동이 용이하다.
③ 점차 묽어짐으로써 경제적이다.
④ 윤활유 압력이 다소 높아진다.

05 디젤엔진의 연료탱크에서 분사노즐까지 연료의 순환 순서로 맞는 것은?

① 연료탱크 → 연료공급펌프 → 분사펌프 → 연료필터 → 분사노즐
② 연료탱크 → 연료필터 → 분사펌프 → 연료공급펌프 → 분사노즐
③ 연료탱크 → 연료공급펌프 → 연료필터 → 분사펌프 → 분사노즐
④ 연료탱크 → 분사펌프 → 연료필터 → 연료공급펌프 → 분사노즐

06 기관을 점검하는 요소 중 디젤기관과 관계 없는 것은?

① 예 열
② 점 화
③ 연 료
④ 연 소

07 디젤엔진에서 오일을 가압하여 윤활부에 공급하는 역할을 하는 것은?

① 냉각수 펌프
② 진공 펌프
③ 공기 압축 펌프
④ 오일펌프

08 4행정 디젤엔진에서 흡입행정 시 실린더 내에 흡입되는 것은?

① 혼합기
② 연 료
③ 공 기
④ 스파크

09 착화지연기간이 길어져 실린더 내에 연소 및 압력 상승이 급격하게 일어나는 현상은?

① 디젤 노크
② 조기점화
③ 가솔린 노크
④ 정상연소

10 노킹이 발생하였을 때 기관에 미치는 영향은?

① 압축비가 커진다.
② 제동마력이 커진다.
③ 기관이 과열될 수 있다.
④ 기관의 출력이 향상된다.

11 기관이 과열되는 원인이 아닌 것은?

① 물 재킷 내의 물때 형성
② 팬 벨트의 장력 과다
③ 냉각수 부족
④ 무리한 부하 운전

12 다음 중 코먼레일 연료분사장치의 고압연료펌프에 부착된 것은?

① 압력제어밸브
② 코먼레일 입력센서
③ 입력제한밸브
④ 유량제한기

13 방향 지시등 스위치를 작동할 때 한쪽은 정상이고 다른 한쪽은 점멸 작용이 정상과 다르게(빠르게 또는 느리게) 작용한다. 고장 원인이 아닌 것은?

① 전구 1개가 단선되었을 때
② 전구를 교체하면서 규정 용량의 전구를 사용하지 않았을 때
③ 플래셔 유닛이 고장 났을 때
④ 한쪽 전구 소켓에 녹이 발생하여 전압 강하가 있을 때

14 기동전동기의 구성품이 아닌 것은?

① 전기자
② 브러시
③ 스테이터
④ 구동피니언

15 축전지 전해액 내의 황산을 설명한 것이다. 틀린 것은?

① 피부에 닿게 되면 화상을 입을 수도 있다.
② 의복에 묻으면 구멍을 뚫을 수도 있다.
③ 눈에 들어가면 실명될 수도 있다.
④ 라이터를 사용하여 점검할 수도 있다.

16 납산 축전지 터미널에 녹이 발생했을 때의 조치방법으로 가장 적합한 것은?

① 물걸레로 닦아 내고, 더 조인다.
② 녹을 닦은 후 고정시키고, 소량의 그리스를 상부에 도포한다.
③ (+)와 (−)터미널을 서로 교환한다.
④ 녹슬지 않게 엔진오일을 도포하고, 확실히 더 조인다.

17 디젤기관에만 해당되는 회로는?

① 예열 플러그 회로
② 시동 회로
③ 충전 회로
④ 등화 회로

18 교류발전기(AC)의 주요부품이 아닌 것은?

① 로 터
② 브러시
③ 스테이터 코일
④ 솔레노이드 조정기

19 기중기의 최후단에 붙어서 차체 앞쪽에 화물을 실었을 때 쏠리는 것을 방지하기 위한 것은?

① 이퀄라이저
② 밸런스 웨이트
③ 리닝 장치
④ 마스트

20 클러치페달에 대한 설명으로 틀린 것은?

① 펜던트식과 플로어식이 있다.
② 페달 자유 유격은 일반적으로 20~30 mm 정도로 조정한다.
③ 클러치판이 마모될수록 자유 유격이 커져서 미끄러지는 현상이 발생한다.
④ 클러치가 완전히 끊긴 상태에서도 발판과 페달과의 간격은 20mm 이상 확보해야 한다.

21 기중기 하중에 대한 설명으로 틀린 것은?

① 정격 총하중 : 붐의 길이와 작업반경에 허용되는 훅, 그래브, 버킷 등 달아 올림 기구를 포함한 최대하중
② 정격하중 : 정격 총하중에서 훅, 그래브, 버킷 등 달아 올림 기구의 무게에 상당하는 하중을 뺀 하중
③ 호칭하중 : 기중기의 최대 작업하중
④ 작업하중 : 기중기로 화물을 최대로 들 수 있는 하중과 들 수 없는 하중과의 한계점에 놓인 하중

22 기중기에서 붐 각을 크게 하면?

① 운전반경이 작아진다.
② 기중능력이 작아진다.
③ 임계하중이 작아진다.
④ 붐의 길이가 짧아진다.

25 양축 끝에 십자형의 조인트를 가지며, 중간 훅은 Y형의 원통으로 되어 있고, 그 양 끝의 각 축에 십자축이 설치되어 있는 조인트는 무엇인가?

① 파빌레 조인트
② 스파이서 그랜저 조인트
③ 트랙터 조인트
④ 벤딕스 조인트

23 유압브레이크 장치에서 잔압을 유지시켜 주는 부품으로 옳은 것은?

① 피스톤
② 피스톤 컵
③ 체크 밸브
④ 실린더 보디

24 기계식 기중기에서 붐 호이스트의 가장 일반적인 브레이크 형식은?

① 내부 수축식
② 내부 확장식
③ 외부 확장식
④ 외부 수축식

26 하역기계로 사용되는 기중기의 규격이나 작업능력 등을 표시할 때 사용되는 사항들 중 틀린 것은?

① 기중능력(ton)
② 최대 인양능력(ton)
③ 시간당 작업량(ton)
④ 블레이드 길이(m)

27 건설기계조종사면허의 종류와 해당 건설기계조종사면허로 조종할 수 있는 건설기계에 대한 설명이다. 틀린 것은?

① 롤러 조종사 면허를 받은 자는 아스팔트피니셔, 모터그레이더, 천공기 등을 조종할 수 있다.

② 1종 대형면허로 덤프트럭, 도로보수트럭, 3ton 미만의 지게차를 조종할 수 있다.

③ 덤프트럭, 아스팔트살포기, 노상안정기, 콘크리트믹서트럭, 콘크리트펌프, 천공기(트럭적재식) 등은 도로교통법의 규정에 의한 운전면허를 받아 조종하여야 하는 건설기계이다.

④ 국토교통부령으로 정하는 소형건설기계에는 5ton 미만의 불도저, 5ton 미만의 로더, 5ton 미만의 천공기(트럭적재식 제외), 3ton 미만의 지게차, 3ton 미만의 굴착기 등이 있다.

28 밤에 자동차가 도로 우측에 일시 정차할 때에 켜야 할 등화는?

① 차폭등과 미등

② 차폭등과 번호등

③ 전조등과 미등

④ 전조등과 차폭등

29 정기검사에 불합격한 건설기계의 정비명령 기간으로 적합한 것은?

① 1개월 이내

② 3개월 이내

③ 5개월 이내

④ 6개월 이내

30 건설기계 임시운행 사유가 아닌 것은?

① 확인검사를 받기 위하여 건설기계를 검사장소로 운행하는 경우

② 신규등록검사를 받기 위하여 건설기계를 검사장소로 운행하고자 할 때

③ 신개발 건설기계를 시험·연구의 목적으로 운행하고자 할 때

④ 말소등록을 하기 위하여 운행하고자 할 때

31 건설기계사업에 해당되지 않는 것은?

① 건설기계대여업
② 건설기계매매업
③ 건설기계재생업
④ 건설기계정비업

32 도로교통법상 도로에 해당되지 않는 것은?

① 해상 도로법에 의한 항로
② 차마의 통행을 위한 도로
③ 유료도로법에 의한 유료도로
④ 도로법에 의한 도로

33 규정상 올바른 정차 방법은?

① 정차는 도로의 모퉁이에서도 할 수 있다.
② 일방통행로에서는 도로의 좌측에 정차할 수 있다.
③ 도로의 우측 단에 타 교통에 방해가 되지 않도록 정차해야 한다.
④ 정차는 교차로 측단에서 할 수 있다.

34 건설기계를 주택가 주변의 도로나 공터 등에 주기하여 교통소통을 방해하거나 소음 등으로 주민의 조용하고 평온한 생활환경을 침해한 자에 대한 벌칙은?

① 200만원 이하의 벌금
② 100만원 이하의 벌금
③ 100만원 이하의 과태료
④ 50만원 이하의 과태료

35 도로교통법상 건설기계를 운전하여 도로를 주행할 때 서행에 대한 정의로 옳은 것은?

① 60km/h 미만의 속도로 주행하는 것을 말한다.
② 운전자가 차를 즉시 정지시킬 수 있는 느린 속도로 진행하는 것을 말한다.
③ 정지거리 2m 이내에서 정지할 수 있는 경우를 말한다.
④ 20km/h 이내로 주행하는 것을 말한다.

36 건설기계 등록사항 변경이 있을 때, 그 소유자는 누구에게 신고하여야 하는가?

① 관할검사소장
② 고용노동부장관
③ 안전행정부장관
④ 시·도지사

37 피스톤식 유압펌프에서 회전 경사판의 기능으로 가장 적합한 것은?

① 펌프 압력을 조정
② 펌프 출구의 개폐
③ 펌프 용량을 조정
④ 펌프 회전속도를 조정

38 유압장치의 방향전환밸브(중립 상태)에서 실린더가 외력에 의해 충격을 받았을 때 발생되는 고압을 릴리프시키는 밸브는?

① 반전 방지밸브
② 메인 릴리프밸브
③ 유량 감지밸브
④ 과부하(포트) 릴리프밸브

39 유압회로의 최고압력을 제한하는 밸브로서, 회로의 압력을 일정하게 유지시키는 밸브는?

① 체크밸브
② 감압밸브
③ 릴리프밸브
④ 카운터밸런스밸브

40 유압모터의 일반적인 특징으로 가장 적합한 것은?

① 운동량을 직선으로 속도조절이 용이하다.
② 운동량을 자동으로 직선 조작할 수 있다.
③ 넓은 범위의 무단변속이 용이하다.
④ 각도에 제한 없이 왕복 각운동을 한다.

41 유압 작동유의 점도가 지나치게 낮을 때 나타날 수 있는 현상은?

① 출력이 증가한다.
② 압력이 상승한다.
③ 유동저항이 증가한다.
④ 유압실린더의 속도가 늦어진다.

42 유압장치에서 회전축 둘레의 누유를 방지하기 위하여 사용되는 밀봉장치(Seal)는?

① 오링(O-ring)
② 개스킷(Gasket)
③ 더스트 실(Dust Seal)
④ 기계적 실(Mechanical Seal)

43 유압펌프에서 경사판의 각을 조정하여 토출유량을 변화시키는 펌프는?

① 기어펌프
② 로터리펌프
③ 베인펌프
④ 플런저펌프

44 유압장치의 장점이 아닌 것은?

① 작은 동력원으로 큰 힘을 낼 수 있다.
② 과부하 방지가 용이하다.
③ 운동방향을 쉽게 변경할 수 있다.
④ 고장원인의 발견이 쉽고, 구조가 간단하다.

45 실린더의 피스톤이 고속으로 왕복운동을 할 때 행정의 끝에서 피스톤이 커버에 충돌하여 발생하는 충격을 흡수하고, 그 충격력에 의해서 발생하는 유압회로의 악영향이나 유압기기의 손상을 방지하기 위해서 설치하는 것은?

① 쿠션기구
② 밸브기구
③ 유량제어기구
④ 셔틀기구

46 유압실린더의 숨 돌리기 현상이 생겼을 때 일어나는 현상이 아닌 것은?

① 작동 지연 현상이 생긴다.
② 서지압이 발생한다.
③ 오일의 공급이 과대해진다.
④ 피스톤 작동이 불안정하게 된다.

47 도로에 가스배관을 매설할 때 지켜야 할 사항으로 잘못된 것은?

① 자동차 등의 하중의 영향이 작은 곳에 매설한다.
② 배관은 그 외면으로부터 도로 밑의 다른 시설물과 0.1m 이상의 거리를 유지한다.
③ 포장되어 있는 차도에 매설하는 경우 배관의 외면과 노반의 최하부와의 거리는 0.5m 이상으로 한다.
④ 배관의 외면으로부터 도로의 경계까지 1m 이상의 수평거리를 유지한다.

48 현장에서 작업자가 작업 안전상 꼭 알아두어야 할 사항은?

① 장비의 가격
② 종업원의 작업 환경
③ 종업원의 기술 정도
④ 안전 규칙 및 수칙

49 목재, 종이, 석탄 등 일반 가연물의 화재는 어떤 화재로 분류하는가?

① A급 화재
② B급 화재
③ C급 화재
④ D급 화재

50 사고의 결과로 인하여 인간이 입는 인명피해와 재산상의 손실을 무엇이라 하는가?

① 재 해
② 안 전
③ 사 고
④ 부 상

51 건설기계 작업 시 주의 사항으로 틀린 것은?

① 운전석을 떠날 경우에는 기관을 정지시킨다.
② 작업 시에는 항상 사람의 접근에 특별히 주의한다.
③ 주행 시는 가능한 한 평탄한 지면으로 주행한다.
④ 후진 시에는 후진 후 사람 및 장애물 등을 확인한다.

52 다음 중 안전 보호구가 아닌 것은?

① 안전모
② 안전화
③ 안전가드레일
④ 안전장갑

53 수공구 사용 시 주의 사항이 아닌 것은?

① 작업에 알맞은 공구를 선택하여 사용한다.
② 공구는 사용 전에 기름 등을 닦은 후 사용한다.
③ 공구를 취급할 때는 올바른 방법으로 사용한다.
④ 개인이 만든 공구는 일반적인 작업에 사용한다.

54 소화하기 힘든 정도로 화재가 진행된 현장에서 제일 먼저 취하여야 할 조치사항으로 가장 올바른 것은?

① 소화기 사용
② 화재 신고
③ 인명 구조
④ 경찰서에 신고

55 보안경을 사용하는 이유로 틀린 것은?

① 유해 약물의 침입을 막기 위하여
② 떨어지는 중량물을 피하기 위하여
③ 비산되는 칩에 의한 부상을 막기 위하여
④ 유해광선으로부터 눈을 보호하기 위하여

56 방호장치의 일반원칙으로 옳지 않은 것은?

① 일반원칙의 제거
② 작업점의 방호
③ 외관상의 안전화
④ 기계특성에의 부적합성

57 지상에 설치되어 있는 가스배관 외면에 반드시 표시해야 하는 사항이 아닌 것은?

① 사용가스명
② 가스흐름방향
③ 소유자명
④ 최고사용압력

58 특별고압 가공송전선로에 대한 설명으로 틀린 것은?

① 애자의 수가 많을수록 전압이 높다.
② 겨울철에 비하여 여름철에는 전선이 더 많이 처진다.
③ 154,000V 가공전선은 피복전선이다.
④ 철탑과 철탑과의 거리가 멀수록 전선의 흔들림이 크다.

60 전기선로 주변에서 크레인, 지게차, 굴삭기 등으로 작업 중 활선에 접촉하여 사고가 발생하였을 경우 조치 요령으로 가장 거리가 먼 것은?

① 발생개소, 정돈, 진척상태를 정확히 파악하여 조치한다.
② 이상상태 확대 및 재해 방지를 위한 조치, 강구 등의 응급조치를 한다.
③ 사고 당사자가 모든 상황을 처리한 후 상사인 안전담당자 및 작업관계자에게 통보한다.
④ 재해가 더 이상 확대되지 않도록 응급상황에 대처한다.

59 공동주택 부지 내에서 굴착 작업 시 황색의 가스 보호포가 나왔다. 도시가스 배관은 그 보호포가 설치된 위치로부터 최소한 몇 m 이상 깊이에 매설되어 있는가?(단, 배관의 심도는 0.6m이다)

① 0.2m
② 0.3m
③ 0.4m
④ 0.5m

↻ 정답 및 해설 p.185

01 건설기계기관에서 사용되는 여과장치가 아닌 것은?

① 공기청정기
② 오일필터
③ 오일 스트레이너
④ 인젝션 타이머

02 라디에이터 캡의 스프링이 파손되었을 때 가장 먼저 나타나는 현상은?

① 냉각수 비등점이 낮아진다.
② 냉각수 순환이 불량해진다.
③ 냉각수 순환이 빨라진다.
④ 냉각수 비등점이 높아진다.

03 디젤기관을 정지시키는 방법으로 가장 적합한 것은?

① 연료공급을 차단한다.
② 초크밸브를 닫는다.
③ 기어를 넣어 기관을 정지한다.
④ 축전지를 분리시킨다.

04 실린더 벽이 마멸되었을 때 발생되는 현상은?

① 기관의 회전수가 증가한다.
② 오일 소모량이 증가한다.
③ 열효율이 증가한다.
④ 폭발압력이 증가한다.

05 엔진오일 교환 후 압력이 높아졌다면 그 원인으로 가장 적절한 것은?

① 엔진오일 교환 시 냉각수가 혼입되었다.
② 오일의 점도가 낮은 것으로 교환하였다.
③ 오일 회로 내 누설이 발생하였다.
④ 오일 점도가 높은 것으로 교환하였다.

06 고속 디젤기관의 장점으로 틀린 것은?

① 열효율이 가솔린기관보다 높다.
② 인화점이 높은 경우를 사용하므로 취급이 용이하다.
③ 가솔린기관보다 최고 회전수가 빠르다.
④ 연료 소비량이 가솔린기관보다 적다.

07 실린더헤드 등 면적이 넓은 부분에서 볼트를 조이는 방법으로 가장 적합한 것은?

① 규정 토크로 한 번에 조인다.
② 중심에서 외측을 향하여 대각선으로 조인다.
③ 외측에서 중심을 향하여 대각선으로 조인다.
④ 조이기 쉬운 곳부터 조인다.

08 건설기계기관에 설치되는 오일 냉각기의 주 기능으로 맞는 것은?

① 오일 온도를 30℃ 이하로 유지하기 위한 기능을 한다.
② 오일 온도를 정상 온도로 일정하게 유지한다.
③ 수분, 슬러지(Sludge) 등을 제거한다.
④ 오일의 압을 일정하게 유지한다.

09 디젤엔진의 시동불량 원인과 관계가 없는 것은?

① 흡배기 밸브의 밀착이 좋지 못할 때
② 압축압력이 저하되었을 때
③ 밸브의 개폐시기가 부정확할 때
④ 점화 플러그가 젖어 있을 때

10 엔진 과열의 원인이 아닌 것은?

① 히터 스위치 고장
② 헐거워진 냉각 팬 벨트
③ 수온 조절기의 고장
④ 물 통로 내의 물때(Scale)

11 분사 노즐 시험기로 점검할 수 있는 것은?

① 분사개시압력과 분사 속도를 점검할 수 있다.
② 분포상태와 플런저의 성능을 점검할 수 있다.
③ 분사개시압력과 후적을 점검할 수 있다.
④ 분포상태와 분사량을 점검할 수 있다.

12 동력을 전달하는 계통의 순서를 바르게 나타낸 것은?

① 피스톤 → 커넥팅로드 → 클러치 → 크랭크축
② 피스톤 → 클러치 → 크랭크축 → 커넥팅로드
③ 피스톤 → 크랭크축 → 커넥팅로드 → 클러치
④ 피스톤 → 커넥팅로드 → 크랭크축 → 클러치

13 건설기계장비의 충전장치는 어떤 발전기를 가장 많이 사용하고 있는가?

① 직류발전기
② 단상 교류발전기
③ 3상 교류발전기
④ 와전류 발전기

14 예열 플러그의 사용 시기로 가장 알맞은 것은?

① 냉각수의 양이 많을 때
② 기온이 영하로 떨어졌을 때
③ 축전지가 방전되었을 때
④ 축전지가 과충전되었을 때

15 납산 축전지의 충·방전 상태를 나타낸 것이 아닌 것은?

① 축전지가 방전되면 양극판은 과산화납이 황산납으로 된다.
② 축전지가 방전되면 전해액은 묽은황산이 물로 변하여 비중이 낮아진다.
③ 축전지가 충전되면 음극판은 황산납이 해면상납으로 된다.
④ 축전지가 충전되면 양극판에서 수소를, 음극판에서 산소를 발생시킨다.

16 축전지의 양극과 음극 단자를 구별하는 방법으로 틀린 것은?

① 양극은 적색, 음극은 흑색이다.
② 양극 단자에 (+), 음극 단자에는 (−)의 기호가 있다.
③ 양극 단자에 Positive, 음극 단자에는 Negative라고 표기되었다.
④ 양극 단자의 직경이 음극 단자의 직경보다 작다.

17 전조등의 좌우 램프 간 회로에 대한 설명으로 맞는 것은?

① 직렬 또는 병렬로 되어 있다.
② 병렬과 직렬로 되어 있다.
③ 병렬로 되어 있다.
④ 직렬로 되어 있다.

18 기동전동기의 전기자 축으로부터 피니언 기어로는 동력이 전달되나 피니언 기어로부터 전기자 축으로는 동력이 전달되지 않도록 해 주는 장치는?

① 오버헤드 가드
② 솔레노이드 스위치
③ 시프트 칼라
④ 오버러닝 클러치

19 출발 시 클러치의 페달이 거의 끝부분에서 차량이 출발되는 원인으로 틀린 것은?

① 클러치 디스크 과대 마모
② 클러치 자유간극 조정 불량
③ 클러치 케이블 불량
④ 클러치 오일의 부족

20 기중기가 붐의 최대 안정각도 이내에서 작업을 할 때, 작업반경이 작아지면 기중능력은?

① 감소한다.
② 증가한다.
③ 변하지 않는다.
④ 수시로 변한다.

21 조향핸들의 조작이 무거운 원인으로 틀린 것은?

① 유압유 부족 시
② 타이어 공기압 과다 주입 시
③ 앞바퀴 휠 얼라인먼트 조절 불량 시
④ 유압 계통 내의 공기 혼입 시

22 트랙장치의 구성품 중 주유를 하지 않아도 되는 곳은?

① 상부 롤러
② 트랙 슈
③ 아이들러
④ 하부 롤러

23 포크리프트나 기중기의 최후단에 붙어서 차체 앞쪽에 화물을 실었을 때 쏠리는 것을 방지하기 위한 것은?

① 이퀄라이저
② 밸런스 웨이트
③ 리닝 장치
④ 마스트

24 유니버설 조인트 중에서 훅형(십자형) 조인트가 가장 많이 사용되는 이유가 아닌 것은?

① 구조가 간단하다.
② 급유가 불필요하다.
③ 큰 동력의 전달이 가능하다.
④ 작동이 확실하다.

25 기중기의 유압 작동유로 사용되는 오일의 주성분은?

① 식물성 오일
② 화학성 오일
③ 광물성 오일
④ 동물성 오일

26 기중기의 드래그라인에서 드래그로프를 드럼에 잘 감기도록 안내하는 것은?

① 시 브
② 새들 블록
③ 라인 와인더
④ 페어리드

27 검사연기신청을 하였으나 불허통지를 받은 자는 언제까지 검사를 신청하여야 하는가?

① 불허통지를 받은 날부터 5일 이내
② 불허통지를 받은 날부터 10일 이내
③ 검사신청기간 만료일부터 5일 이내
④ 검사신청기간 만료일부터 10일 이내

28 건설기계조종사면허증의 반납사유에 해당하지 않는 것은?

① 면허가 취소된 때
② 면허의 효력이 정지된 때
③ 건설기계조종을 하지 않을 때
④ 면허증의 재교부를 받은 후 잃어버린 면허증을 발견한 때

29 다음 중 건설기계대여업에 대한 설명이 틀린 것은?

① 일반건설기계대여업은 5대 이상의 건설기계로 운영하는 사업이다(단, 2인 이상의 개인 또는 법인이 공동운영하는 경우 포함).
② 개별건설기계대여업은 1인의 개인 또는 법인이 4대 이하의 건설기계로 운영하는 사업이다.
③ 건설기계대여업은 건설기계를 건설기계조종사와 함께 대여하는 경우도 가능하다.
④ 건설기계대여업의 등록을 하려는 자는 국토교통부령이 정하는 서류를 구비하여 관할 시·도지사에게 제출한다.

30 건설기계조종사면허가 취소된 상태로 건설기계를 계속하여 조종한 자에 대한 벌칙은?

① 2년 이하의 징역 또는 1,000만원 이하의 벌금

② 1년 이하의 징역 또는 1,000만원 이하의 벌금

③ 200만원 이하의 벌금

④ 100만원 이하의 벌금

31 건설기계관리법령상 건설기계가 정기검사신청기간 내에 정기검사를 받은 경우, 다음 정기검사 유효기간의 산정방법으로 옳은 것은?

① 정기검사를 받은 날부터 기산한다.

② 정기검사를 받은 날의 다음 날부터 기산한다.

③ 종전 검사유효기간 만료일부터 기산한다.

④ 종전 검사유효기간 만료일의 다음 날부터 기산한다.

32 교차로에서 적색등화 시 진행할 수 있는 경우는?

① 경찰공무원의 진행신호에 따를 때

② 교통이 한산한 야간운행 시

③ 보행자가 없을 때

④ 앞차를 따라 진행할 때

33 건설기계관리법상 건설기계 소유자는 건설기계를 도난당한 날로부터 얼마 이내에 등록말소를 신청해야 하는가?

① 30일 이내

② 2개월 이내

③ 3개월 이내

④ 6개월 이내

34 도로교통법에서 안전운행을 위한 차속을 제한하고 있는데, 거친 날씨에는 최고속도의 100분의 50으로 감속운행하여야 할 경우가 아닌 것은?

① 노면이 얼어붙은 때

② 폭우·폭설·안개 등으로 가시거리가 100m 이내인 때

③ 비가 내려 노면이 젖어 있을 때

④ 눈이 20mm 이상 쌓인 때

35 주차·정차가 금지되어 있지 않은 장소는?

① 교차로
② 건널목
③ 횡단보도
④ 경사로의 정상 부근

36 교차로 통행방법에 대한 설명 중 옳은 것은?

① 교차로 중심 바깥쪽으로 좌회전한다.
② 우회전 차는 차로에 관계없이 우회전할
수 있다.
③ 좌·우회전 시에는 경음기를 사용하여
주위에 주의신호를 한다.
④ 좌회전 차는 미리 중앙선을 따라 서행으
로 진행한다.

37 유압장치의 기호 회로도에 사용되는 유압
기호의 표시방법으로 적합하지 않은 것은?

① 기호에는 흐름의 방향을 표시한다.
② 각 기기의 기호는 정상상태 또는 중립상
태를 표시한다.
③ 기호는 어떠한 경우에도 회전하여서는
안 된다.
④ 기호에는 각 기기의 구조나 작용압력을
표시하지 않는다.

38 유압 에너지의 저장, 충격흡수 등에 이용
되는 것은?

① 축압기(Accumulator)
② 스트레이너(Strainer)
③ 펌프(Pump)
④ 오일 탱크(Oil Tank)

39 유압펌프에서 사용되는 GPM의 의미는?

① 분당 토출하는 작동유의 양
② 복동 실린더의 치수
③ 계통 내에서 형성되는 압력의 크기
④ 흐름에 대한 저항

40 유압계통의 오일장치 내에 슬러지 등이 생
겼을 때 이것을 이용하여 장치 내를 깨끗
이 하는 작업은?

① 플러싱
② 트램핑
③ 서 징
④ 코 킹

41 작업현장에서 작업 시 사고 예방을 위하여 알아 두어야 할 가장 중요한 사항은?

① 장비의 최고 주행 속도
② 1인당 작업량
③ 최신 기술 적용 정도
④ 안전수칙

42 보통화재라고 하며, 목재, 종이 등 일반 가연물의 화재로 분류되는 것은?

① A급 화재
② B급 화재
③ C급 화재
④ D급 화재

43 감전되거나 전기화상을 입을 위험이 있는 작업에서 제일 먼저 작업자가 구비해야 할 것은?

① 완강기
② 구급차
③ 보호구
④ 신호기

44 인양작업 시 화물의 중심에 대하여 필요한 사항을 설명한 것으로 틀린 것은?

① 화물의 중량 중심을 정확히 판단할 것
② 화물의 중량 중심은 스윙을 고려하여 여유 오프셋을 확보할 것
③ 화물의 중량 중심 바로 위에 혹을 유도할 것
④ 화물의 중량 중심이 화물의 위에 있는 것과 좌우로 치우쳐 있는 것은 특히 경사지지 않도록 주의할 것

45 일반적으로 장갑을 착용하고 작업을 하게 되는데, 안전을 위하여 오히려 장갑을 사용하지 않아야 하는 작업은?

① 전기용접작업
② 해머작업
③ 타이어 교환작업
④ 건설기계 운전

46 벨트를 풀리에 걸 때는 어떤 상태에서 걸어야 하는가?

① 회전을 중지시킨 후 건다.
② 저속으로 회전시키면서 건다.
③ 중속으로 회전시키면서 건다.
④ 고속으로 회전시키면서 건다.

47 도시가스배관 주위를 굴착 후 되메우기 시지하에 매몰하면 안 되는 것은?

① 보호판
② 전기방식 전위 테스트박스(T/B)
③ 전기방식용 양극
④ 보호포

48 도로에서 굴착작업 중 매설된 전기설비의 접지선이 노출되어 일부가 손상되었을 때 조치방법으로 맞는 것은?

① 손상된 접지선은 임의로 철거한다.
② 접지선 단선 시에는 철선 등으로 연결 후 되메운다.
③ 접지선 단선은 사고와 무관하므로 그대로 되메운다.
④ 접지선 단선 시에는 시설관리자에게 연락 후 그 지시를 따른다.

49 특고압 전선로 주변에서 건설기계에 의한 작업을 위해 전선을 지지하는 애자 수를 확인한 결과 애자 수가 3개였다. 예측 가능한 전압은 몇 V인가?

① 22,900V
② 66,000V
③ 154,000V
④ 345,000V

50 가스배관이 매설되어 있을 것으로 예상되는 지점으로부터 몇 m 이내에서 줄파기를 할 때는 안전관리전담자의 입회하에 시행하여야 하는가?

① 1m
② 2m
③ 3m
④ 5m

51 릴리프 밸브 등에서 밸브 시트를 때려 비교적 높은 소리를 내는 진동현상을 무엇이라 하는가?

① 채터링
② 캐비테이션
③ 점 핑
④ 서지압

52 건설기계 작업 중 갑자기 유압회로 내의 유압이 상승되지 않아 점검하려고 한다. 내용으로 적합하지 않은 것은?

① 펌프로부터 유압이 발생하는지 점검
② 오일탱크의 오일량 점검
③ 오일이 누출되었는지 점검
④ 작업장치의 자기탐상법에 의한 균열 점검

53 [보기]에서 유압계통에 사용되는 오일의 점도가 너무 낮을 경우에 나타날 수 있는 현상을 모두 고른 것은?

┌─보기┐
ㄱ. 펌프 효율 저하
ㄴ. 실린더 및 컨트롤 밸브에서 누출 현상
ㄷ. 계통(회로) 내의 압력 저하
ㄹ. 시동 시 저항 증가
└─────────────────────┘

① ㄱ, ㄴ, ㄷ
② ㄱ, ㄴ, ㄹ
③ ㄱ, ㄷ, ㄹ
④ ㄴ, ㄷ, ㄹ

54 유압장치 운전 중 갑작스럽게 유압배관에서 오일이 분출되기 시작하였을 때 가장 먼저 운전자가 취해야 할 조치는?

① 작업장치를 지면에 내리고 시동을 정지한다.
② 작업을 멈추고 배터리 선을 분리한다.
③ 오일이 분출되는 호스를 분리하고 플러그로 막는다.
④ 유압회로 내의 잔압을 제거한다.

55 유압회로 내에서 유압을 일정하게 조절하여 일의 크기를 결정하는 밸브가 아닌 것은?

① 시퀀스밸브
② 서보밸브
③ 언로더밸브
④ 카운터밸런스밸브

56 유체의 에너지를 이용하여 기계적인 일로 변환하는 기기는?

① 유압모터
② 근접스위치
③ 오일탱크
④ 밸 브

57 조정렌치 사용 및 관리요령으로 적합하지 않은 것은?

① 볼트를 풀 때는 렌치에 연결대 등을 이용한다.
② 적당한 힘을 가하여 볼트, 너트를 죄고 풀어야 한다.
③ 잡아당길 때 힘을 가하면서 작업한다.
④ 볼트, 너트를 풀거나 조일 때 볼트머리나 너트에 꼭 끼워져야 한다.

58 해머 사용 중 사용법이 틀린 것은?

① 타격면이 마모되어 경사진 것은 사용하지 않는다.
② 담금질한 것은 단단하므로 한 번에 정확하게 강타한다.
③ 기름 묻은 손으로 자루를 잡지 않는다.
④ 물건에 해머를 대고 몸의 위치를 정한다.

59 다음 그림은 안전보건표지의 어떠한 내용을 나타내는가?

① 지시표지
② 금지표지
③ 경고표지
④ 안내표지

60 전등 스위치가 옥내에 있으면 안 되는 경우는?

① 건설기계장비 차고
② 절삭유 저장소
③ 카바이드 저장소
④ 기계류 저장소

정답 및 해설 p.189

01 기관에서 배기상태가 불량하여 배압이 높을 때 발생하는 현상과 관련 없는 것은?

① 기관이 과열된다.
② 냉각수 온도가 내려간다.
③ 기관의 출력이 감소된다.
④ 피스톤의 운동을 방해한다.

02 윤활유에 첨가하는 첨가제의 사용 목적으로 틀린 것은?

① 유성을 향상시킨다.
② 산화를 방지한다.
③ 점도지수를 향상시킨다.
④ 응고점을 높여 준다.

03 기관 운전 중에 진동이 심해질 경우 점검해야 할 사항으로 거리가 먼 것은?

① 기관의 점화시기 점검
② 기관과 차체 연결 마운틴의 점검
③ 라디에이터의 냉각수 누설 여부 점검
④ 연료계통의 공기 누설 여부 점검

04 기관의 크랭크 케이스를 환기하는 목적으로 가장 옳은 것은?

① 크랭크 케이스의 청소를 쉽게 하기 위하여
② 출력의 손실을 막기 위하여
③ 오일의 증발을 막기 위하여
④ 오일의 슬러지 형성을 막기 위하여

05 압력의 단위가 아닌 것은?

① kgf/cm^2
② dyne
③ psi
④ bar

06 점도지수가 큰 오일은 온도변화에 따라 점도변화가 어떻게 이루어지는가?

① 크다.
② 작다.
③ 불변이다.
④ 온도와는 무관하다.

07 디젤기관의 과급기에 대한 설명으로 틀린 것은?

① 흡입 공기에 압력을 가해 기관에 공기를 공급한다.
② 체적효율을 높이기 위해 인터 쿨러를 사용한다.
③ 배기터빈 과급기는 주로 원심식이 가장 많이 사용된다.
④ 과급기를 설치하면 엔진 중량과 출력이 감소된다.

08 다음 중 디젤기관만이 가지고 있는 부품은?

① 분사노즐
② 오일펌프
③ 물펌프
④ 연료펌프

09 코먼레일 디젤기관에서 부하에 따른 주된 연료 분사량 조절방법으로 옳은 것은?

① 저압펌프 압력 조절
② 인젝터 작동 전압 조절
③ 인젝터 작동 전류 조절
④ 고압라인의 연료압력 조절

10 라디에이터의 구비조건으로 틀린 것은?

① 공기 흐름저항이 작을 것
② 냉각수 흐름저항이 작을 것
③ 가볍고 강도가 클 것
④ 단위면적당 방열량이 적을 것

11 밀봉 압력식 냉각 방식에서 보조탱크 내의 냉각수가 라디에이터로 빨려 들어갈 때 개방되는 압력 캡의 밸브는?

① 릴리프밸브
② 진공밸브
③ 압력밸브
④ 리듀싱밸브

12 피스톤링에 대한 설명으로 틀린 것은?

① 피스톤이 받는 열의 대부분을 실린더 벽에 전달한다.
② 압축과 팽창가스 압력에 대해 연소실의 기밀을 유지한다.
③ 링의 절개구 모양은 버튼 이음, 랩 이음 등이 있다.
④ 피스톤링이 마모된 경우 크랭크 케이스 내에 블로다운 현상으로 인한 연소가스가 많아진다.

13 전해액의 비중이 20℃일 때 축전지 자기 방전을 설명한 것이다. 틀린 것은?

① 완전 충전 : 1.260 이상
② 75% 충전 : 1.210~1.259
③ 50% 충전 : 1.150~1.209
④ 25% 충전 : 1.050~1.099

14 건설기계의 교류발전기에서 마모성 부품은?

① 스테이터
② 슬립링
③ 다이오드
④ 엔드 프레임

15 오버러닝 클러치 형식의 기동전동기에서 기관이 기동된 후 계속해서 스위치(I/G Key)를 ST 위치에 놓고 있으면 어떻게 되는가?

① 기동전동기의 전기자에 과전류가 흘러 전기자가 탄다.
② 기동전동기가 부하를 많이 받아 정지 된다.
③ 기동전동기의 마그넷 스위치가 손상 된다.
④ 기동전동기의 피니언 기어가 고속 회전 한다.

16 축전지 및 발전기에 대한 설명으로 옳은 것은?

① 시동 전 전원은 발전기이다.
② 시동 후 전원은 배터리이다.
③ 시동 전과 후 모든 전력은 배터리로부터 공급된다.
④ 발전하지 못해도 배터리로만 운행이 가능하다.

17 실드빔식 전조등에 대한 설명으로 틀린 것은?

① 대기 조건에 따라 반사경이 흐려지지 않는다.
② 내부에 불활성가스가 들어 있다.
③ 사용에 따른 광도의 변화가 작다.
④ 필라멘트를 갈아 끼울 수 있다.

18 그림과 같은 AND회로(논리적 회로)에 대한 설명으로 틀린 것은?

① 입력 A가 0이고, B가 0이면, 출력 Q는 0이다.
② 입력 A가 1이고, B가 0이면, 출력 Q는 0이다.
③ 입력 A가 0이고, B가 1이면, 출력 Q는 0이다.
④ 입력 A가 1이고, B가 1이면, 출력 Q는 0이다.

19 무한궤도식 건설기계 프런트 아이들러에 미치는 충격을 완화시켜 주는 완충장치로 틀린 것은?

① 코일 스프링식
② 압축 피스톤식
③ 접지 스프링식
④ 질소 가스식

20 주행 중 트랙 전면에서 오는 충격을 완화하여 차체 파손을 방지하고, 운전을 원활하게 해 주는 것은?

① 트랙 롤러
② 상부 롤러
③ 리코일 스프링
④ 댐퍼 스프링

21 엔진과 직결되어 같은 회전수로 회전하는 토크컨버터의 구성품은?

① 터 빈
② 펌 프
③ 스테이터
④ 변속기 출력축

22 기중기의 각 장치 가운데 옆방향 전도 방지를 위한 것은?

① 붐 스톱 장치
② 스윙로크 장치
③ 아우트리거 장치
④ 파워롤링 장치

23 건설기계에서 변속기의 구비조건으로 가장 적합한 것은?

① 대형이고, 고장이 없어야 한다.
② 조작이 쉬우므로 신속할 필요는 없다.
③ 연속적 변속에는 단계가 있어야 한다.
④ 전달효율이 좋아야 한다.

24 무한궤도식 건설기계에서 트랙이 자주 벗겨지는 원인으로 가장 거리가 먼 것은?

① 유격이 규정보다 클 때
② 트랙의 상·하부 롤러가 마모되었을 때
③ 최종 구동기어가 마모되었을 때
④ 트랙의 중심 정렬이 맞지 않았을 때

25 기중기의 전부작업장치에 포함되지 않는 것은?

① 클램셸
② 마그넷
③ 훅
④ 파일드라이버

26 기중기 장치 중 붐이 어떤 규정각도가 되면 붐이 스토퍼에 닿아서 각 레버와 로드를 경유해서 핸들을 중립위치로 복귀시켜 리프팅을 자동정지시키는 장치는?

① 붐 과권 방지장치
② 아우트리거
③ 셔블 붐
④ 트렌치 호 붐

27 등록되지 아니한 건설기계를 사용하거나 운행한 자의 벌칙은?

① 1년 이하의 징역 또는 100만원 이하의 벌금
② 2년 이하의 징역 또는 2,000만원 이하의 벌금
③ 20만원 이하의 벌금
④ 10만원 이하의 벌금

28 도로주행의 일반적인 주의 사항으로 틀린 것은?

① 가시거리가 저하될 수 있으므로 터널 진입 전 헤드라이트를 켜고 주행한다.
② 고속주행 시 급핸들 조작, 급브레이크는 옆으로 미끄러지거나 전복될 수 있다.
③ 야간운전은 주간보다 주의력이 양호하며 속도감이 민감하여 과속 우려가 없다.
④ 비 오는 날 고속주행은 수막현상이 생겨 제동효과가 감소된다.

29 도로교통법에 따라 도로공사를 하고 있는 경우에는 그 공사 구역의 양쪽 가장자리 ( ) 이내의 지점에 주차를 하여서는 아니 된다. ( ) 안에 들어갈 거리는?

① 10m
② 7m
③ 5m
④ 3m

30 건설기계의 형식승인은 누가 하는가?

① 국토교통부장관
② 시 · 도지사
③ 시장 · 군수 또는 구청장
④ 고용노동부장관

31 건설기계조종사면허를 받지 아니하고 건설기계를 조종한 자에 대한 처벌기준은?

① 1년 이하의 징역 또는 1,000만원 이하의 벌금
② 6개월 이하의 징역 또는 100만원 이하의 벌금
③ 100만원 이하의 벌금
④ 50만원 이하의 과태료

32 도로교통법령에 따라 뒤차에게 앞지르기를 시키려는 때 적절한 신호방법은?

① 오른팔 또는 왼팔을 차체의 왼쪽 또는 오른쪽 밖으로 수평으로 펴서 손을 앞뒤로 흔들 것
② 팔을 차체 밖으로 내어 45° 밑으로 펴서 손바닥을 뒤로 향하게 하여 그 팔을 앞뒤로 흔들거나 자동차안전기준에 따라 장치된 후진등을 켤 것
③ 팔을 차체 밖으로 내어 45° 밑으로 펴거나 제동등을 켤 것
④ 양팔을 모두 차체 밖으로 내어 크게 흔들 것

33 건설기계등록번호표를 가리거나 훼손하여 알아보기 곤란하게 한 자 또는 그러한 건설기계를 운행한 자에게 부과하는 과태료로 옳은 것은?

① 50만원
② 100만원
③ 300만원
④ 1,000만원

34 국내에서 제작된 건설기계를 등록할 때 필요한 서류에 해당하지 않는 것은?

① 건설기계제작증
② 수입면장
③ 건설기계제원표
④ 매수증서

35 도로교통법에서는 교차로, 터널 안, 다리 위 등을 앞지르기 금지장소로 규정하고 있다. 그 외 앞지르기 금지장소를 다음 보기에서 모두 고르면?

┌ 보기 ┐
ㄱ. 도로의 구부러진 곳
ㄴ. 비탈길의 고갯마루 부근
ㄷ. 가파른 비탈길의 내리막
└─────────┘

① ㄱ
② ㄱ, ㄴ
③ ㄴ, ㄷ
④ ㄱ, ㄴ, ㄷ

36 건설기계의 등록을 말소할 수 있는 사유에 해당하지 않는 것은?

① 건설기계를 폐기한 경우
② 건설기계를 수출하는 경우
③ 건설기계를 장기간 운행하지 않게 된 경우
④ 건설기계를 교육·연구 목적으로 사용하는 경우

37 기어펌프에 대한 설명으로 틀린 것은?

① 소형이며, 구조가 간단하다.
② 플런저펌프에 비해 흡입력이 나쁘다.
③ 플런저펌프에 비해 효율이 낮다.
④ 초고압에는 사용이 곤란하다.

38 유압장치에서 액추에이터의 종류에 속하지 않는 것은?

① 감압밸브
② 유압실린더
③ 유압모터
④ 플런저모터

39 유압오일 내에 기포(거품)가 형성되는 이유로 가장 적합한 것은?

① 오일에 이물질 혼입
② 오일의 점도가 높을 때
③ 오일에 공기 혼입
④ 오일의 누설

40 유압모터의 가장 큰 장점은?

① 공기와 먼지 등이 침투하면 성능에 영향을 준다.
② 오일의 누출을 방지한다.
③ 압력조정이 용이하다.
④ 무단변속이 용이하다.

41 유압실린더를 교환하였을 경우 조치해야 할 작업으로 가장 거리가 먼 것은?

① 오일필터의 교환
② 공기빼기 작업
③ 누유 점검
④ 시운전하여 작동상태 점검

42 릴리프밸브에서 포핏밸브를 밀어 올려 기름이 흐르기 시작할 때의 압력은?

① 설정압력
② 허용압력
③ 크랭킹압력
④ 전량압력

43 파스칼의 원리와 관련된 설명이 아닌 것은?

① 정지 액체에 접하고 있는 면에 가해진 압력은 그 면에 수직으로 작용한다.
② 정지 액체의 한점에 있어서의 압력의 크기는 전 방향에 대하여 동일하다.
③ 점성이 없는 비압축성 유체에서 압력에너지, 위치에너지, 운동에너지의 합은 같다.
④ 밀폐용기 내의 한 부분에 가해진 압력은 액체 내의 여러 부분에 같은 압력으로 전달된다.

44 유압장치의 정상적인 작동을 위한 일상점검 방법으로 옳은 것은?

① 유압 컨트롤밸브의 세척 및 교환
② 오일량 점검 및 필터의 교환
③ 유압펌프의 점검 및 교환
④ 오일 냉각기의 점검 및 세척

45 방향제어밸브에서 내부 누유에 영향을 미치는 요소가 아닌 것은?

① 관로의 유량
② 밸브 간극의 크기
③ 밸브 양단의 압력 차
④ 유압유의 점도

46 유압장치에서 유량제어밸브가 아닌 것은?

① 교축밸브
② 분류밸브
③ 유량조정밸브
④ 릴리프밸브

47 수공구 중 드라이버의 사용상 안전하지 않은 것은?

① 날 끝이 수평이어야 한다.
② 전기 작업 시 절연된 자루를 사용한다.
③ 날 끝이 홈의 폭과 길이가 같은 것을 사용한다.
④ 전기 작업 시 금속 부분이 자루 밖으로 나와 있어야 한다.

48 수공구 사용 시 안전사고 발생 원인으로 틀린 것은?

① 힘에 맞지 않는 공구를 사용하였다.
② 수공구의 성능을 알고 선택하였다.
③ 사용 방법이 미숙하였다.
④ 사용공구의 점검 및 정비를 소홀히 하였다.

49 전조등 회로에서 퓨즈의 접촉이 불량할 때 나타나는 현상으로 옳은 것은?

① 전류의 흐름이 나빠지고, 퓨즈가 끊어질 수 있다.
② 기동전동기가 파손된다.
③ 전류의 흐름이 일정하게 된다.
④ 전압이 과대하게 흐르게 된다.

50 안전을 위하여 눈으로 보고, 손으로 가리키고, 입으로 복창하여 귀로 듣고, 머리로 종합적인 판단을 하는 지적확인의 특성은?

① 의식을 강화한다.
② 지식수준을 높인다.
③ 안전태도를 형성한다.
④ 육체적 기능수준을 높인다.

51 체인블록을 이용하여 무거운 물체를 이동시키고자 할 때 가장 안전한 방법은?

① 체인이 느슨한 상태에서 급격히 잡아당기면 재해가 발생할 수 있으므로 시간적 여유를 가지고 작업한다.
② 작업의 효율을 위해 가는 체인을 사용한다.
③ 내릴 때는 하중 부담을 줄이기 위해 최대한 빠른 속도로 실시한다.
④ 이동 시는 무조건 최단거리 코스로 빠른 시간 내에 이동시켜야 한다.

52 안전보건표지에서 그림이 표시하는 것으로 맞는 것은?

① 독극물 경고
② 폭발물 경고
③ 고압전기 경고
④ 낙하물 경고

53 연소의 3요소가 아닌 것은?

① 가연성 물질
② 산소(공기)
③ 점화원
④ 이산화탄소

54 체인이나 벨트, 풀리 등에서 일어나는 사고로 기계의 운동부분 사이에 신체가 끼는 사고는?

① 협 착
② 접 촉
③ 충 격
④ 얽 힘

55 산업재해 중 중대재해가 아닌 것은?

① 사망자가 1명 이상 발생한 재해
② 부상자 또는 직업성 질병자가 동시에 10명 이상 발생한 재해
③ 3개월 이상의 요양을 요하는 부상자가 동시에 2명 이상 발생한 재해
④ 4일 이상의 요양을 요하는 부상을 입은 자가 5명 발생한 재해

56 안전작업의 복장상태로 틀린 것은?

① 땀을 닦기 위한 수건이나 손수건을 허리나 목에 걸고 작업해서는 안 된다.
② 옷소매 폭이 너무 넓지 않은 것이 좋고, 단추가 달린 것은 되도록 피한다.
③ 물체 추락의 우려가 있는 작업장에서는 작업모를 착용해야 한다.
④ 복장을 단정하게 하기 위해 넥타이를 꼭 매야 한다.

57 도시가스배관이 매설된 지점에서 가스배관 주위를 굴착하고자 할 때에 반드시 인력으로 굴착해야 하는 범위는?

① 배관 좌우 1m 이내
② 배관 좌우 2m 이내
③ 배관 좌우 3m 이내
④ 배관 좌우 4m 이내

58 다음 조건에서 도시가스가 누출되었을 경우 폭발할 수 있는 조건으로 모두 맞는 것은?

┌─────────────────────────────┐
ㄱ. 누출된 가스의 농도는 폭발범위 내에 들어야 한다.
ㄴ. 누출된 가스에 불씨 등의 점화원이 있어야 한다.
ㄷ. 점화가 가능한 공기(산소)가 있어야 한다.
ㄹ. 가스가 누출되는 압력이 30MPa 이상이어야 한다.
└─────────────────────────────┘

① ㄱ
② ㄱ, ㄴ
③ ㄱ, ㄴ, ㄷ
④ ㄱ, ㄷ, ㄹ

59 기중기의 붐이 하강하지 않는다. 그 원인에 해당되는 것은?

① 붐과 호이스트 레버를 하강방향으로 같이 작용시켰기 때문이다.
② 붐에 큰 하중이 걸려 있기 때문이다.
③ 붐에 너무 낮은 하중이 걸려 있기 때문이다.
④ 붐 호이스트 브레이크가 풀리지 않는다.

60 고압선로 주변에서 건설기계에 의한 작업 중 고압선로 또는 지지물에 접촉 위험이 가장 높은 것은?

① 붐 또는 권상로프
② 상부 회전체
③ 하부 주행체
④ 장비 운전석

정답 및 해설 p.195

01 부동액에 대한 설명으로 옳은 것은?

① 에틸렌글리콜과 글리세린은 단맛이 있다.
② 부동액 100%인 원액 사용을 원칙으로 한다.
③ 온도가 낮아지면 화학적 변화를 일으킨다.
④ 부동액은 냉각계통에 부식을 일으키는 특징이 있다.

02 프라이밍 펌프를 이용하여 디젤기관 연료 장치 내에 있는 공기를 배출하기 어려운 곳은?

① 공급펌프
② 연료 필터
③ 분사펌프
④ 분사노즐

03 예열 플러그의 고장이 발생하는 경우로 거리가 먼 것은?

① 엔진이 과열되었을 때
② 발전기의 발전 전압이 낮을 때
③ 예열시간이 길었을 때
④ 정격이 아닌 예열 플러그를 사용했을 때

04 기관의 연소실에서 발생하는 스쿼시(Squish)의 설명으로 옳은 것은?

① 연소 가스가 크랭크 케이스로 누출되는 현상
② 흡입밸브에 의한 와류현상
③ 압축행정 말기에 발생한 와류 현상
④ 압축공기가 피스톤링 사이로 누출되는 현상

05 압력식 라디에이터 캡을 사용함으로써 얻어지는 이점은?

① 냉각수의 비등점을 올릴 수 있다.
② 냉각 팬의 크기를 작게 할 수 있다.
③ 물 펌프의 성능을 향상시킬 수 있다.
④ 라디에이터의 구조를 간단하게 할 수 있다.

06 디젤기관의 시동을 용이하게 하기 위한 사항으로 틀린 것은?

① 압축비를 높인다.
② 시동 시 회전속도를 낮춘다.
③ 흡기온도를 상승시킨다.
④ 예열장치를 사용한다.

07 착화순서가 1-5-3-6-2-4인 기관에서 1번 실린더가 동력행정을 할 때 6번 실린더의 행정은?

① 흡입행정
② 압축행정
③ 동력행정
④ 배기행정

08 기관에서 공기청정기의 설치 목적으로 옳은 것은?

① 연료의 여과와 가압작용
② 공기의 가압작용
③ 공기의 여과와 소음 방지
④ 연료의 여과와 소음 방지

09 디젤기관 인젝션 펌프에서 딜리버리 밸브의 기능으로 틀린 것은?

① 역류 방지
② 후적 방지
③ 잔압 유지
④ 유량 조정

10 배기행정 초기에 배기밸브가 여러 실린더 내의 연소가스를 스스로 배출하는 현상은?

① 피스톤 슬랩
② 블로바이
③ 블로다운
④ 피스톤 행정

11 엔진오일의 점도지수가 작은 경우 온도변화에 따른 점도변화는?

① 온도에 따른 점도변화가 작다.
② 온도에 따른 점도변화가 크다.
③ 점도가 수시로 변화한다.
④ 온도와 점도는 무관하다.

12 과급기를 부착하였을 때의 이점으로 틀린 것은?

① 고지대에서도 출력의 감소가 적다.
② 회전력이 증가한다.
③ 기관 출력이 향상된다.
④ 압축온도의 상승으로 착화지연 시간이 길어진다.

13 겨울철에 디젤기관 기동전동기의 크랭킹 회전수가 저하되는 원인으로 틀린 것은?

① 엔진오일의 점도 상승
② 온도에 의한 축전지의 용량 감소
③ 점화코일의 저항 증가
④ 기온 저하로 기동부하 증가

14 전조등 회로의 구성품으로 틀린 것은?

① 전조등 릴레이
② 전조등 스위치
③ 디머 스위치
④ 플래셔 유닛

15 축전지의 케이스와 커버를 청소할 때 사용하는 용액으로 가장 옳은 것은?

① 비누와 물
② 소금과 물
③ 소다와 물
④ 오일과 가솔린

16 충전장치에서 IC전압조정기의 장점으로 틀린 것은?

① 조정 전압 정밀도 향상이 크다.
② 내열성이 크며, 출력을 증대시킬 수 있다.
③ 진동에 의한 전압변동이 크고, 내구성이 우수하다.
④ 초소형화가 가능하므로 발전기 내에 설치할 수 있다.

17 납산 축전지가 불량했을 때에 대한 설명으로 옳은 것은?

① 크랭킹 시 발열하며, 심하면 터질 수 있다.
② 방향지시등이 켜졌다가 꺼짐을 반복한다.
③ 제동등이 상시 점등된다.
④ 가감속이 어렵고, 공회전 상태가 심하게 흔들린다.

18 퓨즈의 접촉이 나쁠 때 나타나는 현상으로 옳은 것은?

① 연결부의 저항이 떨어진다.
② 전류의 흐름이 높아진다.
③ 연결부가 끊어진다.
④ 연결부가 튼튼해진다.

19 수동변속기가 장착된 건설기계에서 기어의 이중 물림을 방지하는 장치는?

① 인젝션 장치
② 인터쿨러 장치
③ 인터로크 장치
④ 인터널 기어장치

20 무한궤도식 건설기계에서 트랙 장력이 너무 팽팽하게 조정되었을 때 보기와 같은 부분에서 마모가 촉진되는 부분(기호)을 모두 나열한 것은?

┤보기├
```
ㄱ. 트랙 핀의 마모
ㄴ. 부싱의 마모
ㄷ. 스프로킷 마모
ㄹ. 블레이드 마모
```

① ㄱ, ㄷ
② ㄱ, ㄴ, ㄹ
③ ㄱ, ㄴ, ㄷ
④ ㄱ, ㄴ, ㄷ, ㄹ

21 케이블식 기중기의 드래그라인 점검·정비 시 작업안전상 잘못된 것은?

① 나무받침대 위에 버킷을 올려놓고 분해한다.
② 활차의 손상, 마멸 점검 시 부싱은 떼지 않은 채로 한다.
③ 활차 핀을 뺄 때 오일 실 파손에 주의한다.
④ 지브에서 활차를 분리한 다음 로프를 푼다.

22 타이어에서 고무로 피복된 코드를 여러 겹으로 겹친 층에 해당되며 타이어 골격을 이루는 부분은?

① 카커스(Carcass)부
② 트레드(Tread)부
③ 숄더(Shoulder)부
④ 비드(Bead)부

23 와이어로프가 절단되거나 훅 블록이 시브와 충돌하는 것을 방지하는 것은?

① 과부하 방지장치
② 과권 방지장치
③ 전도 방지장치
④ 붐 전도 방지장치

24 기중기 붐이 상승하여 붐이 뒤로 넘어지는 것을 방지하는 작업 안전장치는?

① 붐 기복 정지장치
② 붐 전도 방지장치
③ 태그라인 장치
④ 어태치먼트

25 기관의 플라이휠과 항상 같이 회전하는 부품은?

① 압력판
② 릴리스 베어링
③ 클러치 축
④ 디스크

26 트랙 슈의 종류로 틀린 것은?

① 단일돌기 슈
② 습지용 슈
③ 이중돌기 슈
④ 변하중 돌기 슈

27 건설기계조종사의 적성검사 기준으로 가장 거리가 먼 것은?

① 두 눈을 동시에 뜨고 잰 시력이 0.7 이상이고, 두 눈의 시력이 각각 0.3 이상일 것
② 시각은 150° 이상일 것
③ 언어분별력이 80% 이상일 것
④ 교정시력의 경우는 시력이 2.0 이상일 것

28 야간에 화물자동차를 도로에서 운행하는 경우 등의 등화로 옳은 것은?

① 주차등
② 방향지시등 또는 비상등
③ 안개등과 미등
④ 전조등, 차폭등, 미등, 번호등

29 야간에 차가 서로 마주 보고 진행하는 경우의 등화조작 방법 중 맞는 것은?

① 전조등, 보호등, 실내조명등을 조작한다.
② 전조등을 켜고 보조등을 끈다.
③ 전조등 불빛을 하향으로 한다.
④ 전조등 불빛을 상향으로 한다.

30 검사대행자 지정을 받고자 할 때 신청서에 첨부할 사항이 아닌 것은?

① 검사업무규정안
② 시설소유증명서
③ 기술자보유증명서
④ 장비보유증명서

31 건설기계관리법령상 자동차손해배상보장법에 따른 자동차보험에 반드시 가입하여야 하는 건설기계가 아닌 것은?

① 타이어식 지게차
② 타이어식 굴삭기
③ 타이어식 기중기
④ 덤프트럭

32 건설기계관리법령상 건설기계조종사 면허 취소 또는 효력정지를 시킬 수 있는 자는?

① 대통령
② 경찰서장
③ 시장·군수 또는 구청장
④ 국토교통부장관

33 철길 건널목 통과 방법에 대한 설명으로 옳지 않은 것은?

① 철길 건널목에서는 앞지르기를 하여서는 안 된다.
② 철길 건널목 부근에서는 주정차를 하여서는 안 된다.
③ 철길 건널목에 일시정지표지가 없을 때에는 서행하면서 통과한다.
④ 철길 건널목에서는 반드시 일시정지 후 안전함을 확인한 후에 통과한다.

34 대형 건설기계 특별 표지판 부착을 하지 않아도 되는 건설기계는?

① 너비 3m인 건설기계
② 길이 16m인 건설기계
③ 최소회전반경이 13m인 건설기계
④ 총중량 50ton인 건설기계

35 기중기의 정기검사 유효기간으로 옳은 것은?

① 1년
② 2년
③ 3년
④ 4년

36 차로가 설치된 도로에서 통행방법 위반으로 옳은 것은?

① 택시가 건설기계를 앞지르기하였다.
② 차로를 따라 통행하였다.
③ 경찰관의 지시에 따라 중앙 좌측으로 진행하였다.
④ 두 개의 차로에 걸쳐 운행하였다.

37 유압펌프 중 토출량을 변화시킬 수 있는 것은?

① 가변 토출량형
② 고정 토출량형
③ 회전 토출량형
④ 수평 토출량형

38 유압펌프의 소음발생 원인으로 틀린 것은?

① 펌프 흡입관부에서 공기가 혼입된다.
② 흡입오일 속에 기포가 있다.
③ 펌프의 회전이 너무 빠르다.
④ 펌프축의 센터와 원동기축의 센터가 일치한다.

39 유압실린더의 움직임이 느리거나 불규칙할 때의 원인이 아닌 것은?

① 피스톤링이 마모되었다.
② 유압유의 점도가 너무 높다.
③ 회로 내에 공기가 혼입되어 있다.
④ 체크 밸브의 방향이 반대로 설치되어 있다.

40 유압탱크에 대한 구비 조건으로 가장 거리가 먼 것은?

① 적당한 크기의 주유구 및 스트레이너를 설치한다.
② 드레인(배출밸브) 및 유면계를 설치한다.
③ 오일에 이물질이 혼입되지 않도록 밀폐되어야 한다.
④ 오일 냉각을 위한 쿨러를 설치한다.

41 유압장치에서 사용되는 오일의 점도가 너무 낮을 경우 나타날 수 있는 현상이 아닌 것은?

① 펌프 효율 저하
② 오일 누설
③ 계통 내의 압력 저하
④ 시동 시 저항 증가

42 유압모터에 대한 설명 중 맞는 것은?

① 유압발생장치에 속한다.
② 압력, 유량, 방향을 제어한다.
③ 직선운동을 하는 작동기(Actuator)이다.
④ 유압 에너지를 기계적 일로 변환한다.

43 다음 중 압력제어밸브가 아닌 것은?

① 릴리프밸브
② 체크밸브
③ 언로드밸브
④ 카운터밸런스밸브

44 지게차의 리프트 실린더(Lift Cylinder) 작동회로에서 플로 프로텍터(벨로시티 퓨즈)를 사용하는 주된 목적은?

① 컨트롤 밸브와 리프트 실린더 사이에서 배관 파손 시 적재물 급강하를 방지한다.
② 포크의 정상 하강 시 천천히 내려올 수 있게 한다.
③ 짐을 하강할 때 신속하게 내려올 수 있도록 작용한다.
④ 리프트 실린더 회로에서 포크 상승 중 중간 정지 시 내부 누유를 방지한다.

45 유압장치 중에서 회전운동을 하는 것은?

① 급속배기밸브
② 유압모터
③ 하이드롤릭 실린더
④ 복동 실린더

46 그림의 유압기호가 나타내는 것은?

① 유압밸브
② 차단밸브
③ 오일탱크
④ 유압실린더

47 운반 작업 시 지켜야 할 사항으로 옳은 것은?

① 운반 작업은 장비를 사용하기보다 가능한 한 많은 인력을 동원하여 하는 것이 좋다.
② 인력으로 운반 시 무리한 자세로 장시간 취급하지 않도록 한다.
③ 인력으로 운반 시 보조구를 사용하되 몸에서 멀리 떨어지게 하고, 가슴 위치에서 하중이 걸리게 한다.
④ 통로 및 인도에 가까운 곳에서는 빠른 속도로 벗어나는 것이 좋다.

48 스패너 및 렌치 사용 시 유의 사항이 아닌 것은?

① 스패너의 입이 너트 폭과 잘 맞는 것을 사용한다.
② 스패너를 너트에 단단히 끼워서 앞으로 당겨 사용한다.
③ 멍키렌치는 웜과 랙의 마모 상태를 확인한다.
④ 멍키렌치는 위턱 방향으로 돌려서 사용한다.

49 작업장의 안전수칙 중 틀린 것은?

① 공구는 오래 사용하기 위하여 기름을 묻혀서 사용한다.
② 작업복과 안전장구는 반드시 착용한다.
③ 각종 기계를 불필요하게 공회전시키지 않는다.
④ 기계의 청소나 손질은 운전을 정지시킨 후 실시한다.

50 하인리히의 사고예방원리 5단계를 순서대로 나열한 것은?

① 조직, 사실의 발견, 평가분석, 시정책의 선정, 시정책의 적용
② 시정책의 적용, 조직, 사실의 발견, 평가분석, 시정책의 선정
③ 사실의 발견, 평가분석, 시정책의 선정, 시정책의 적용, 조직
④ 시정책의 선정, 시정책의 적용, 조직, 사실의 발견, 평가분석

51 자연발화가 일어나기 쉬운 조건으로 틀린 것은?

① 발열량이 클 때
② 주위온도가 높을 때
③ 착화점이 낮을 때
④ 표면적이 작을 때

52 2줄 걸이로 화물을 인양 시 인양각도가 커지면 로프에 걸리는 장력은?

① 감소한다.
② 증가한다.
③ 변화가 없다.
④ 장소에 따라 다르다.

53 화재발생으로 부득이 화염이 있는 곳을 통과할 때의 요령으로 틀린 것은?

① 몸을 낮게 엎드려서 통과한다.
② 물수건으로 입을 막고 통과한다.
③ 머리카락, 얼굴, 발, 손 등을 불과 닿지 않게 한다.
④ 뜨거운 김은 입으로 마시면서 통과한다.

54 작업장에서 수공구 재해예방 대책으로 잘못된 사항은?

① 결함이 없는 안전한 공구 사용
② 공구의 올바른 사용과 취급
③ 공구는 항상 오일을 바른 후 보관
④ 작업에 알맞은 공구 사용

55 다음 그림과 같은 안전 표지판이 나타내는 것은?

① 비상구
② 출입금지
③ 인화성물질 경고
④ 보안경 착용

56 산업재해 방지대책을 수립하기 위하여 위험요인을 발견하는 방법으로 가장 적합한 것은?

① 안전점검
② 경영층 참여와 안전조직 진단
③ 재해 사후조치
④ 안전대책회의

57 전력케이블이 매설돼 있음을 표시하기 위한 표지시트는 차도에서 지표면 아래 몇 cm 깊이에 설치되어 있는가?

① 10
② 30
③ 50
④ 100

58 도로 굴착 시 적색의 도시가스 보호포가 나왔다. 매설된 도시가스배관의 압력은?

① 중압 또는 저압
② 고압 또는 중압
③ 저압 또는 고압
④ 배관압력에 관계없이 보호포 색상은 적색이다.

59 굴착공사 시 도시가스배관의 안전조치와 관련된 사항 중 다음 (   ) 안에 적합한 것은?

> 도시가스사업자는 굴착예정 지역의 매설배관 위치를 굴착공사자에게 알려 주어야 하며, 굴착공사자는 매설배관 위치를 매설배관 (㉠)의 지면에 (㉡) 페인트로 표시할 것

① ㉠ 직상부, ㉡ 황색
② ㉠ 우측부, ㉡ 황색
③ ㉠ 좌측부, ㉡ 적색
④ ㉠ 직하부, ㉡ 황색

60 그림과 같이 시가지에 있는 배전선로 A에는 보통 몇 V의 전압이 인가되고 있는가?

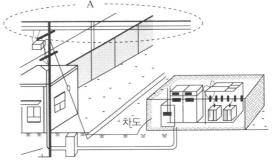

① 110V
② 220V
③ 440V
④ 22,900V

01 기관에서 피스톤의 행정이란?

① 피스톤의 길이

② 실린더 벽의 상하 길이

③ 상사점과 하사점과의 총면적

④ 상사점과 하사점과의 거리

02 압력식 라디에이터 캡에 있는 밸브는?

① 입력 밸브와 진공 밸브

② 압력 밸브와 진공 밸브

③ 입구 밸브와 출구 밸브

④ 압력 밸브와 메인 밸브

03 오일펌프에서 펌프량이 적거나 유압이 낮은 원인이 아닌 것은?

① 오일탱크에 오일이 너무 많을 때

② 펌프 흡입라인(여과망) 막힘이 있을 때

③ 기어와 펌프 내벽 사이 간격이 클 때

④ 기어 옆 부분과 펌프 내벽 사이 간격이 클 때

04 라디에이터 캡의 스프링이 파손되는 경우 발생하는 현상은?

① 냉각수 비등점이 높아진다.

② 냉각수 순환이 불량해진다.

③ 냉각수 순환이 빨라진다.

④ 냉각수 비등점이 낮아진다.

05 엔진오일의 작용에 해당되지 않는 것은?

① 오일제거작용

② 냉각작용

③ 응력분산작용

④ 방청작용

06 기관에서 작동 중인 엔진오일에 가장 많이 포함되는 이물질은?

① 유입먼지

② 금속분말

③ 산화물

④ 카본(Carbon)

07 실린더의 내경이 행정보다 작은 기관을 무엇이라고 하는가?

① 스퀘어기관
② 단행정기관
③ 장행정기관
④ 정방행정기관

08 유압식 밸브 리프터의 장점이 아닌 것은?

① 밸브간극은 자동으로 조절된다.
② 밸브 개폐시기가 정확하다.
③ 밸브구조가 간단하다.
④ 밸브기구의 내구성이 좋다.

09 디젤기관의 노크 방지 방법으로 틀린 것은?

① 세탄가가 높은 연료를 사용한다.
② 압축비를 높게 한다.
③ 흡기압력을 높게 한다.
④ 실린더 벽의 온도를 낮춘다.

10 다음 중 내연기관의 구비 조건으로 틀린 것은?

① 단위 중량당 출력이 작을 것
② 열효율이 높을 것
③ 저속에서 회전력이 작을 것
④ 점검 및 정비가 쉬울 것

11 디젤기관 연료장치의 구성품이 아닌 것은?

① 예열 플러그
② 분사노즐
③ 연료공급펌프
④ 연료여과기

12 피스톤과 실린더 사이의 간극이 너무 클 때 일어나는 현상은?

① 실린더의 소결
② 압축압력 증가
③ 기관 출력 향상
④ 윤활유 소비량 증대

13 기동전동기의 전기자코일을 시험하는 데 사용되는 시험기는?

① 전류계 시험기
② 전압계 시험기
③ 그롤러 시험기
④ 저항 시험기

16 디젤기관의 전기장치에 없는 것은?

① 스파크플러그
② 글로플러그
③ 축전지
④ 솔레노이드 스위치

14 축전지의 용량을 결정짓는 인자가 아닌 것은?

① 셀당 극판 수
② 극판의 크기
③ 단자의 크기
④ 전해액의 양

17 AC 발전기에서 전류가 발생되는 곳은?

① 여자 코일
② 레귤레이터
③ 스테이터 코일
④ 계자 코일

15 종합경보장치인 에탁스(ETACS)의 기능으로 가장 거리가 먼 것은?

① 간헐 와이퍼 제어 기능
② 뒷유리 열선 제어 기능
③ 감광 룸 램프 제어 기능
④ 메모리 파워시트 제어 기능

18 건설기계 기관에 사용되는 축전지의 가장 중요한 역할은?

① 주행 중 점화장치에 전류를 공급한다.
② 주행 중 등화장치에 전류를 공급한다.
③ 주행 중 발생하는 전기부하를 담당한다.
④ 기동장치의 전기적 부하를 담당한다.

19 기중기의 전부장치가 아닌 것은?

① 드래그라인
② 파일드라이버
③ 클램셸
④ 스캐리파이어

20 타이어식 건설기계의 휠 얼라인먼트에서 토인의 필요성이 아닌 것은?

① 조향바퀴의 방향성을 준다.
② 타이어의 이상마멸을 방지한다.
③ 조향바퀴를 평행하게 회전시킨다.
④ 바퀴가 옆방향으로 미끄러지는 것을 방지한다.

21 기중기에 대한 설명 중 옳은 것은?

① 붐의 각과 기중능력은 반비례한다.
② 붐의 길이와 운전반경은 반비례한다.
③ 상부 회전체의 최대 회전각은 270°이다.
④ 마스트 클러치가 연결되면 케이블 드럼에 축이 제일 먼저 회전한다.

22 클러치의 필요성으로 틀린 것은?

① 전·후진을 위해
② 관성운동을 하기 위해
③ 기어변속 시 기관의 동력을 차단하기 위해
④ 기관 시동 시 기관을 무부하 상태로 하기 위해

23 타이어식 건설기계에서 전후 주행이 되지 않을 때 점검하여야 할 곳으로 틀린 것은?

① 타이로드 엔드를 점검한다.
② 변속 장치를 점검한다.
③ 유니버설 조인트를 점검한다.
④ 주차 브레이크 잠김 여부를 점검한다.

24 기중기에서 와이어로프의 조기마모 원인이 아닌 것은?

① 활차의 크기 부적당
② 규격이 맞지 않는 것 사용
③ 계속적인 심한 과부하
④ 윈치 모터의 작동 불량

25 타이어식 건설기계에서 조향 바퀴의 토인을 조정하는 것은?

① 핸 들
② 타이로드
③ 웜기어
④ 드래그링크

26 트럭식 기중기에서 유압 액추에이터가 작동하지 않는 원인으로 틀린 것은?

① 유압펌프의 고장
② 유량 부족
③ 흡입 파이프 호스의 막힘 또는 파손
④ 릴리프밸브의 설정압 과대

27 도로교통법령상 교통안전표지의 종류를 올바르게 나열한 것은?

① 교통안전표지는 주의, 규제, 지시, 안내, 교통표지로 되어 있다.
② 교통안전표지는 주의, 규제, 지시, 보조, 노면표지로 되어 있다.
③ 교통안전표지는 주의, 규제, 지시, 안내, 보조표지로 되어 있다.
④ 교통안전표지는 주의, 규제, 안내, 보조, 통행표지로 되어 있다.

28 건설기계 안전기준에 관한 규칙상 건설기계 높이의 정의로 옳은 것은?

① 앞 차축의 중심에서 건설기계의 가장 윗부분까지의 최단거리
② 작업장치를 부착한 자체중량 상태의 건설기계의 가장 위쪽 끝이 만드는 수평면으로부터 지면까지의 최단거리
③ 뒷바퀴의 윗부분에서 건설기계의 가장 윗부분까지의 수직 최단거리
④ 지면에서부터 적재할 수 있는 최고의 최단거리

29 다음 중 도로교통법을 위반한 경우는?

① 밤에 교통이 빈번한 도로에서 전조등을 계속 하향했다.
② 낮에 어두운 터널 속을 통과할 때 전조등을 켰다.
③ 소방용 방화 물통으로부터 10m 지점에 주차하였다.
④ 노면이 얼어붙은 곳에서 최고속도의 10/100을 줄인 속도로 운행했다.

30 건설기계관리법령상 국토교통부령으로 정하는 바에 따라 등록번호표를 부착 및 봉인하지 않은 건설기계를 운행하여서는 아니 된다. 이를 1차 위반했을 경우의 과태료는?(단, 임시번호표를 부착한 경우는 제외한다)

① 5만원
② 10만원
③ 50만원
④ 100만원

31 제1종 운전면허를 받을 수 없는 사람은?

① 두 눈의 시력이 각각 0.5 이상인 사람
② 대형면허를 취득하려는 경우 보청기를 착용하지 않고 55dB의 소리를 들을 수 있는 사람
③ 두 눈을 동시에 뜨고 잰 시력이 0.1인 사람
④ 붉은색, 녹색 및 노란색을 구별할 수 있는 사람

32 건설기계에서 등록의 경정은 어느 때 하는가?

① 등록을 행한 후에 그 등록에 관하여 착오 또는 누락이 있음을 발견한 때
② 등록을 행한 후에 소유권이 이전되었을 때
③ 등록을 행한 후에 등록지가 이전되었을 때
④ 등록을 행한 후에 소재지가 변동되었을 때

33 건설기계소유자 또는 점유자가 건설기계를 도로에 계속하여 버려두거나 정당한 사유 없이 타인의 토지에 버려둔 경우의 처벌은?

① 1년 이하의 징역 또는 500만원 이하의 벌금
② 1년 이하의 징역 또는 400만원 이하의 벌금
③ 1년 이하의 징역 또는 1,000만원 이하의 벌금
④ 1년 이하의 징역 또는 200만원 이하의 벌금

34 정차 방법으로 옳은 것은?

① 차체의 전단부를 도로 중앙을 향하도록 비스듬히 정차한다.
② 진행방향의 반대방향으로 정차한다.
③ 일방통행로에서 좌측단에 정차한다.
④ 진행방향과 평행하게 도로의 우측단에 정차한다.

35 건설기계관리법령에서 건설기계의 주요구조 변경 및 개조의 범위에 해당하지 않는 것은?

① 기종변경
② 원동기의 형식변경
③ 유압장치의 형식변경
④ 동력전달장치의 형식변경

36 시 · 도지사로부터 등록번호표제작통지 등에 관한 통지서를 받은 건설기계소유자는 받은 날부터 며칠 이내에 등록번호표 제작자에게 제작 신청을 하여야 하는가?

① 3일
② 10일
③ 20일
④ 30일

37 유압모터의 특징을 설명한 것으로 틀린 것은?

① 관성력이 크다.
② 구조가 간단하다.
③ 무단변속이 가능하다.
④ 자동 원격조작이 가능하다.

38 체크밸브를 나타낸 것은?

①
②
③
④

39 유압회로 내의 밸브를 갑자기 닫았을 때, 오일의 속도에너지가 압력에너지로 변하면서 일시적으로 큰 압력증가가 생기는 현상을 무엇이라 하는가?

① 캐비테이션(Cavitation) 현상
② 서지(Surge) 현상
③ 채터링(Chattering) 현상
④ 에어레이션(Aeration) 현상

40 유압으로 작동되는 작업 장치에서 작업 중 힘이 떨어질 때의 원인과 가장 밀접한 밸브는?

① 메인 릴리프밸브
② 체크밸브
③ 방향전환밸브
④ 메이크업밸브

41 유압회로에서 유량제어를 통하여 작업속도를 조절하는 방식에 속하지 않는 것은?

① 미터인(Meter-in) 방식
② 미터아웃(Meter-out) 방식
③ 블리드오프(Bleed-off) 방식
④ 블리드온(Bleed-on) 방식

42 유압유의 점도가 지나치게 높았을 때 나타나는 현상이 아닌 것은?

① 오일 누설이 증가한다.
② 유동저항이 커져 압력손실이 증가한다.
③ 동력손실이 증가하여 기계효율이 감소한다.
④ 내부마찰이 증가하고 압력이 상승한다.

43 유압장치에 사용되는 펌프가 아닌 것은?

① 기어펌프
② 원심펌프
③ 베인펌프
④ 플런저펌프

44 유압펌프 내의 내부 누설은 무엇에 반비례하여 증가하는가?

① 작동유의 오염
② 작동유의 점도
③ 작동유의 압력
④ 작동유의 온도

45 유압장치에서 금속가루 또는 불순물을 제거하기 위해 사용되는 부품으로 짝지어진 것은?

① 스크레이퍼와 필터
② 여과기와 어큐뮬레이터
③ 필터와 스트레이너
④ 어큐뮬레이터와 스트레이너

46 유압펌프에서 발생한 유압을 저장하고 맥동을 제거시키는 것은?

① 어큐뮬레이터
② 언로더밸브
③ 릴리프밸브
④ 스트레이너

47 중량물 운반 시 안전사항으로 틀린 것은?

① 크레인은 규정용량을 초과하지 않는다.
② 화물을 운반할 경우에는 운전반경 내를 확인한다.
③ 무거운 물건을 상승시킨 채 오랫동안 방치하지 않는다.
④ 흔들리는 화물은 사람이 승차하여 붙잡도록 한다.

48 수공구 사용 시 유의사항으로 맞지 않는 것은?

① 무리한 공구 취급을 금한다.
② 토크렌치는 볼트를 풀 때 사용한다.
③ 수공구는 사용법을 숙지하여 사용한다.
④ 공구를 사용하고 나면 일정한 장소에 관리, 보관한다.

49 작업장의 사다리식 통로를 설치하는 관련 법상 틀린 것은?

① 견고한 구조로 할 것
② 발판의 간격은 일정하게 할 것
③ 사다리가 넘어지거나 미끄러지는 것을 방지하기 위한 조치를 할 것
④ 사다리식 통로의 길이가 10m 이상인 때에는 접이식으로 설치할 것

50 작업을 위한 공구관리의 요건으로 가장 거리가 먼 것은?

① 공구별로 장소를 지정하여 보관할 것
② 공구는 항상 최소 보유량 이하로 유지할 것
③ 공구 사용 점검 후 파손된 공구는 교환할 것
④ 사용한 공구는 항상 깨끗이 한 후 보관할 것

51 가스 용접 시 사용되는 산소용 호스는 어떤 색인가?

① 적 색
② 황 색
③ 녹 색
④ 청 색

52 벨트에 대한 안전사항으로 틀린 것은?

① 벨트의 이음쇠는 돌기가 없는 구조로 한다.
② 벨트를 걸 때나 벗길 때에는 기계를 정지한 상태에서 실시한다.
③ 벨트가 풀리에 감겨 돌아가는 부분은 커버나 덮개를 설치한다.
④ 바닥면으로부터 2m 이내에 있는 벨트는 덮개를 제거한다.

53 공장 내 작업 안전수칙으로 옳은 것은?

① 기름걸레나 인화물질은 철재 상자에 보관한다.
② 공구나 부속품을 닦을 때에는 휘발유를 사용한다.
③ 차가 잭에 의해 올려져 있을 때는 직원 외에는 차내 출입을 삼간다.
④ 높은 곳에서 작업 시 훅을 놓치지 않게 잘 잡고, 체인 블록을 이용한다.

54 산업안전보건법령상 안전보건표지에서 색채와 용도가 틀리게 짝지어진 것은?

① 파란색 : 지시
② 녹색 : 안내
③ 노란색 : 위험
④ 빨간색 : 금지, 경고

55 소화방식의 종류 중 주된 작용이 질식소화에 해당하는 것은?

① 강화액
② 호스방수
③ 에어 폼
④ 스프링클러

56 소화설비 선택 시 고려하여야 할 사항이 아닌 것은?

① 작업의 성질
② 작업자의 성격
③ 화재의 성질
④ 작업장의 환경

57 다음 그림에서 A는 배전선로에서 전압을 변환하는 기기이다. A의 명칭으로 옳은 것은?

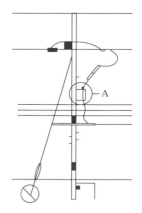

① 현수애자
② 컷아웃스위치(COS)
③ 아킹 혼(Arcing Horn)
④ 주상변압기(PTr)

58 도시가스가 공급되는 지역에서 굴착공사 중에 그림과 같은 것이 발견되었다. 이것은 무엇인가?

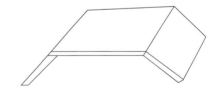

① 보호포
② 보호판
③ 라인마크
④ 가스누출 검지공

59 노출된 가스배관의 길이가 몇 m 이상인 경우에 기준에 따라 점검통로 및 조명시설을 설치하여야 하는가?

① 10
② 15
③ 20
④ 30

60 6,600V 고압전선로 주변에서 굴착 시 안전작업 조치사항으로 가장 올바른 것은?

① 버킷과 붐의 길이는 무시해도 된다.
② 전선에 버킷이 근접하는 것은 괜찮다.
③ 고압전선에 붐이 근접하지 않도록 한다.
④ 고압전선에 장비가 직접 접촉하지 않으면 작업을 할 수 있다.

정답 및 해설 p.207

01 특별표지판 부착 대상인 대형 건설기계가 아닌 것은?

① 길이가 15m인 건설기계
② 너비가 2.8m인 건설기계
③ 높이가 6m인 건설기계
④ 총중량 45ton인 건설기계

02 건설기계의 구조변경 가능 범위에 속하지 않는 것은?

① 수상작업용 건설기계 선체의 형식변경
② 적재함의 용량 증가를 위한 변경
③ 건설기계의 깊이, 너비, 높이 변경
④ 조종장치의 형식변경

03 건설기계 운전자가 조종 중 고의로 인명피해를 입히는 사고를 일으켰을 때 면허처분 기준은?

① 면허취소
② 면허효력 정지 30일
③ 면허효력 정지 20일
④ 면허효력 정지 10일

04 건설기계 등록번호표의 표시내용이 아닌 것은?

① 기 종
② 등록번호
③ 등록관청
④ 장비 연식

05 성능이 불량하거나 사고가 자주 발생하는 건설기계의 안전성 등을 점검하기 위하여 실시하는 심사는?

① 예비검사
② 구조변경검사
③ 수시검사
④ 정기검사

06 건설기계의 등록 전에 임시운행 사유에 해당되지 않는 것은?

① 장비 구입 전 이상 유무 확인을 위해 1일간 예비 운행을 하는 경우
② 등록신청을 하기 위하여 건설기계를 등록지로 운행하는 경우
③ 수출을 하기 위하여 건설기계를 선적지로 운행하는 경우
④ 신개발 건설기계를 시험·연구의 목적으로 운행하는 경우

07 코먼레일 디젤기관의 연료장치 시스템에서 출력요소는?

① 공기 유량 센서
② 인젝터
③ 엔진 ECU
④ 브레이크 스위치

08 기동전동기 구성품 중 자력선을 형성하는 것은?

① 전기자
② 계자코일
③ 슬립링
④ 브러시

09 디젤기관의 예열장치에서 코일형 예열 플러그와 비교한 실드형 예열 플러그의 설명 중 틀린 것은?

① 발열량이 크고 열용량도 크다.
② 예입 플러그들 사이의 회로는 병렬로 결선되어 있다.
③ 기계적 강도 및 가스에 의한 부식에 약하다.
④ 예열 플러그 하나가 단선되어도 나머지는 작동된다.

10 엔진오일이 연소실로 올라오는 주된 이유는?

① 피스톤링 마모
② 피스톤핀 마모
③ 커넥팅로드 마모
④ 크랭크축 마모

11 4행정 기관에서 1사이클을 완료할 때 크랭크축은 몇 회전하는가?

① 1회전
② 2회전
③ 3회전
④ 4회전

12 축전지의 전해액으로 알맞은 것은?

① 순수한 물
② 과산화납
③ 해면상납
④ 묽은황산

13 디젤기관 연료여과기에 설치된 오버플로 밸브(Overflow Valve)의 기능이 아닌 것은?

① 여과기 각 부분 보호
② 연료공급펌프 소음 발생 억제
③ 운전 중 공기 배출 작용
④ 인젝터의 연료 분사시기 제어

14 교류발전기의 다이오드가 하는 역할은?

① 전류를 조정하고, 교류를 정류한다.
② 전압을 조정하고, 교류를 정류한다.
③ 교류를 정류하고, 역류를 방지한다.
④ 여자전류를 조정하고, 역류를 방지한다.

15 라디에이터(Radiator)에 대한 설명으로 틀린 것은?

① 라디에이터의 재료 대부분은 알루미늄 합금이 사용된다.
② 단위면적당 방열량이 커야 한다.
③ 냉각효율을 높이기 위해 방열판이 설치된다.
④ 공기 흐름저항이 커야 냉각효율이 높다.

16 디젤기관의 연소실 중 연료소비율이 낮으며, 연소 압력이 가장 높은 연소실 형식은?

① 예연소실식
② 와류실식
③ 직접분사실식
④ 공기실식

17 유압장치에서 방향제어밸브에 대한 설명으로 틀린 것은?

① 유체의 흐름 방향을 변환한다.
② 액추에이터의 속도를 제어한다.
③ 유체의 흐름 방향을 한쪽으로 허용한다.
④ 유압실린더나 유압모터의 작동 방향을 바꾸는 데 사용된다.

18 유압펌프가 작동 중 소음이 발생할 때의 원인으로 틀린 것은?

① 펌프 축의 편심 오차가 크다.
② 펌프 흡입관 접합부로부터 공기가 유입된다.
③ 릴리프밸브 출구에서 오일이 배출되고 있다.
④ 스트레이너가 막혀 흡입용량이 너무 작아졌다.

19 자체중량에 의한 자유낙하 등을 방지하기 위하여 회로에 배압을 유지하는 밸브는?

① 감압밸브
② 체크밸브
③ 릴리프밸브
④ 카운터밸런스밸브

20 다음 유압기호가 나타내는 것은?

① 릴리프밸브
② 감압밸브
③ 순차밸브
④ 무부하밸브

21 유압모터의 종류에 포함되지 않는 것은?

① 기어형
② 베인형
③ 플런저형
④ 터빈형

22 유압장치에 사용되는 오일 실(Seal)의 종류 중 O-링이 갖추어야 할 조건은?

① 체결력이 작을 것
② 압축변형이 작을 것
③ 작동 시 마모가 클 것
④ 오일의 입·출입이 가능할 것

23 유압장치에서 작동 및 움직임이 있는 곳의 연결관으로 적합한 것은?

① 플렉시블 호스
② 구리 파이프
③ 강 파이프
④ PVC 호스

24 건설기계의 유압장치를 가장 적절히 표현한 것은?

① 오일을 이용하여 전기를 생산하는 것
② 기체를 액체로 전환시키기 위해 압축하는 것
③ 오일의 연소에너지를 통해 동력을 생산하는 것
④ 오일의 유체에너지를 이용하여 기계적인 일을 하는 것

25 유압계통에 사용되는 오일의 점도가 너무 낮을 경우 나타날 수 있는 현상이 아닌 것은?

① 시동 저항 증가
② 펌프 효율 저하
③ 오일 누설 증가
④ 유압회로 내 압력 저하

26 제동 유압장치의 작동원리는 어느 이론에 바탕을 둔 것인가?

① 열역학 제1법칙
② 보일의 법칙
③ 파스칼의 원리
④ 가속도 법칙

27 전기기기에 의한 감전 사고를 막기 위하여 필요한 설비로 가장 중요한 것은?

① 접지설비
② 방폭등 설비
③ 고압계 설비
④ 대지전위 상승 설비

28 유류화재 시 소화방법으로 부적절한 것은?

① 모래를 뿌린다.
② 다량의 물을 부어 끈다.
③ ABC소화기를 사용한다.
④ B급 화재 소화기를 사용한다.

29 소화 작업의 기본요소가 아닌 것은?

① 가연물질을 제거하면 된다.
② 산소를 차단하면 된다.
③ 점화원을 제거시키면 된다.
④ 연료를 기화시키면 된다.

30 밀폐된 공간에서 엔진을 가동할 때 가장 주의해야 할 사항은?

① 소음으로 인한 추락
② 배출가스 중독
③ 진동으로 인한 직업병
④ 작업 시간

31 벨트를 교체할 때 기관의 상태는?

① 고속상태
② 중속상태
③ 저속상태
④ 정지상태

32 진동 장애의 예방대책이 아닌 것은?

① 실외작업을 한다.
② 저진동 공구를 사용한다.
③ 진동업무를 자동화한다.
④ 방진장갑과 귀마개를 착용한다.

33 화재 및 폭발의 우려가 있는 가스발생장치 작업장에서 지켜야 할 사항으로 맞지 않는 것은?

① 불연성 재료 사용금지
② 화기 사용금지
③ 인화성물질 사용금지
④ 점화원이 될 수 있는 기재 사용금지

34 해머작업 시 틀린 것은?

① 장갑을 끼지 않는다.
② 작업에 알맞은 무게의 해머를 사용한다.
③ 해머는 처음부터 힘차게 때린다.
④ 자루가 단단한 것을 사용한다.

35 다음 중 드라이버 사용방법으로 틀린 것은?

① 날 끝 홈의 폭과 깊이가 같은 것을 사용한다.
② 전기 작업 시 자루는 모두 금속으로 되어 있는 것을 사용한다.
③ 날 끝이 수평이어야 하며, 둥글거나 빠진 것은 사용하지 않는다.
④ 작은 공작물이라도 한손으로 잡지 않고 바이스 등으로 고정하고 사용한다.

36 크레인으로 무거운 물건을 위로 달아 올릴 때 주의할 점이 아닌 것은?

① 달아 올릴 때 화물의 무게를 파악하여 제한하중 이하에서 작업한다.
② 매달린 화물이 불안전하다고 생각될 때는 작업을 중지한다.
③ 신호의 규정이 없으므로 작업자가 적절히 한다.
④ 신호자의 신호에 따라 작업한다.

37 화물 인양 시 줄걸이용 와이어로프에 장력이 걸렸을 때, 일단 정지하여 점검해야 할 내용이 아닌 것은?

① 장력의 배분은 맞는지 확인한다.
② 와이어로프의 종류와 규격을 확인한다.
③ 화물이 파손될 우려는 없는지 확인한다.
④ 장력이 걸리지 않은 로프는 없는지 확인한다.

38 권상용 드럼에 플리트(Fleet) 각도를 두는 이유는?

① 드럼의 균열 방지
② 드럼의 역회전 방지
③ 와이어로프의 부식 방지
④ 와이어로프가 엇갈려서 겹쳐 감김을 방지

39 기중기에 대한 설명 중 틀린 것을 모두 고른 것은?

ㄱ. 붐의 각과 기중능력은 반비례한다.
ㄴ. 붐의 길이와 작업반경은 반비례한다.
ㄷ. 상부회전체의 최대 회전각은 270°이다.

① ㄱ, ㄴ
② ㄱ, ㄷ
③ ㄴ, ㄷ
④ ㄱ, ㄴ, ㄷ

40 기중기의 드래그라인 작업방법으로 틀린 것은?

① 도랑을 팔 때 경사면이 크레인 앞쪽에 위치하도록 한다.
② 굴착력을 높이기 위해 버킷 투스를 날카롭게 연마한다.
③ 기중기 앞에 작업한 토사를 쌓아 놓지 않는다.
④ 드래그 베일 소켓을 페어리드 쪽으로 당긴다.

41 그림과 같이 기중기에 부착된 작업 장치는?

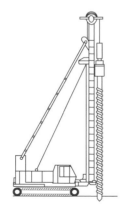

① 클램셸
② 백 호
③ 파일드라이버
④ 훅

42 기중기의 붐 각을 40°에서 60°로 조작하였을 때의 설명으로 옳은 것은?

① 붐의 길이가 짧아진다.
② 입체하중이 작아진다.
③ 작업반경이 작아진다.
④ 기중능력이 작아진다.

43 과권 방지장치의 설치 위치 중 맞는 것은?

① 붐 끝단 시브와 훅 블록 사이
② 메인 윈치와 붐 끝단 시브 사이
③ 겐트리시브와 붐 끝단 시브 사이
④ 붐 하부 풋 핀과 상부 선회체 사이

44 다음 중 기중기 작업 시 후방전도 위험상황으로 가장 거리가 먼 것은?

① 급경사로 내려올 때
② 붐의 기복각도가 큰 상태에서 기중기를 앞으로 이동할 때
③ 붐의 기복각도가 큰 상태에서 급가속으로 양중할 때
④ 양중물을 갑자기 해제하여 반력이 붐의 후방으로 발생할 경우

45 기중기 작업 전 점검해야 할 안전장치가
아닌 것은?

① 과부하 방지장치
② 붐 과권장치
③ 훅 과권장치
④ 어큐뮬레이터

46 기중기에서 와이어로프 드럼에 주로 쓰이
는 작업 브레이크의 형식은?

① 내부 수축식
② 내부 확장식
③ 외부 확장식
④ 외부 수축식

47 기중기를 트레일러에 상차하는 방법을 설
명한 것으로 틀린 것은?

① 흔들리거나 미끄러져 전도되지 않도록
고정한다.
② 붐을 분리시키기 어려운 경우 낮고, 짧
게 유지시킨다.
③ 최대한 무거운 카운터웨이트를 부착하
여 상차한다.
④ 아우트리거는 완전히 집어넣고 상차
한다.

48 기중기에서 선회장치의 회전중심을 지나
는 수직선과 훅의 중심을 지나는 수직선
사이의 최단거리를 무엇이라 하는가?

① 붐의 각
② 붐의 중심축
③ 작업 반경
④ 선회 중심축

49 와이어로프가 이탈되는 것을 방지하기 위
해 훅에 설치된 안전장치는?

① 해지장치
② 걸림장치
③ 이송장치
④ 스위블장치

50 장비가 있는 장소보다 높은 곳의 굴착에
적합한 기중기의 작업 장치는?

① 훅
② 셔 블
③ 드래그라인
④ 파일드라이버

51 기중기의 주행 중 유의사항으로 틀린 것은?

① 언덕길을 올라갈 때는 가능한 붐을 세운다.
② 기중기를 주행할 때는 선회 로크(Lock)를 고정시킨다.
③ 타이어식 기중기를 주차할 경우 반드시 주차브레이크를 걸어 둔다.
④ 고압선 아래를 통과할 때는 충분한 간격을 두고 신호자의 지시에 따른다.

52 타이어식 기중기에서 브레이크 장치의 유압회로에 베이퍼 로크가 생기는 원인이 아닌 것은?

① 마스터 실린더 내외 잔압 저하
② 비점이 높은 브레이크 오일 사용
③ 드럼과 라이닝의 끌림에 의한 가열
④ 긴 내리막길에서 과도한 브레이크 사용

53 와이어로프의 구성요소 중 심강(Core)의 역할에 해당하지 않는 것은?

① 충격 흡수
② 마멸 방지
③ 부식 방지
④ 풀림 방지

54 기중기 작업 장치 중 디젤해머로 할 수 있는 작업은?

① 파일 항타
② 수중 굴착
③ 수직 굴토
④ 와이어로프 감기

55 화물의 하중을 직접 지지하는 와이어로프의 안전계수는?

① 4 이상
② 5 이상
③ 8 이상
④ 10 이상

56 기중기에 아우트리거를 설치 시 가장 나중에 해야 하는 일은?

① 아우트리거 고정 핀을 빼낸다.
② 모든 아우트리거 실린더를 확장한다.
③ 기중기가 수평이 되도록 정렬시킨다.
④ 모든 아우트리거 빔을 원하는 폭이 되도록 연장시킨다.

57 도로교통법상 모든 차의 운전자가 서행하여야 하는 장소에 해당하지 않는 것은?

① 도로가 구부러진 부근
② 비탈길의 고개 마루 부근
③ 편도 2차로 이상의 다리 위
④ 가파른 비탈길의 내리막

58 그림의 교통안전표지는?

① 좌·우회전표지
② 좌·우회전금지표지
③ 양측방 일방통행표지
④ 양측방 통행금지표지

59 도로교통법상에서 정의된 긴급자동차가 아닌 것은?

① 응급 전신·전화 수리공사에 사용되는 자동차
② 긴급한 경찰업무수행에 사용되는 자동차
③ 위독환자의 수혈을 위한 혈액 운송 차량
④ 학생운송 전용버스

60 승차 또는 적재의 방법과 제한에서 운행상의 안전기준을 넘어서 승차 및 적재가 가능한 경우는?

① 도착지를 관할하는 경찰서장의 허가를 받은 때
② 출발지를 관할하는 경찰서장의 허가를 받은 때
③ 관할 시·군수의 허가를 받은 때
④ 동·읍 면장의 허가를 받은 때

⟳ 정답 및 해설 **p.213**

01 디젤기관에서 시동이 되지 않는 원인으로 가장 알맞은 것은?

① 연료공급 펌프의 연료공급 압력이 높다.
② 디젤 연료의 착화점이 낮다.
③ 시동 시 크랭크축 회전속도가 너무 느리다.
④ 가속 페달을 깊숙이 밟고 시동하였다.

02 디젤기관에서 고속회전이 원활하지 못한 원인을 나열한 것이다. 틀린 것은?

① 연료의 압송 불량
② 축전지의 불량
③ 거버너 작용 불량
④ 분사시기 조정 불량

03 AC 발전기의 출력은 무엇을 변화시켜 조정하는가?

① 발전기의 회전속도
② 축전지 전압
③ 로터 전류
④ 스테이터 전류

04 기중기 붐 작업 시 운전반경이 작아지면 기중 능력은?

① 증 가
② 불 변
③ 감 소
④ 수시로 증·감소(변화)

05 기중기에 대한 다음 설명 중 옳은 것은?

① 붐의 각과 기중 능력은 반비례한다.
② 붐의 길이와 운전반경은 반비례한다.
③ 상부 회전체의 최대 회전각은 270°이다.
④ 마스트 클러치가 연결되면 케이블 드럼에 축이 제일 먼저 회전한다.

06 건설기계의 구조변경범위에 속하지 않는 것은?

① 건설기계의 길이, 너비, 높이 변경
② 적재함의 용량 증가를 위한 변경
③ 조종장치의 형식 변경
④ 수상작업용 건설기계 선체의 형식변경

07 교통사고가 발생하였을 때 가장 먼저 취할 조치는?

① 경찰 공무원에게 신고한 다음 피해자를 구호한다.
② 즉시 피해자 가족에게 알리고 합의한다.
③ 즉시 사상자를 구호하고 경찰 공무원에게 신고한다.
④ 승무원에게 사상자를 알리게 하고 회사에 알린다.

08 최고속도의 100분의 50을 줄인 속도로 운행하여야 할 경우가 아닌 것은?

① 눈이 20mm 이상 쌓인 때
② 비가 내려 노면에 습기가 있을 때
③ 노면이 얼어붙은 때
④ 폭우, 폭설, 안개 등으로 가시거리가 100m 이내인 때

09 유압계통의 최대압력을 제어하는 밸브는?

① 오리피스밸브
② 체크밸브
③ 릴리프밸브
④ 초크밸브

10 유압모터의 특징 중 가장 좋은 것은?

① 운동량을 자동으로 직선 조작을 할 수 있다.
② 넓은 범위의 변속장치를 조작할 수 있다.
③ 운동량을 직선으로 속도 조절이 용이하다.
④ 넓은 범위의 무단변속이 용이하다.

11 다음 작업 중 보안경을 착용해야 할 작업은?

① 기관분해 조립작업
② 배전기 탈부착 작업
③ 그라인더를 사용하는 작업
④ 오일펌프 정비작업

12 디젤기관에서 시동을 돕기 위해 설치된 부품으로 적당한 것은?

① 디퓨저
② 과급 장치
③ 히트레인지
④ 발전기

13 디젤기관의 진동 원인과 가장 거리가 먼 것은?

① 분사시기, 분사간격이 다르다.
② 각 피스톤의 중량 차가 크다.
③ 각 실린더의 분사압력과 분사량이 다르다.
④ 윤활 펌프의 유압이 높다.

14 전자제어 디젤 분사장치에서 연료를 제어하기 위해 센서로부터 각종 정보(가속페달의 위치, 기관속도, 분사시기, 흡기, 냉각수, 연료온도 등)를 입력받아 전기적 출력신호로 변환하는 것은?

① 자기진단(Self Diagnosis)
② 전자제어장치(ECU)
③ 컨트롤 슬리브 액추에이터
④ 컨트롤 로드 액추에이터

15 무한궤도식 장비에서 트랙 장력이 느슨해졌을 때 팽팽하게 조정하는 방법으로 맞는 것은?

① 기어오일을 주입하여 조정한다.
② 그리스를 주입하여 조정한다.
③ 엔진오일을 주입하여 조정한다.
④ 브레이크 오일을 주입하여 조정한다.

16 수공구 사용상의 재해 원인이 아닌 것은?

① 잘못된 공구 선택
② 사용법의 미숙지
③ 공구의 점검 소홀
④ 연마된 공구 사용

17 엔진 윤활유에 대하여 설명한 것 중 틀린 것은?

① 인화점은 낮은 것이 좋다.
② 유막이 끊어지지 않아야 한다.
③ 응고점은 낮은 것이 좋다.
④ 온도에 의하여 점도가 변하지 않아야 한다.

18 기중기의 작업에 대한 설명 중 맞는 것은?

① 파워 셔블은 지면보다 낮은 곳의 굴착에 사용되며, 지면보다 높은 곳의 굴착은 사용이 곤란하다.
② 드래그라인은 굴착력이 강하므로 주로 견고한 지반의 굴착에 사용된다.
③ 기중기의 감아올리는 속도는 드래그라인의 경우보다 빠르다.
④ 클램셸은 좁은 면적에서 깊은 굴착을 하는 경우나 높은 위치에서의 적재에 적합하다.

19 그림의 유압 기호는 무엇을 표시하는가?

① 오일쿨러
② 유압탱크
③ 유압펌프
④ 유압모터

20 베인펌프의 특징 중 맞지 않는 것은?

① 수명이 짧다.
② 맥동과 소음이 적다.
③ 간단하고 성능이 좋다.
④ 소형, 경량이다.

21 유압장치 내에 국부적인 높은 압력과 소음·진동이 발생하는 현상은?

① 캐비테이션
② 채터링
③ 오버 랩
④ 하이드롤릭 로크

22 기중기로 물건을 운반할 때 주의사항으로 틀린 것은?

① 규정 무게보다 초과하여 사용하여야 한다.
② 적재물이 떨어지지 않도록 한다.
③ 로프 등의 안전 여부를 항상 점검한다.
④ 선회작업 전에 작업반경을 확인한다.

23 부동액이 구비하여야 할 조건이 아닌 것은?

① 물과 쉽게 혼합될 것
② 침전물의 발생이 없을 것
③ 부식성이 없을 것
④ 비등점이 물보다 낮을 것

24 타이어식 건설기계의 종감속장치에서 열이 발생하고 있다. 그 원인으로 틀린 것은?

① 윤활유의 부족
② 종감속기어의 접촉상태 불량
③ 오일의 오염
④ 종감속기 하우징 볼트의 과도한 조임

25 수공구 취급 시 지켜야 할 안전수칙으로 옳은 것은?

① 줄질 후 쇳가루는 입으로 불어 낸다.
② 해머작업 시 손에 장갑을 끼고 한다.
③ 사용 전에 충분한 사용법을 숙지하고 익히도록 한다.
④ 큰 회전력이 필요한 경우 스패너에 파이프를 끼워서 사용한다.

26 풀리에 벨트를 걸거나 벗길 때 안전하게 하기 위한 작동상태는?

① 중속인 상태
② 정지한 상태
③ 역회전 상태
④ 고속인 상태

27 노킹이 발생하였을 때 기관에 미치는 영향은?

① 압축비가 커진다.
② 제동마력이 커진다.
③ 기관이 과열될 수 있다.
④ 기관의 출력이 향상된다.

28 건설기계등록번호표를 가리거나 훼손하여 알아보기 곤란하게 한 자 또는 그러한 건설기계를 운행한 자에게 부과하는 과태료로 옳은 것은?

① 50만원
② 100만원
③ 300만원
④ 1,000만원

29 케이블식 기중기의 드래그라인 점검·정비 시 작업안전상 잘못된 것은?

① 나무받침대 위에 버킷을 올려놓고 분해한다.
② 활차의 손상, 마멸 점검 시 부싱은 떼지 않은 채로 한다.
③ 활차 핀을 뺄 때 오일 실 파손에 주의한다.
④ 지브에서 활차를 분리한 다음 로프를 푼다.

30 와이어로프가 절단되거나 훅 블록이 시브와 충돌하는 것을 방지하는 것은?

① 과부하 방지장치
② 과권 방지장치
③ 전도 방지장치
④ 붐 전도 방지장치

31 기중기의 드래그라인 작업방법으로 틀린 것은?

① 도랑을 팔 때 경사면이 크레인 앞쪽에 위치하도록 한다.
② 굴착력을 높이기 위해 버킷 투스를 날카롭게 연마한다.
③ 기중기 앞에 작업한 토사를 쌓아 놓지 않는다.
④ 드래그 베일 소켓을 페어리드 쪽으로 당긴다.

32 다음 중 기중기의 작업 용도가 아닌 것은?

① 항타 작업
② 지균 작업
③ 기중 작업
④ 굴토 작업

33 기중기로 물건을 운반할 때 주의사항으로 틀린 것은?

① 규정 무게보다 초과하여 사용하여야 한다.
② 적재물이 떨어지지 않도록 한다.
③ 로프 등의 안전 여부를 항상 점검한다.
④ 선회작업 전에 작업반경을 확인한다.

34 클러치 용량에 대한 설명으로 틀린 것은?

① 엔진 회전력의 약 2~3배 정도 커야 한다.
② 용량이 너무 크면 연결 시 엔진이 정지하기 쉽다.
③ 용량이 너무 적으면 클러치가 미끄러진다.
④ 엔진 회전력보다 용량이 작아야 한다.

35 유압펌프에서 펌프량이 적거나 유압이 낮은 원인이 아닌 것은?

① 오일탱크에 오일이 너무 많을 때
② 펌프 흡입라인 막힘이 있을 때(여과망)
③ 기어와 펌프 내벽 사이 간격이 클 때
④ 기어 옆 부분과 펌프 내벽 사이 간격이 클 때

36 유압 작동부에서 오일이 누유되고 있을 때 가장 먼저 점검하여야 할 곳은?

① 피스톤
② 시 일
③ 기 어
④ 펌 프

37 작동유 온도 상승 시의 영향과 관계가 없는 것은?

① 열화를 촉진한다.
② 점도의 저하에 의해 누유되기 쉽다.
③ 유압펌프 등의 효율은 좋아진다.
④ 온도변화에 의해 유압기기가 열변형되기 쉽다.

38 유압펌프의 종류가 아닌 것은?

① 기어펌프
② 진공펌프
③ 베인펌프
④ 피스톤펌프

39 기어식 유압펌프에서 소음이 나는 원인이 아닌 것은?

① 오일량의 과다
② 펌프의 베어링 마모
③ 흡입 라인의 막힘
④ 오일의 과부족

40 유압조정밸브에서 조정 스프링의 장력이 클 때 나타나는 현상은?

① 채터링 현상이 생긴다.
② 플래터 현상이 생긴다.
③ 유압이 낮아진다.
④ 유압이 높아진다.

41 다음 설명 중 틀린 것은?

① 트랙 핀과 부싱을 뽑을 때는 유압프레스를 사용한다.

② 트랙 슈는 건지형, 수중형으로 구분된다.

③ 트랙은 링크, 부싱, 슈 등으로 구성되어 있다.

④ 트랙 정렬이 안 되면 링크 측면의 마모 원인이 된다.

42 다음 그림의 안전표지판이 나타내는 것은?

① 비상구

② 출입금지

③ 인화성물질 경고

④ 보안경 착용

43 축전지를 충전할 때 주의사항으로 맞지 않는 것은?

① 충전 시 전해액 주입구 마개는 모두 닫는다.

② 축전지는 사용하지 않아도 1개월에 1회 충전을 한다.

③ 축전지가 단락하여 불꽃이 발생하지 않게 한다.

④ 과충전하지 않는다.

44 기중기의 지브가 뒤로 넘어지는 것을 방지하기 위한 장치는?

① 브라이들 프레임

② 지브 백 스톱

③ 지브 전도 방지장치

④ A프레임

45 트랙의 하부 추진장치에 대한 조치사항으로 가장 거리가 먼 것은?

① 트랙의 장력은 25~30mm로 조정한다.

② 트랙 장력 조정은 그리스 주입식이 있다.

③ 마멸 및 균열 등이 있으면 교환한다.

④ 프레임이 휘면 프레스로 수정하여 사용한다.

46 하부 롤러, 링크 등 트랙 부품이 조기 마모되는 원인으로 옳은 것은?

① 일반 객토에서 작업하였을 때
② 트랙 장력이 너무 헐거울 때
③ 겨울철에 작업하였을 때
④ 트랙 장력이 너무 팽팽했을 때

47 유압장치의 부품을 교환한 후 우선 시행하여야 할 작업은?

① 최대 부하 상태의 운전
② 유압을 점검
③ 유압장치의 공기빼기
④ 유압 오일쿨러 청소

48 드라이버(Driver)의 올바른 사용법으로 가장 적절하지 않은 것은?

① 날 끝이 재료의 홈에 맞는 것을 사용한다.
② 공작물을 바이스(Vise)에 고정시킨다.
③ 강하게 조여 있는 작은 공작물은 손으로 단단히 잡고 조인다.
④ 전기 작업 시 절연된 손잡이를 사용한다.

49 스패너 렌치의 사용법이 잘못된 것은?

① 너트에 맞는 것을 사용한다.
② 스패너를 앞으로 당겨 돌린다.
③ 경미한 해머작업에 사용한다.
④ 파이프 피팅을 풀고, 조일 때 사용한다.

50 기중기의 붐이 하강하지 않는다. 그 원인에 해당하는 것은?

① 붐과 호이스트 레버를 하강 방향으로 같이 작용시켰기 때문이다.
② 붐에 큰 하중이 걸려 있기 때문이다.
③ 붐에 너무 낮은 하중이 걸려 있기 때문이다.
④ 붐 호이스트 브레이크가 풀리지 않는다.

51 기중기에서 항타 작업을 할 때 바운싱 (Bouncing)이 일어나는 원인과 가장 거리가 먼 것은?

① 파일이 장애물과 접촉할 때
② 증기 또는 공기량을 약하게 사용할 때
③ 2중 작동 해머를 사용할 때
④ 가벼운 해머를 사용할 때

52 감전사고 예방을 위한 주의사항으로 틀린 것은?

① 젖은 손으로는 전기기기를 만지지 않는다.
② 코드를 뺄 때는 반드시 플러그의 몸체를 잡고 뺀다.
③ 전력선에 물체를 접촉하지 않는다.
④ 220V는 단상이고, 저압이므로 생명의 위협은 없다.

53 타이어의 트레드에 대한 설명으로 가장 옳지 못한 것은?

① 트레드가 마모되면 구동력과 선회능력이 저하된다.
② 트레드가 마모되면 지면과 접촉면적이 크게 되어 마찰력이 크게 된다.
③ 타이어의 공기압이 높으면 트레드의 양단부보다 중앙부의 마모가 크다.
④ 트레드가 마모되면 열의 발산이 불량하게 된다.

54 작업상의 안전수칙으로 적합하지 않은 것은?

① 차를 받칠 때는 안전 잭이나 고임목으로 고인다.
② 벨트 등의 회전 부위에 주의한다.
③ 배터리액이 눈에 들어갔을 때는 알칼리 유로 씻는다.
④ 기관 시동 시에는 소화기를 비치한다.

55 도로교통법상 정차 및 주차의 금지 장소로 틀린 것은?

① 건널목의 가장자리
② 교차로의 가장자리
③ 횡단보도로부터 10m 이내인 곳
④ 버스정류장 표시판으로부터 20m 이내의 장소

56 소화설비를 설명한 내용으로 맞지 않는 것은?

① 포말소화설비는 저온압축한 질소가스를 방사시켜 화재를 진화한다.
② 분말소화설비는 미세한 분말소화제를 화염에 방사시켜 화재를 진화시킨다.
③ 물분무소화설비는 연소물의 온도를 인화점 이하로 냉각시키는 효과가 있다.
④ 이산화탄소소화설비는 질식작용에 의해 화염을 진화시킨다.

57 드릴작업 시 유의사항으로 잘못된 것은?

① 작업 중 칩 제거를 금지한다.
② 작업 중 면장갑 착용을 금한다.
③ 작업 중 보안경 착용을 금한다.
④ 균열이 있는 드릴은 사용을 금한다.

58 성능이 불량하거나 사고가 빈발한 건설기계에 대해 실시하는 검사는?

① 정기검사
② 예비검사
③ 구조변경검사
④ 수시검사

59 건설기계운전자가 운전위치를 이탈할 때 안전 측면에서 조치사항으로 가장 거리가 먼 것은?

① 작업을 일시 멈춘다.
② 원동기를 정지시킨다.
③ 브레이크를 확실히 건다.
④ 작업장치를 올리고 버팀목을 받친다.

60 중량물 운반에 대한 설명으로 틀린 것은?

① 무거운 물건을 운반할 경우 주위사람에게 인지하게 한다.
② 무거운 물건을 상승시킨 채 오랫동안 방치하지 않는다.
③ 규정 용량을 초과해서 운반하지 않는다.
④ 흔들리는 중량물은 사람이 붙잡아서 이동한다.

↻ **모의고사 p.103**

01	④	02	④	03	②	04	④	05	③	06	②	07	④	08	③	09	①	10	③
11	②	12	④	13	③	14	③	15	③	16	②	17	①	18	④	19	②	20	③
21	④	22	①	23	③	24	④	25	②	26	④	27	①	28	①	29	①	30	④
31	③	32	①	33	③	34	④	35	②	36	④	37	③	38	④	39	③	40	③
41	④	42	④	43	④	44	④	45	①	46	③	47	②	48	④	49	①	50	①
51	④	52	③	53	④	54	③	55	②	56	④	57	③	58	③	59	③	60	③

02 밸브 스프링이란 밸브가 닫혀 있는 동안 시트에 밀착되어 기밀을 유지하며, 캠의 형상대로 작동되도록 하는 스프링이다.

03 과급기는 강제로 압축한 공기를 연소실로 보내 더 많은 연료가 연소될 수 있도록 하여 엔진의 출력을 높이는 역할을 한다. 체적대비 출력 효율을 높이기 위한 목적을 가지고 있다.

04 **유압이 높아지거나 낮아지는 원인**

높아지는 원인	낮아지는 원인
• 유압조절밸브가 고착되었다. • 유압조절밸브 스프링의 장력이 매우 크다. • 오일 점도가 높거나(기관 온도가 낮을 때), 회로가 막혔다. • 각 저널과 베어링의 간극이 작다.	• 유압조절밸브의 접촉 불량 및 스프링의 장력이 약하다. • 오일이 연료 등으로 희석되어 점도가 낮다. • 저널 및 베어링의 마멸이 과대하다. • 오일통로에 공기가 유입되었다. • 오일펌프 설치 볼트의 조임이 불량하다. • 오일펌프의 마멸이 과대하다. • 오일통로의 파손 및 오일이 누출된다. • 오일 팬 내의 오일이 부족하다.

06 디젤기관은 점화장치가 없어 흔히 압축점화기관이라고 한다.

07 오일펌프는 크랭크축 또는 캠축에 의해 구동되어 오일팬 내의 오일을 흡입, 가압하여 각 윤활부에 공급하는 장치이다.

08 흡입행정은 외부에서 공기를 흡입하여 폭발에 사용하는 단계이다.

09 디젤 노크는 착화지연기간 중에 분사된 많은 양의 연료가 화염 전파기간 중에 일시적으로 연소되어 실린더 내의 압력이 급하게 상승하여 소음이 발생되는 현상이다.

10 노킹현상은 베어링의 융착 등에 의한 손상, 피스톤 및 배기밸브의 소손, 실린더의 마멸, 엔진의 과열, 출력 저하, 점화플러그의 소손에 영향을 미친다.

11 팬 벨트의 장력이 느슨할 때 기관이 과열된다.

12 고압연료계통은 고압연료펌프(압력제어밸브 부착), 고압연료라인, 코먼레일 압력센서, 압력제한밸브, 유량제한기, 인젝터 및 어큐뮬레이터로서의 코먼레일, 연료리턴라인으로 구성되어 있다.

13 플래셔 유닛에 결함이 있을 경우는 좌우 방향지시등의 점멸이 느린 원인이 된다.
※ 플래셔 유닛은 방향등으로의 전원을 주기적으로 끊어 주어 방향등이 점멸하게 하는 장치이다.

14 스테이터는 교류발전기에서 전류가 발생하는 구성품이다.

15 축전지에서 수소가스가 폭발할 수 있으므로 성냥, 라이터, 담배 등의 화기를 가까이하면 안 된다.

17 예열 플러그 회로는 디젤기관에만 있다.

18 **교류발전기의 구조** : 고정자(스테이터), 회전자(로터), 다이오드, 브러시, 팬 등으로 구성

20 클러치판이 마모될수록 자유 간극이 작아져 미끄러진다.

21 **작업하중** : 화물을 들어 올려 안전하게 작업할 수 있는 하중
※ 임계하중 : 기중기가 들 수 있는 하중과 들 수 없는 하중의 임계점 하중

23 **체크 밸브** : 연료의 압송이 정지될 때 체크밸브가 닫혀 연료 라인 내에 잔압을 유지시켜 고온 시 베이퍼 로크 현상을 방지하고 재시동성을 향상시킨다.

24 작업 브레이크(Operation Break)는 외부 수축식이 주로 사용된다. 이 브레이크는 케이블이 풀리지 않도록 하는 제동작용과 케이블을 감을 때(호이스트)와 풀 때(로어링)에는 제동이 풀리는 구조로 되어 있다.

26 **기중기의 규격표시** : 들어 올림 능력(ton)으로 한다.

27 **건설기계조종사면허와 조종할 수 있는 건설기계 (건설기계관리법 시행규칙 [별표 21])**
① 롤러 면허로 조종할 수 있는 건설기계 : 롤러, 모터그레이더, 스크레이퍼, 아스팔트피니셔, 콘크리트피니셔, 콘크리트살포기 및 골재살포기
②, ③ 도로교통법 시행규칙 [별표 18]
④ 건설기계관리법 시행규칙 제73조제2항

28 **차와 노면전차의 등화(도로교통법 제37조제1항)**
모든 차 또는 노면전차의 운전자는 다음의 어느 하나에 해당하는 경우에는 대통령으로 정하는 바에 따라 전조등(前照燈), 차폭등(車幅燈), 미등(尾燈)과 그 밖의 등화를 켜야 한다.
① 밤(해가 진 후부터 해가 뜨기 전까지를 말한다. 이하 같다)에 도로에서 차 또는 노면전차를 운행하거나 고장이나 그 밖의 부득이한 사유로 도로에서 차 또는 노면전차를 정차 또는 주차하는 경우
② 안개가 끼거나 비 또는 눈이 올 때에 도로에서 차 또는 노면전차를 운행하거나 고장이나 그 밖의 부득이한 사유로 도로에서 차 또는 노면전차를 정차 또는 주차하는 경우
③ 터널 안을 운행하거나 고장 또는 그 밖의 부득이한 사유로 터널 안 도로에서 차 또는 노면전차를 정차 또는 주차하는 경우
밤에 도로에서 차를 운행하는 경우 등의 등화(도로교통법 시행령 제19조제2항)
자동차(이륜자동차는 제외) : 자동차안전기준에서 정하는 미등 및 차폭등

29 시·도지사는 검사에 불합격된 건설기계에 대해서는 31일 이내의 기간을 정하여 해당 건설기계의 소유자에게 검사를 완료한 날(검사를 대행하게 한 경우에는 검사결과를 보고받은 날)부터 10일 이내에 정비명령을 해야 한다. 다만, 건설기계소유자의 주소 등을 통상적인 방법으로 확인할 수 없거나 통지가 불가능한 경우에는 해당 시·도의 공보 및 인터넷 홈페이지에 공고해야 한다(건설기계관리법 시행규칙 제31조제1항 전단).

30 미등록 건설기계의 임시운행 사유(건설기계관리법 시행규칙 제6조제1항)
- 등록신청을 하기 위하여 건설기계를 등록지로 운행하는 경우
- 신규등록검사 및 확인검사를 받기 위하여 건설기계를 검사장소로 운행하는 경우
- 수출을 하기 위하여 건설기계를 선적지로 운행하는 경우
- 수출을 하기 위하여 등록말소한 건설기계를 점검·정비의 목적으로 운행하는 경우
- 신개발 건설기계를 시험·연구의 목적으로 운행하는 경우
- 판매 또는 전시를 위하여 건설기계를 일시적으로 운행하는 경우

31 "건설기계사업"이란 건설기계대여업, 건설기계정비업, 건설기계매매업 및 건설기계해체재활용업을 말한다(건설기계관리법 제2조).

32 용어 정의(도로교통법 제2조)
"도로"란 다음에 해당하는 곳을 말한다.
- 도로법에 따른 도로
- 유료도로법에 따른 유료도로
- 농어촌도로 정비법에 따른 농어촌도로
- 그 밖에 현실적으로 불특정 다수의 사람 또는 차마(車馬)가 통행할 수 있도록 공개된 장소로서 안전하고 원활한 교통을 확보할 필요가 있는 장소

33 도로 또는 노상주차장에 정차하거나 주차하려고 하는 차의 운전자는 차를 차도의 우측 가장자리에 정차하는 등 대통령령으로 정하는 정차 또는 주차의 방법·시간과 금지사항 등을 지켜야 한다(도로교통법 제34조).

34 법 제33조제2항을 위반하여 건설기계를 세워 둔 자에게는 50만원 이하의 과태료를 부과한다(건설기계관리법 제44조제3항제12호).
건설기계관리법 제33조제2항
건설기계의 소유자 또는 점유자는 건설기계를 주택가 주변의 도로·공터 등에 세워 두어 교통소통을 방해하거나 소음 등으로 주민의 조용하고 평온한 생활환경을 침해하여서는 아니 된다.

35 "서행(徐行)"이란 운전자가 차 또는 노면전차를 즉시 정지시킬 수 있는 정도의 느린 속도로 진행하는 것을 말한다(도로교통법 제2조).

36 건설기계의 등록사항 중 변경사항이 있는 경우(건설기계관리법 제5조제1항)
그 소유자 또는 점유자는 대통령령으로 정하는 바에 따라 이를 시·도지사에게 신고하여야 한다.

37 경사판(Swash Plate) 각도를 조정하여 송출유량을 조정한다.

40 무단변속으로 회전수를 조정할 수 있다.

41 유압 작동유의 점도가 지나치게 낮을 때 유압실린더의 속도가 늦어지고, 오일 누설이 증가한다.

42 Mechanical Seal은 회전축에 수직으로 하는 2개의 섭동면을 가지는 단면 Seal이다.

44 구조가 복잡하므로 고장원인의 발견이 어렵다.

46 숨 돌리기 현상

공기가 실린더에 혼입되면 피스톤의 작동이 불량해져서 작동시간의 지연을 초래하는 현상으로 오일공급 부족과 서징이 발생한다.

47 배관을 도로 밑에 매설하는 경우 배관(보호판 또는 방호구조물에 의하여 배관을 보호하는 경우에는 당해 보호판 또는 방호구조물을 말한다)은 그 외면으로부터 다른 공작물에 대하여 0.3m 이상의 거리를 보유할 것. 다만, 배관의 외면에서 다른 공작물에 대하여 0.3m 이상의 거리를 보유하기 곤란한 경우로서 당해 공작물의 보전을 위하여 필요한 조치를 하는 경우에는 그러하지 아니하다(위험물안전관리법 시행규칙 [별표 15]).

51 후진 시에는 후진 전에 사람 및 장애물 등을 확인한다.

52 안전가드레일은 안전시설에 속한다.

55 물체가 떨어지거나 날아올 위험 또는 근로자가 떨어질 위험이 있는 작업에는 안전모를 사용한다.

56 방호장치의 일반원칙
- 작업방해의 제거
- 작업점의 방호
- 외관상의 안전화
- 기계특성에의 적합성

57 지상에 설치되어 있는 가스배관 외면에 반드시 표시해야 하는 사항은 가스명, 가스 흐름 방향, 최고사용압력 등이 있다.

58 특별고압 가공송전선로는 케이블의 냉각, 유지보수를 위하여 피복전선이 아닌 나선(나전선)으로 가설한다.

59 공동주택 부지 내 가스관 매설 깊이는 최소 1.2m로 황색의 가스 보호포가 나왔을 때는 바로 밑 0.4m 지점에 가스배관이 매설되어 있다.

↻ **모의고사 p.115**

01	④	02	①	03	①	04	②	05	④	06	③	07	②	08	②	09	④	10	①
11	③	12	①	13	③	14	①	15	④	16	④	17	③	18	①	19	④	20	②
21	②	22	②	23	②	24	②	25	③	26	④	27	④	28	③	29	④	30	②
31	④	32	③	33	②	34	③	35	④	36	④	37	③	38	①	39	①	40	④
41	④	42	③	43	③	44	②	45	③	46	④	47	③	48	①	49	①	50	②
51	①	52	④	53	①	54	①	55	②	56	①	57	①	58	②	59	①	60	③

01 인젝션 타이머는 분사시기 조정장치이다.

02 압력식 라디에이터 캡의 압력밸브는 냉각장치 내의 압력을 일정하게 유지하여 비등점을 112℃로 높여 주는 역할을 하며, 스프링이 파손되면 압력밸브의 밀착이 불량하여 비등점이 낮아진다.

03 디젤기관은 점화장치가 없으므로 연료공급을 차단하여 기관을 정지시킨다.

04 **실린더 벽이 마멸되었을 때 나타나는 현상**
• 엔진오일의 희석 및 소모량 증가
• 피스톤 슬랩 현상 발생
• 압축압력 저하 및 블로바이 가스 발생

05 점도가 높으면 마찰력이 높아지기 때문에 압력이 높아진다.

06 디젤기관은 가솔린기관보다 최고 회전수가 낮다.

07 실린더헤드의 볼트를 조일 때는 중심 부분에서 외측으로 토크 렌치를 이용하여 대각선으로 조인다.

08 **오일 냉각기**
• 작동유의 온도를 40~60℃ 정도로 유지시키고, 열화를 방지하는 역할을 한다.
• 슬러지 형성을 방지하고, 유막의 파괴를 방지한다.

09 가솔린이나 LPG 차량은 점화 플러그가 있어 연소를 도와주고, 디젤은 예열 플러그만 있다.

11 **분사노즐 시험기로 시험할 수 있는 목록**
• 후적의 유무상태 점검
• 분무상태 점검
• 분사각도 점검
• 분사개시압력 측정

13 건설기계의 발전기는 저속에서도 발생전압이 높고, 고속에서도 안정된 성능을 발휘해야 하므로 3상 교류발전기를 사용한다.

14 예열 플러그는 기온이 낮을 때 시동을 돕기 위한 것이다.

15 충전전류는 전해액 중의 물을 전기분해하여 양극판에서는 산소, 음극판에서는 수소를 발생시킨다.

16 양극 단자의 직경이 음극 단자의 직경보다 크다. 부식물이 많은 쪽이 양극이다.

17 일반적인 등화장치는 직렬연결법이 사용되나 전조등 회로는 병렬연결이다.

18 오버러닝 클러치의 기능
엔진이 기동되면 피니언 기어와 링 기어가 물린 상태이므로 기동전동기가 엔진에 의해 고속으로 회전하여 전기자, 베어링 및 브러시 등이 파손된다. 이를 방지하기 위하여 엔진이 기동된 다음에는 피니언 기어가 공전하여 기동전동기가 엔진에 의해 회전되지 않도록 하는 장치를 오버러닝 클러치라 한다.

20 작업반경(운전반경)이 커지면 기중 능력은 감소한다.

21 핸들(스티어링 휠)이 무거운 경우
• 타이어 공기압이 너무 적거나 규격에 맞지 않는 광폭타이어를 장착한 경우
• 파워핸들 오일이 부족한 경우
• 파워핸들 기어박스의 불량으로 오일순환이 제대로 되지 않을 경우
• 현가장치나 조향장치의 관련부품이 충격을 받아 휠 얼라인먼트에 변형이 생길 경우
• 조향장치의 전자제어 불량
• 스티어링 내에 공기가 유입된 경우

22 트랙 슈는 주유하지 않으나 상부 롤러, 아이들러, 하부 롤러에는 그리스를 주유한다.

23 밸런스 웨이트(균형추, 평형추) : 기중기의 안정상, 매달림 하중과 평형을 취하기 위해 뒷부분에 붙이는 추이다.

24 훅 조인트는 십자형 자재이음이라고도 하며, 구조가 간단하고, 작동도 확실하기 때문에 가장 많이 사용되고 있다.

25 광물성유 : 원유로 제조되며, 붉은색에 인화점이 낮아 과열되면 화재의 위험이 있다.

26 드래그라인(Drag Line)
• 수중 굴착작업이나 큰 운전반경을 요하는 지대에서 평면 굴토 작업에 사용
• 3개의 시브(활차 : Sheeve)로 되어 던져졌던 케이블이 드럼에 잘 감기도록 안내를 해 주는 장치인 페어리드(Fair-lead)를 두고 있다.

27 검사연기신청을 받은 시·도지사 또는 검사대행자는 그 신청일부터 5일 이내에 검사연기 여부를 결정하여 신청인에게 통지하여야 한다. 이 경우 검사연기 불허통지를 받은 자는 검사신청기간 만료일부터 10일 이내에 검사신청을 하여야 한다(건설기계관리법 시행규칙 제24조제2항).

28 건설기계조종사면허증의 반납(건설기계관리법 시행규칙 제80조제1항)
건설기계조종사면허를 받은 사람은 다음의 어느 하나에 해당하는 때에는 그 사유가 발생한 날부터 10일 이내에 시장·군수 또는 구청장에게 그 면허증을 반납해야 한다.
• 면허가 취소된 때
• 면허의 효력이 정지된 때
• 면허증의 재교부를 받은 후 잃어버린 면허증을 발견한 때

29 건설기계대여업을 등록하려는 자는 건설기계대여업등록신청서(전자문서로 된 등록신청서를 포함)에 서류(전자문서를 포함)를 첨부하여 건설기계대여업을 영위하는 사무소의 소재지를 관할하는 시장·군수 또는 구청장(자치구의 구청

장을 말한다)에게 제출하여야 한다(건설기계관리법 시행규칙 제57조제1항).

30 **1년 이하의 징역 또는 1,000만원 이하의 벌금(건설기계관리법 제41조)**
건설기계조종사면허가 취소되거나 건설기계조종사면허의 효력정지처분을 받은 후에도 건설기계를 계속하여 조종한 자

31 시 · 도지사 또는 검사대행자는 검사결과 해당 건설기계가 규정에 따른 검사기준에 적합하다고 인정하는 경우에는 건설기계검사증에 유효기간을 적어 발급해야 한다. 이 경우 유효기간의 산정은 정기검사신청기간까지 정기검사를 받은 경우에는 종전 검사유효기간 만료일의 다음 날부터, 그 외의 경우에는 검사를 신청한 날의 다음 날부터 기산한다(건설기계관리법 시행규칙 제23조 제5항).

32 **신호 또는 지시에 따를 의무(도로교통법 제5조 제2항)**
도로를 통행하는 보행자, 차마 또는 노면전차의 운전자는 교통안전시설이 표시하는 신호 또는 지시와 교통정리를 하는 경찰공무원 또는 경찰보조자(이하 "경찰공무원 등"이라 한다)의 신호 또는 지시가 서로 다른 경우에는 경찰공무원 등의 신호 또는 지시에 따라야 한다.

33 건설기계의 소유자는 건설기계를 도난당한 경우 해당하는 사유가 발생한 날부터 2개월 이내에 등록 말소를 신청하여야 한다(건설기계관리법 제6조).

34 **감속운행(도로교통법 시행규칙 제19조제2항)**
• 최고속도의 100분의 20을 줄인 속도로 운행하여야 하는 경우
 – 비가 내려 노면이 젖어 있는 경우
 – 눈이 20mm 미만 쌓인 경우

• 최고속도의 100분의 50을 줄인 속도로 운행하여야 하는 경우
 – 폭우 · 폭설 · 안개 등으로 가시거리가 100m 이내인 경우
 – 노면이 얼어붙은 경우
 – 눈이 20mm 이상 쌓인 경우

35 **정차 및 주차의 금지(도로교통법 제32조)**
모든 차의 운전자는 교차로 · 횡단보도 · 건널목이나 보도와 차도가 구분된 도로의 보도(주차장법에 따라 차도와 보도에 걸쳐서 설치된 노상주차장은 제외)에서는 차를 정차하거나 주차하여서는 아니 된다.

36 **교차로 통행방법(도로교통법 제25조)**
① 모든 차의 운전자는 교차로에서 우회전을 하려는 경우에는 미리 도로의 우측 가장자리를 서행하면서 우회전하여야 한다. 이 경우 우회전하는 차의 운전자는 신호에 따라 정지하거나 진행하는 보행자 또는 자전거 등에 주의하여야 한다.
② 모든 차의 운전자는 교차로에서 좌회전을 하려는 경우에는 미리 도로의 중앙선을 따라 서행하면서 교차로의 중심 안쪽을 이용하여 좌회전하여야 한다. 다만, 시 · 도경찰청장이 교차로의 상황에 따라 특히 필요하다고 인정하여 지정한 곳에서는 교차로의 중심 바깥쪽을 통과할 수 있다.
③ ②에도 불구하고 자전거 등의 운전자는 교차로에서 좌회전하려는 경우에는 미리 도로의 우측 가장자리로 붙어 서행하면서 교차로의 가장자리 부분을 이용하여 좌회전하여야 한다.
④ ①부터 ③까지의 규정에 따라 우회전이나 좌회전을 하기 위하여 손이나 방향지시기 또는 등화로써 신호를 하는 차가 있는 경우에 그 뒤차의 운전자는 신호를 한 앞차의 진행을 방해하여서는 아니 된다.

⑤ 모든 차 또는 노면전차의 운전자는 신호기로 교통정리를 하고 있는 교차로에 들어가려는 경우에는 진행하려는 진로의 앞쪽에 있는 차 또는 노면전차의 상황에 따라 교차로(정지선이 설치되어 있는 경우에는 그 정지선을 넘은 부분을 말한다)에 정지하게 되어 다른 차 또는 노면전차의 통행에 방해가 될 우려가 있는 경우에는 그 교차로에 들어가서는 아니 된다.

⑥ 모든 차의 운전자는 교통정리를 하고 있지 아니하고 일시정지나 양보를 표시하는 안전표지가 설치되어 있는 교차로에 들어가려고 할 때에는 다른 차의 진행을 방해하지 아니하도록 일시정지하거나 양보하여야 한다.

37 기호의 표시법은 한정되어 있는 것을 제외하고는 어떠한 방향이라도 좋으나, 90° 방향마다 쓰는 것이 바람직하다.

39 GPM이란 계통 내에서 이동되는 유체의 양을 표시할 때 사용하는 단위로 분당 유량단위 g/min을 뜻한다.

40 플러싱은 유압계통 내를 깨끗이 청소하는 것으로 노화를 방지하는 일이다.

42 화재의 분류
- A급 화재 : 일반(물질이 연소된 후 재를 남기는 일반적인 화재)화재
- B급 화재 : 유류(기름)화재
- C급 화재 : 전기화재
- D급 화재 : 금속화재

43 감전 위험이 발생할 우려가 있는 때에는 당해 근로자에게 절연용 보호구를 착용시켜야 한다.

45 장갑을 끼고 작업할 수 없는 작업
선반작업, 해머작업, 그라인더작업, 드릴작업 등

46 벨트를 풀리에 걸 때 회전을 완전히 멈춘 상태에서 한다.

47 Test Box는 전기방식의 적정유무를 확인하기 위한 전위측정 및 양극전류 측정, 기타 피복손상 탐사 등 전기방식 유지관리를 위하여 필요한 시설이다.

49 전압 계급별 애자 수

공칭전압(kV)	22.9	66	154	345
애자 수	2~3	4~5	9~11	18~23

50 가스배관이 있을 것으로 예상되는 지점으로부터 2m 이내에서 줄파기를 할 때에는 안전관리전담자의 입회하에 시행한다.

52 작업장치의 균열은 유압장치에 직접적인 영향을 주지 않는다.

53 시동 시 저항 증가는 오일의 점도가 높은 경우에 나타난다.

55 서보 밸브는 기계적 또는 전기적 입력 신호에 의해서 압력 또는 유량을 제어하는 밸브이다.

58 열처리된 재료는 해머로 때리지 않도록 주의를 하고, 자루가 불안정한 것은 사용하지 않는다.

60 카바이드 저장소는 옥내에 전등 스위치가 있을 경우 스위치 작동 시 발생하는 스파크에 의해 화재 및 폭발 우려가 있다.

🔖 모의고사 p.126

01	②	02	④	03	③	04	④	05	②	06	②	07	④	08	①	09	④	10	④
11	②	12	④	13	④	14	②	15	④	16	④	17	②	18	④	19	②	20	③
21	②	22	③	23	④	24	③	25	②	26	②	27	②	28	③	29	③	30	①
31	①	32	①	33	①	34	②	35	④	36	③	37	②	38	①	39	③	40	④
41	①	42	④	43	④	44	②	45	②	46	④	47	④	48	②	49	①	50	①
51	①	52	③	53	④	54	①	55	④	56	④	57	①	58	③	59	④	60	①

01 배기관의 배압이 높으면 배출되지 못한 가스열에 의해 과열되고 이로 인해 냉각수의 온도가 상승된다.

02 윤활유는 응고점이 낮아야 한다.

03 라디에이터 불량 시 기관 과열 원인이 된다.

05 psi(pound per square inch)는 압력의 단위
$1\text{psi} = 0.070307\text{kgf/cm}^2 = 0.068947\text{bar}$
$= 68,947.57\text{dyne/cm}^2$

06 **점도지수** : 온도변화에 따른 점도의 변화하는 정도
- 온도에 따라 점도변화가 큰 오일은 점도지수가 작다.
- 온도에 따라 점도변화가 작은 오일은 점도지수가 크다.

07 디젤기관에 사용되는 과급기의 주된 역할은 출력의 증대이다.

08 분사노즐은 디젤기관에서 연료를 고압으로 연소실에 분사하는 부품이다.

09 코먼레일 시스템은 크게 연료탱크에서 고압연료펌프까지 연료를 전달하는 저압부, 고압연료펌프에서 연소실로 연료를 전달하는 고압부, 시스템 전체를 제어하는 전자제어 시스템으로 구성된다.

10 단위면적당 방열량이 클 것

11 라디에이터 캡의 압력 밸브는 물의 비등점을 높이고, 진공 밸브는 냉각 상태를 유지할 때 과랭 현상이 되는 것을 막아 주는 일을 한다.

12 피스톤링이 마모되면 실린더 벽의 오일을 긁어 내리지 못하여 연소실에서 연소되므로 윤활유 소비가 증가된다.

13 **전해액 비중에 의한 충전상태**
- 100% 충전 : 1.260 이상
- 75% 충전 : 1.210 정도
- 50% 충전 : 1.150 정도
- 25% 충전 : 1.100 정도
- 0% 상태 : 1.050 정도

14 슬립링(Slip Ring)은 교류발전기에서 브러시와 접촉하여 로터에 여자전류를 공급하는 마모성 부품이다.

15 오버러닝 클러치 형식의 기동기에서 기관이 시동된 후 계속해서 스위치를 넣고 있으면 기동기의 전기자는 무부하상태로 회전하고, 피니언은 고속회전한다.

　※ 오버러닝 클러치의 기능
　　엔진이 기동되면 피니언 기어와 링 기어가 물린 상태이므로 기동전동기가 엔진에 의해 고속으로 회전하여 전기자, 베어링 및 브러시 등이 파손된다. 이를 방지하기 위하여 엔진이 기동된 다음에는 피니언 기어가 공전하여 기동전동기가 엔진에 의해 회전되지 않도록 하는 장치를 오버러닝 클러치라 한다.

16 ① 시동 전 전원은 배터리이다.
　② 시동 후 전원은 발전기이다.

17 실드빔식 전조등은 렌즈, 반사경, 필라멘트가 일체형이다.

18 ④ 입력 A가 1이고, B가 1이면, 출력 Q는 1이다.

19 완충장치인 리코일 스프링의 종류에는 코일 스프링식, 접지 스프링식, 질소 가스식 등이 있다. 그중에서 코일 스프링식이 많이 사용된다.

20 리코일 스프링은 주행 중 프런트 아이들러가 받는 충격을 완화시켜 트랙 장치의 파손을 방지하는 일을 한다.

21 **토크컨버터의 구성품**
　• 기관에 의해 직접 구동되는 것은 펌프(구동축)
　• 따라 도는 부분은 터빈(피동축)
　• 회전력을 증대시키고, 오일의 흐름 방향을 바꿔 주는 것은 스테이터(반작용)이다.

22 **아우트리거**
　타이어형 기중기에는 전후, 좌우 방향에 안전성을 주어서 기중작업을 할 때 전도되는 것을 방지해 준다.

　※ 스윙로크 장치 : 상부 회전체와 하부 주행체를 고정시키는 역할

23 **변속기의 구비 조건**
　• 소형・경량이며, 수리하기가 쉬울 것
　• 변속 조작이 쉽고, 신속・정확・정숙하게 이루어질 것
　• 단계가 없이 연속적으로 변속되어야 할 것
　• 전달효율이 좋아야 한다.

24 **트랙이 벗겨지는 원인**
　• 트랙이 너무 이완되었을 때(트랙의 장력이 너무 느슨하거나, 트랙의 유격이 너무 클 때)
　• 전부유동륜과 스프로킷 사이에 상부롤러의 마모
　• 전부유동륜과 스프로킷의 중심이 맞지 않을 때(트랙 정렬 불량)
　• 고속주행 중 급커브를 돌았을 때(급선회 시)
　• 리코일스프링의 장력이 부족할 때
　• 경사지에서 작업할 때

25 **기중기의 6대 전부(작업)장치** : 훅, 드래그라인, 파일드라이버, 클램셸, 셔블, 백호

27 **2년 이하의 징역 또는 2,000만원 이하의 벌금(건설기계관리법 제40조)**
　• 등록되지 아니한 건설기계를 사용하거나 운행한 자
　• 등록이 말소된 건설기계를 사용하거나 운행한 자
　• 시・도지사의 지정을 받지 아니하고 등록번호표를 제작하거나 등록번호를 새긴 자

- 검사대행자 또는 그 소속 직원에게 재물이나 그 밖의 이익을 제공하거나 제공 의사를 표시하고 부정한 검사를 받은 자
- 건설기계의 주요 구조나 원동기, 동력전달장치, 제동장치 등 주요 장치를 변경 또는 개조한 자
- 무단 해체한 건설기계를 사용·운행하거나 타인에게 유상·무상으로 양도한 자
- 제작결함의 시정에 따른 시정명령을 이행하지 아니한 자
- 등록을 하지 아니하고 건설기계사업을 하거나 거짓으로 등록을 한 자
- 등록이 취소되거나 사업의 전부 또는 일부가 정지된 건설기계사업자로서 계속하여 건설기계사업을 한 자

28 야간운전은 주간보다 시야가 좁아져서 보행자나 위험 물체의 발견이 늦어지고, 운전자의 원근감과 속도감이 둔해져 과속으로 주행하기 쉽다.

29 **주차금지의 장소(도로교통법 제33조)**
모든 차의 운전자는 다음의 어느 하나에 해당하는 곳에 차를 주차해서는 아니 된다.
- 터널 안 및 다리 위
- 다음의 곳으로부터 5m 이내인 곳
  - 도로공사를 하고 있는 경우에는 그 공사 구역의 양쪽 가장자리
  - 다중이용업소의 안전관리에 관한 특별법에 따른 다중이용업소의 영업장이 속한 건축물로 소방본부장의 요청에 의하여 시·도경찰청장이 지정한 곳
- 시·도경찰청장이 도로에서의 위험을 방지하고 교통의 안전과 원활한 소통을 확보하기 위하여 필요하다고 인정하여 지정한 곳

30 **건설기계형식의 승인(건설기계관리법 제18조제2항)**
건설기계를 제작·조립 또는 수입(제작 등)하려는 자는 해당 건설기계의 형식에 관하여 국토교통부령으로 정하는 바에 따라 국토교통부장관의 승인을 받아야 한다. 다만, 대통령령으로 정하는 건설기계의 경우에는 그 건설기계의 제작 등을 한 자가 국토교통부령으로 정하는 바에 따라 그 형식에 관하여 국토교통부장관에게 신고하여야 한다.

31 **1년 이하의 징역 또는 1,000만원 이하의 벌금(건설기계관리법 제41조)**
건설기계조종사면허를 받지 아니하고 건설기계를 조종한 자

32 **신호의 시기 및 방법(도로교통법 시행령 [별표 2])**

신호를 하는 경우	신호를 하는 시기	신호의 방법
뒤차에게 앞지르기를 시키려는 때	그 행위를 시키려는 때	오른팔 또는 왼팔을 차체의 왼쪽 또는 오른쪽 밖으로 수평으로 펴서 손을 앞뒤로 흔들 것

33 **과태료의 부과기준(건설기계관리법 시행령 [별표 3])**

위반행위	과태료 금액		
	1차 위반	2차 위반	3차 위반 이상
등록번호표를 가리거나 훼손하여 알아보기 곤란하게 한 경우 또는 그러한 건설기계를 운행한 경우	50만원	70만원	100만원

34 건설기계의 등록(건설기계관리법 제3조, 영 제3조)

① 건설기계의 소유자는 대통령령으로 정하는 바에 따라 건설기계를 등록하여야 한다.

② 건설기계의 소유자가 ①에 따른 등록을 할 때에는 특별시장·광역시장·도지사 또는 특별자치도지사(이하 "시·도지사"라 한다)에게 건설기계 등록신청을 하여야 한다.

③ 시·도지사는 ②에 따른 건설기계 등록신청을 받으면 신규 등록검사를 한 후 건설기계등록원부에 필요한 사항을 적고, 그 소유자에게 건설기계등록증을 발급하여야 한다.

④ 건설기계의 소유자는 건설기계등록신청서(전자문서로 된 신청서를 포함)에 다음 각 호의 서류(전자문서를 포함)를 첨부하여 건설기계소유자의 주소지 또는 건설기계의 사용본거지를 관할하는 시·도지사에게 제출하여야 한다.

  ㉠ 다음의 구분에 따른 해당 건설기계의 출처를 증명하는 서류. 다만, 해당 서류를 분실한 경우에는 해당 서류의 발행사실을 증명하는 서류(원본 발행기관에서 발행한 것으로 한정)로 대체할 수 있다.

    • 국내에서 제작한 건설기계 : 건설기계제작증

    • 수입한 건설기계 : 수입면장 등 수입사실을 증명하는 서류. 다만, 타워크레인의 경우에는 건설기계제작증을 추가로 제출하여야 한다.

    • 행정기관으로부터 매수한 건설기계 : 매수증서

  ㉡ 건설기계의 소유자임을 증명하는 서류. 다만, ㉠의 서류가 건설기계의 소유자임을 증명할 수 있는 경우에는 당해 서류로 갈음할 수 있다.

  ㉢ 건설기계제원표

  ㉣ 자동차손해배상 보장법에 따른 보험 또는 공제의 가입을 증명하는 서류

⑤ 건설기계등록신청은 건설기계를 취득한 날(판매를 목적으로 수입된 건설기계의 경우에는 판매한 날을 말한다)부터 2월 이내에 하여야 한다. 다만, 전시·사변 기타 이에 준하는 국가비상사태하에 있어서는 5일 이내에 신청하여야 한다.

35 앞지르기 금지장소(도로교통법 제22조제3항)

모든 차의 운전자는 다음의 어느 하나에 해당하는 곳에서는 다른 차를 앞지르지 못한다.

• 교차로

• 터널 안

• 다리 위

• 도로의 구부러진 곳, 비탈길의 고갯마루 부근 또는 가파른 비탈길의 내리막 등 시·도경찰청장이 도로에서의 위험을 방지하고 교통의 안전과 원활한 소통을 확보하기 위하여 필요하다고 인정하는 곳으로서 안전표지로 지정한 곳

36 등록의 말소(건설기계관리법 제6조제1항)

시·도지사는 등록된 건설기계가 다음의 어느 하나에 해당하는 경우에는 그 소유자의 신청이나 시·도지사의 직권으로 등록을 말소할 수 있다. 다만, ①, ⑤, ⑧(건설기계의 강제처리(법 제34조의2제2항)에 따라 폐기한 경우로 한정) 또는 ⑫에 해당하는 경우에는 직권으로 등록을 말소하여야 한다.

① 거짓이나 그 밖의 부정한 방법으로 등록을 한 경우

② 건설기계가 천재지변 또는 이에 준하는 사고 등으로 사용할 수 없게 되거나 멸실된 경우

③ 건설기계의 차대(車臺)가 등록 시의 차대와 다른 경우

④ 건설기계가 건설기계안전기준에 적합하지 아니하게 된 경우

⑤ 정기검사 명령, 수시검사 명령 또는 정비 명령에 따르지 아니한 경우

⑥ 건설기계를 수출하는 경우

⑦ 건설기계를 도난당한 경우

⑧ 건설기계를 폐기한 경우

⑨ 건설기계해체재활용업을 등록한 자(건설기계해체재활용업자)에게 폐기를 요청한 경우

⑩ 구조적 제작 결함 등으로 건설기계를 제작자 또는 판매자에게 반품한 경우

⑪ 건설기계를 교육·연구 목적으로 사용하는 경우

⑫ 대통령령으로 정하는 내구연한을 초과한 건설기계. 다만, 정밀진단을 받아 연장된 경우는 그 연장기간을 초과한 건설기계

⑬ 건설기계를 횡령 또는 편취당한 경우

37 펌프의 특징

종 목	기어펌프	베인펌프	플런저(피스톤)펌프
구 조	간단하다.	간단하다.	가변용량이 가능
최고압력 (kgf/cm²)	170~210	140~170	250~350
펌프의 효율 (%)	80~85	80~85	85~95
소 음	중간 정도	작다.	크다.
자체 흡입 성능	우 수	보 통	약간 나쁘다.
수 명	중간 정도	중간 정도	길다.

38 유압 액추에이터 : 유압밸브에서 기름을 공급받아 실질적으로 일을 하는 장치로서 직선운동을 하는 유압실린더와 회전운동을 하는 유압모터로 분류된다.

39 유압장치에서 오일에 거품이 생기는 이유
• 오일탱크와 펌프 사이에서 공기가 유입될 때
• 오일이 부족할 때
• 펌프 축 주위의 토출 측 실(Seal)이 손상되었을 때
• 유압 계통에 공기가 흡입되었을 때

40 유압모터의 장단점

장점	• 속도제어가 용이하다. • 힘의 연속제어가 용이하다. • 운동방향제어가 용이하다. • 소형·경량으로 큰 출력을 낼 수 있다. • 속도나 방향의 제어가 용이하고, 릴리프밸브를 달면 기구적 손상을 주지 않고 급정지시킬 수 있다. • 2개의 배관만을 사용해도 되므로 내폭성이 우수하다.
단점	• 효율이 낮다. • 누설에 문제점이 많다. • 온도에 영향을 많이 받는다. • 작동유에 이물질이 들어가지 않도록 보수에 주의하지 않으면 안 된다. • 수명은 사용조건에 따라 다르므로 일정시간 후 점검해야 한다. • 작동유의 점도변화에 의하여 유압모터의 사용에 제약을 받는다. • 소음이 크다. • 기동 시, 저속 시 운전이 원활하지 않다. • 인화하기 쉬운 오일을 사용하므로 화재에 위험이 높다. • 고장 발생 시 수리가 곤란하다.

41 오일필터의 교환은 사용시간에 따라 주기적으로 교환해 주어야 한다.

42 크랭킹 압력 : 릴리프밸브가 열리기 시작하는 압력을 말한다.

43 ③은 베르누이의 정리에 대한 설명이다.

44 유압장치의 일상점검 방법은 오일의 양 점검, 변질상태 점검, 오일의 누유 여부 점검 등이다.

46 릴리프밸브는 압력제어밸브이다.

47 전기 작업 시에는 절연된 자루를 사용한다.

50 지적확인은 행동하기 전에 위험을 해결하기 위한 의식강화훈련이다.

52 안전보건표지(산업안전보건법 시행규칙 [별표 6])

급성독성물질 경고	폭발성물질 경고	낙하물 경고

53 **연소의 3요소** : 연료(가연물), 산소, 점화원

54 "협착재해"란 기계의 움직이는 부분 사이 또는 움직이는 부분과 고정부분 사이에 신체 또는 신체의 일부분이 끼이거나, 물려서 말려들어 감으로 인해 발생되는 재해형태이다.

55 **중대재해의 범위(산업안전보건법 시행규칙 제3조)**
"고용노동부령으로 정하는 재해"란 다음의 어느 하나에 해당하는 재해를 말한다.
• 사망자가 1명 이상 발생한 재해
• 3개월 이상의 요양이 필요한 부상자가 동시에 2명 이상 발생한 재해
• 부상자 또는 직업성 질병자가 동시에 10명 이상 발생한 재해

56 기계주위에서 작업할 때는 넥타이를 매지 않으며, 너풀거리거나 찢어진 바지를 입지 않는다.

57 도시가스배관 주위를 굴착하는 경우 도시가스배관의 좌우 1m 이내 부분은 인력으로 굴착할 것 (도시가스사업법 시행규칙 [별표 16])

58 도시가스는 가연성가스로 누출에 따른 폭발범위 내에서 점화원이 있을 때는 항상 폭발한다.

59 **붐이 상승 · 하강을 하지 않는 원인**

붐이 하강하지 않는 원인	붐이 상승하지 않는 원인
• 붐이 제한각도 이상 올라왔을 때 • 고정 장치가 풀리지 않았을 때 • 붐 호이스트 브레이크가 풀리지 않았을 때 등	• 붐 호이스트의 클러치가 미끄러질 때 • 붐 호이스트 레버의 작용이 안 될 때 • 붐 호이스트 브레이크가 풀리지 않을 때 등

60 고압선로 주변에서 작업 시 붐 또는 권상로프에 의해 감전될 위험이 가장 크다.

◌ 모의고사 p.137

01	①	02	④	03	②	04	③	05	①	06	②	07	①	08	③	09	④	10	③
11	②	12	④	13	③	14	④	15	③	16	③	17	①	18	④	19	③	20	③
21	④	22	①	23	②	24	②	25	①	26	④	27	④	28	④	29	③	30	④
31	①	32	③	33	④	34	②	35	①	36	④	37	③	38	②	39	④	40	④
41	④	42	④	43	②	44	①	45	②	46	③	47	②	48	④	49	①	50	①
51	④	52	②	53	④	54	③	55	②	56	①	57	②	58	②	59	①	60	④

01 ② 부동액은 냉각수와 50 : 50으로 혼합하여 사용하는 것이 바람직하다.
③ 온도변화와 관계없이 화학적으로 안정해야 한다.
④ 부동액에는 금속들의 부식을 막기 위해 부식 방지제 등의 첨가제가 첨가되어 있다.

02 프라이밍 펌프는 디젤기관의 연료분사펌프에 연료를 보내거나 공기빼기 작업을 할 때 필요한 장치이다.
※ 분사노즐은 인젝션 펌프로부터 보내진 고압의 연료를 미세한 안개모양으로 연소실에 분사하는 부품이다.

04 흡입공기에 방향성을 주어 실린더에 흡입될 때 와류를 일으키게 하고 또 피스톤이 상사점에 근접하였을 때 스쿼시부가 있어 압축행정 끝부분에 강한 와류를 일으키게 한다.

05 압력식 캡은 비등점(끓는점)을 올려 냉각효과를 증대시키는 기능을 하고 진공밸브는 과랭으로 인한 수축현상을 방지해 준다.

06 시동 시 회전속도가 낮으면 시동이 어렵다.

07 착화순서 1-5-3-6-2-4인 기관에서 1번과 6번, 2번과 5번, 3번과 4번은 핀 저널이 같이 움직이므로 1번 실린더가 동력행정을 할 때 6번 실린더의 행정은 흡입행정이 된다.

08 **공기청정기(에어클리너)**
흡입공기의 먼지 등을 여과하고, 흡입공기의 소음을 줄이는 작용을 한다.

09 **딜리버리 밸브(Delivery Valve)**
플런저의 상승행정으로 배럴 내의 압력이 규정값(약 10kgf/cm²)에 도달하면 이 밸브가 열려 연료를 분사파이프로 압송한다. 그리고 플런저의 유효행정이 완료되어 배럴 내의 연료압력이 급격히 낮아지면 스프링 장력에 의해 신속히 닫혀 연료의 역류(분사노즐에서 펌프로의 흐름)를 방지하고, 후적을 방지하며, 분사파이프 내에 잔압을 유지시킨다.

10 ① 피스톤 슬랩 : 실린더와 피스톤 간극이 클 때, 피스톤이 운동방향을 바꿀 때 측압에 의하여 실린더 벽을 때리는 현상
② 블로바이 : 배기가스가 배기밸브를 통하지 않고 배출되는 현상
④ 피스톤 행정 : 상사점과 하사점과의 길이

11 **점도지수** : 온도변화에 따라 점도가 변화하는 정도
- 온도에 따라 점도변화가 큰 오일은 점도지수가 작다.
- 점도변화가 작은 오일은 점도지수가 크다.

12 **과급기의 특징**
- 고지대에서도 출력의 감소가 작다.
- 기관의 출력이 35~45% 증가된다.
- 체적효율이 향상되기 때문에 기관의 회전력이 증대된다.
- 체적효율이 향상되기 때문에 평균 유효압력이 높아진다.
- 압축온도의 상승으로 착화지연 기간이 짧다.
- 연소 상태가 양호하기 때문에 세탄가가 낮은 연료의 사용이 가능하다.
- 냉각 손실이 적고, 연료소비율이 3~5% 정도 향상된다.
- 과급기를 설치하면 기관의 중량이 10~15% 정도 증가한다.

14 플래셔 유닛은 방향 지시등 회로 구성품이다.

15 축전지의 케이스와 커버 청소는 소다(탄산나트륨)와 물 또는 암모니아수로 한다.

16 **IC조정기의 특징**
- 조정 전압의 정밀도 향상이 크다.
- 내열성이 크며, 출력을 증대시킬 수 있다.
- 진동에 의한 전압 변동이 없고, 내구성이 크다.
- 초소형화할 수 있어 발전기 내에 설치할 수 있다.
- 배선을 간소화할 수 있다.
- 축전지 충전 성능이 향상되고, 각 전기 부하에 적절한 전력 공급이 가능하다.

18 전류의 흐름이 나빠지고, 퓨즈가 끊어질 수 있다.

19 인터로크 장치는 변속기의 이중 물림을 방지하기 위한 장치이다.

20 트랙의 장력이 너무 팽팽하면 트랙 핀과 부싱의 내·외부 및 스프로킷 돌기 등이 마모된다.

22 ② 트레드(Tread)부 : 직접 노면과 접촉되어 마모에 견디고, 적은 슬립으로 견인력을 증대시키는 부분
③ 숄더(Shoulder)부 : 트레드 끝의 각(角) 부분
④ 비드(Bead)부 : 림과 접촉하게 되는 타이어의 내면 부분

24 ① 붐 기복 정지장치 : 붐 권상 레버를 당겨 붐이 최대 제한각(78°)에 달하면 붐 뒤쪽에 있는 붐 기복 정지장치의 스톱 볼트와 접촉되어 유압회로를 차단하거나 붐 권상 레버를 중립으로 복귀시켜 붐 상승을 정지시키는 장치
③ 태그라인 장치 : 선회나 지브 기복을 행할 때 버킷이 흔들리거나(요동) 회전할 때 와이어로프(케이블)가 꼬이는 것을 방지하기 위해 와이어로프를 가볍게 당겨 주는 장치
④ 어태치먼트 : 기계의 부속장치 전반을 말한다.

25 압력판은 클러치 커버에 지지되어 클러치페달을 놓았을 때 클러치 스프링의 장력에 의해 클러치판을 플라이휠에 압착시키는 작용을 한다.

26 **트랙 슈의 종류**
단일돌기 슈, 이중돌기 슈, 삼중돌기 슈, 습지용 슈, 고무 슈, 암반용 슈, 평활 슈, 건지형 슈, 스노 슈 등

27 건설기계조종사의 적성검사 기준(건설기계관리법 시행규칙 제76조제1항)

- 두 눈을 동시에 뜨고 잰 시력이 0.7 이상이고, 두 눈의 시력이 각각 0.3 이상일 것(교정시력을 포함)
- 55dB(보청기를 사용하는 사람은 40dB)의 소리를 들을 수 있고, 언어분별력이 80% 이상일 것
- 시각은 150° 이상일 것
- 다음 사유에 해당되지 아니할 것
  - 건설기계 조종상의 위험과 장해를 일으킬 수 있는 정신질환자 또는 뇌전증환자로서 국토교통부령으로 정하는 사람
  - 앞을 보지 못하는 사람, 듣지 못하는 사람, 그 밖에 국토교통부령으로 정하는 장애인
  - 건설기계 조종상의 위험과 장해를 일으킬 수 있는 마약·대마·향정신성의약품 또는 알코올중독자로서 국토교통부령으로 정하는 사람

28 밤에 도로에서 차를 운행하는 경우 등의 등화(도로교통법 시행령 제19조제1항)

차 또는 노면전차의 운전자가 도로에서 차 또는 노면전차를 운행할 때 켜야 하는 등화(燈火)의 종류는 다음의 구분에 따른다.

① 자동차 : 자동차안전기준에서 정하는 전조등(前照燈), 차폭등(車幅燈), 미등(尾燈), 번호등과 실내조명등(실내조명등은 승합자동차와 「여객자동차 운수사업법」에 따른 여객자동차운송사업용 승용자동차만 해당)

② 원동기장치자전거 : 전조등 및 미등

③ 견인되는 차 : 미등·차폭등 및 번호등

④ 노면전차 : 전조등, 차폭등, 미등 및 실내조명등

⑤ ①부터 ④까지의 규정 외의 차 : 시·도경찰청장이 정하여 고시하는 등화

29 마주 보고 진행하는 경우 등의 등화 조작(도로교통법 시행령 제20조)

- 모든 차 또는 노면전차의 운전자는 밤에 운행할 때에는 다음의 방법으로 등화를 조작하여야 한다.
  - 서로 마주 보고 진행할 때에는 전조등의 밝기를 줄이거나 불빛의 방향을 아래로 향하게 하거나 잠시 전조등을 끌 것. 다만, 도로의 상황으로 보아 마주 보고 진행하는 차 또는 노면전차의 교통을 방해할 우려가 없는 경우에는 그러하지 아니하다.
  - 앞의 차 또는 노면전차의 바로 뒤를 따라갈 때에는 전조등 불빛의 방향을 아래로 향하게 하고, 전조등 불빛의 밝기를 함부로 조작하여 앞의 차 또는 노면전차의 운전을 방해하지 아니할 것
- 모든 차 또는 노면전차의 운전자는 교통이 빈번한 곳에서 운행할 때에는 전조등 불빛의 방향을 계속 아래로 유지하여야 한다. 다만, 시·도경찰청장이 교통의 안전과 원활한 소통을 확보하기 위하여 필요하다고 인정하여 지정한 지역에서는 그러하지 아니하다.

30 검사대행자(건설기계관리법 시행규칙 제33조제1항)

검사대행자로 지정을 받으려는 자는 건설기계검사대행자지정신청서에 다음의 서류를 첨부하여 국토교통부장관에게 제출하여야 한다.

- 시설의 소유권 또는 사용권이 있음을 증명하는 서류
- 보유하고 있는 기술자의 명단 및 그 자격을 증명하는 서류
- 검사업무규정안

31 자동차손해배상보장법에 따른 자동차보험에 반드시 가입하여야 하는 건설기계의 범위(자동차손해배상 보장법 시행령 제2조)
- 덤프트럭
- 타이어식 기중기
- 콘크리트믹서트럭
- 트럭적재식 콘크리트펌프
- 트럭적재식 아스팔트살포기
- 타이어식 굴착기
- 「건설기계관리법 시행령」 [별표 1] 제26호에 따른 특수건설기계 중 다음의 특수건설기계
  - 트럭지게차
  - 도로보수트럭
  - 노면측정장비(노면측정장치를 가진 자주식인 것)

32 건설기계조종사면허의 취소·정지(건설기계관리법 제28조)
시장·군수 또는 구청장은 건설기계조종사가 취소·정지에 해당하는 경우에는 국토교통부령으로 정하는 바에 따라 건설기계조종사면허를 취소하거나 1년 이내의 기간을 정하여 건설기계조종사면허의 효력을 정지시킬 수 있다.

33 철길 건널목의 통과(도로교통법 제24조)
- 모든 차 또는 노면전차의 운전자는 철길 건널목(이하 "건널목"이라 한다)을 통과하려는 경우에는 건널목 앞에서 일시정지하여 안전한지 확인한 후에 통과하여야 한다. 다만, 신호기 등이 표시하는 신호에 따르는 경우에는 정지하지 아니하고 통과할 수 있다.
- 모든 차 또는 노면전차의 운전자는 건널목의 차단기가 내려져 있거나 내려지려고 하는 경우 또는 건널목의 경보기가 울리고 있는 동안에는 그 건널목으로 들어가서는 아니 된다.
- 모든 차 또는 노면전차의 운전자는 건널목을 통과하다가 고장 등의 사유로 건널목 안에서 차 또는 노면전차를 운행할 수 없게 된 경우에는 즉시 승객을 대피시키고 비상신호기 등을 사용하거나 그 밖의 방법으로 철도공무원이나 경찰공무원에게 그 사실을 알려야 한다.

34 특별표지판 부착을 하여야 하는 대형건설기계의 범위(건설기계 안전기준에 관한 규칙 제2조)
다음의 어느 하나에 해당하는 건설기계
- 길이가 16.7m를 초과하는 건설기계
- 너비가 2.5m를 초과하는 건설기계
- 높이가 4.0m를 초과하는 건설기계
- 최소회전반경이 12m를 초과하는 건설기계
- 총중량이 40ton을 초과하는 건설기계. 다만, 굴착기, 로더 및 지게차는 운전중량이 40톤을 초과하는 경우를 말한다.
- 총중량 상태에서 축하중이 10ton을 초과하는 건설기계. 다만, 굴착기, 로더 및 지게차는 운전중량 상태에서 축하중이 10ton을 초과하는 경우를 말한다.

35 정기검사 유효기간(건설기계관리법 시행규칙 [별표 7])
- 연식의 기준 없는 건설기계, 특수건설기계의 정기검사 유효기간
  - 6개월마다 : 타워크레인
  - 1년마다 : 굴착기, 기중기, 아스팔트살포기, 천공기, 항타 및 항발기, 터널용 고소작업차

37 가변용량형 유압펌프는 펌프 자체로 토출량을 변화시킬 수가 있으나 정용량형 펌프를 사용할 경우는 부하가 변동하여도 토출량은 거의 변화하지 않는다.

38 펌프축의 편심 오차가 클 경우 소음발생 원인이 된다.

39 체크밸브는 방향제어밸브이고, 유압기기의 움직임은 압력과 유량에 의해 변화된다.

40 **유압탱크의 구비 조건**
- 적당한 크기의 주입구에 여과망을 두어 불순물이 유입되지 않도록 할 것
- 이물질이 들어가지 않도록 밀폐되어 있을 것
- 스트레이너의 장치 분해에 충분한 출입구가 있을 것
- 탱크의 유량을 알 수 있도록 유면계가 있을 것
- 복귀관과 흡입관 사이에 칸막이를 둘 것
- 탱크 안을 청소할 수 있도록 떼어 낼 수 있는 측판을 둘 것
- 작동유를 빼낼 수 있는 드레인 플러그를 탱크 아래에 설치할 것
- 흡입구 쪽에 작동유를 여과하기 위한 여과기를 설치할 것
- 필터는 안전을 위하여 바이패스 회로로 구성할 것
- 적절한 용량을 담을 수 있을 것(용량은 유압펌프의 매분 배출량에 3배 이상으로 설계)
- 냉각에 방해가 되지 않는 구조로 설치할 것
- 캡은 압력식일 것

41 시동 시 저항 증가 현상은 유압유의 점도가 지나치게 높았을 때이다.

42 유압모터는 유체 에너지를 연속적인 회전운동으로 하는 기계적 에너지로 바꾸어 주는 기기를 말한다.

43 체크밸브는 방향제어밸브이다.

45 유압모터는 유체 에너지를 연속적인 회전운동으로 하는 기계적 에너지로 바꾸어 주는 기기를 말한다.

47 무리한 몸가짐으로 물건을 들지 않는다.

48 멍키렌치(조정렌치)는 볼트, 너트를 조이고 풀때 사용하는 공구로 렌치 머리부의 조정나사를 돌려 입의 크기를 조정하여 사용하며, 회전방향은 필히 아래턱 방향으로 한다.

49 사용한 공구는 면 걸레로 깨끗이 닦아서 공구상자 또는 공구보관으로 지정된 곳에 보관한다.

50 **하인리히의 사고예방 기본윤리 5단계**
- 1단계 : 안전관리 조직
- 2단계 : 사실의 발견
- 3단계 : 분석평가
- 4단계 : 시정책의 선정
- 5단계 : 시정책의 적용

51 표면적이 넓어야 한다.

52 **로프의 매단 각도에 따른 장력**

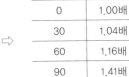

매단 각도	장 력
0	1.00배
30	1.04배
60	1.16배
90	1.41배
120	2.00배

53 화기를 들이마시면 치명적인 폐 손상 위험이 있으므로 탈출할 때 물을 적신 수건 등으로 코와 입을 막고 심호흡을 한 뒤 가능하면 몸을 낮춰 이동하도록 한다.

55 안전보건표지(산업안전보건법 시행규칙 [별표 6])

비상구	인화성물질 경고	보안경 착용

56 안전점검

안전을 확보하기 위해서 실태를 파악해, 설비의 불안전상태나 사람의 불안전행위에서 생기는 결함을 발견하여 안전대책의 상태를 확인하는 행동이다.

58 도시가스배관 표면색은 저압이면 황색이고, 중압 이상은 적색이다(도시가스사업법 시행규칙 [별표 5]).

59 도시가스배관의 안전조치 및 손상방지기준(도시가스사업법 시행규칙 [별표 16])

도시가스사업자는 굴착예정 지역의 매설배관 위치를 굴착공사자에게 알려 주어야 하며, 굴착공사자는 매설배관 위치를 매설배관 직상부의 지면에 황색 페인트로 표시할 것

60 종래 우리나라 고압 배전선은 3.3kV, 6.6kV, 22kV의 3상 3선식이었으나, 지금은 모두 3상 4선식으로 모두 22,900V이다.

제5회 | 모의고사 정답 및 해설

↻ 모의고사 p.148

01	④	02	②	03	①	04	④	05	①	06	④	07	③	08	③	09	④	10	①
11	①	12	④	13	①	14	③	15	④	16	①	17	③	18	④	19	④	20	①
21	①	22	②	23	①	24	④	25	②	26	④	27	②	28	②	29	④	30	④
31	①	32	①	33	①	34	④	35	④	36	①	37	①	38	①	39	②	40	①
41	④	42	①	43	②	44	②	45	④	46	①	47	④	48	①	49	④	50	②
51	③	52	④	53	①	54	③	55	③	56	②	57	④	58	②	59	②	60	③

03 ① 오일탱크에 오일이 너무 적을 때

04 압력식 라디에이터 캡의 압력 밸브는 냉각장치 내의 압력을 일정하게 유지하여 비등점을 112℃로 높여 주는 역할을 하며, 스프링이 파손되면 압력 밸브의 밀착이 불량하여 비등점이 낮아진다.

05 **윤활유의 기능**
냉각작용, 응력분산작용, 방청작용, 마멸 방지 및 윤활작용, 밀봉작용, 청정분산작용

07 **실린더의 안지름과 피스톤 행정의 비율에 따른 분류**
• 장행정기관 : 피스톤 행정 > 실린더 내경
• 단행정기관 : 피스톤 행정 < 실린더 내경
• 정방행정기관 : 피스톤 행정 = 실린더 내경

08 **유압식 밸브 리프터의 특징**
• 밸브간극은 자동으로 조절된다.
• 밸브 개폐시기가 정확하다.
• 항상 밸브 간극을 0으로 유지해 준다.
• 밸브기구의 내구성이 좋다.
• 작동 소음을 줄일 수 있다.
• 밸브구조가 복잡하다.
• 항상 일정한 압력의 오일을 공급받아야 한다.

09 디젤기관의 노크 방지 방법은 착화지연을 짧게 하고, 연소실 벽의 온도, 압축비 또는 흡기압력을 높인다.

10 ① 단위 중량당 출력이 클 것

11 예열 플러그는 예열장치이다.

12 피스톤과 실린더 사이의 간극이 너무 크면 압축 압력 저하로 출력이 낮아지고, 연소실로 오일이 상승하여 연소되므로 소비가 증가한다.

14 **축전지 용량에 영향을 미치는 요소**
• 셀당 극판의 수
• 극판의 크기
• 전해액(황산)의 양
• 셀의 크기
• 극판의 두께

15 에탁스(ETACS ; Electronic Time & Alarm Control System)의 기능
- 주행 중 도어 열림을 경고하는 도어 열림 경고 기능
- 야간 운행 및 시인성을 위해 도어를 열면 실내를 조명하는 룸 램프 타이머 기능
- 워셔 스위치를 누르면 워셔 모터 작동 후 와이퍼가 작동하는 윈드실드 워셔 기능
- 비의 양에 따라 와이퍼의 속도를 조절할 수 있는 인터미턴트 와이퍼(간헐 와이퍼) 기능
- 뒷유리창에 성에가 낄 때 일정시간 열선을 가열하는 성에 제거(열선 타이머) 기능
- 파킹 브레이크를 잠근 상태에서 주행 시 이를 경보하는 파킹 브레이크 경보 기능
- 운행 전 안전벨트 미착용을 알려 주는 안전벨트 경보 기능
- 4개 도어의 잠금과 해제를 동시에 가능케 하는 집중 도어 록 기능 등
- 일정 속도 이상 주행 때 자동으로 도어가 잠기는 오토도어 록 기능
- 점화키를 삽입한 채 도어의 잠김을 방지하기 위한 점화키 리마인드 기능
- 윈도에 사람의 신체가 끼이는 것을 방지하기 위한 윈도 부하감지 기능
- 시동키를 뽑은 상태에서도 일정 시간 윈도가 작동하도록 하는 파워윈도 기능
- 운전자의 편리를 위해 원격으로도 도어를 잠그고, 열 수 있는 원격 도어잠금 기능
- 브레이크 오일이 일정량 이상 누유되는 것을 감지하는 브레이크 오일량 감지 기능
- 차의 충돌 때 승객의 탈출을 원활하게 하기 위한 도어 잠금 해제 기능
- 차의 무단 침입을 방지하기 위한 도난방지 기능 등
- ※ ETACS는 Electronic(전자), Time(시간), Alarm(경보), Control(제어), System(장치)의 머리글자를 하나씩 따서 만든 합성어이다. 자동차 전기장치 중 시간에 의해 작동하는 장치 또는 경보를 발생해 운전자에게 알려 주는 장치를 통합하는 장치라 할 수 있다.

16 스파크플러그는 가솔린기관에 사용된다.

17 스테이터 코일은 로터 코일에 의해 교류전기를 발생시킨다.

19 스캐리파이어
도로 건설공사용 굴삭기계에서 사용하는 도구 중 하나. 지반의 견고한 흙을 긁어, 일으키기 위하여 모터그레이더나 로드롤러에 부착하는 도구이다.
- ※ 기중기의 6대 전부(작업)장치 : 훅, 드래그라인, 파일드라이버, 클램셸, 셔블, 백호

20 토인의 필요성
- 앞바퀴를 평행하게 회전하도록 하여 주행을 쉽게 해 준다.
- 앞바퀴의 옆방향 미끄러짐과 타이어의 마멸을 방지한다.
- 조향 링키지의 마멸에 의해 토아웃이 되는 것을 방지한다.
- 노면과의 마찰을 줄인다.

21 ① 붐의 각과 기중능력은 비례한다.
② 붐의 길이와 작업반경은 비례한다.
③ 상부회전체의 최대 회전각은 360°이다.

22 클러치
- 기관 시동 시 기관을 무부하 상태로 하기 위해
- 변속 시 기관 동력을 차단하기 위해
- 정차 및 기관의 동력을 서서히 전달하기 위해 존재

23 타이로드 엔드 불량 시 핸들의 흔들림 및 타이어 이상마모현상이 생긴다.

25 토인의 조정은 타이로드 또는 타이로드 엔드의 고정너트를 풀고 타이로드 또는 타이로드 엔드를 회전시켜 길이를 늘이고 줄여서 조정한다.

27 안전표지(도로교통법 시행규칙 제8조)
- 주의표지
- 규제표지
- 지시표지
- 보조표지
- 노면표시

28 건설기계 안전기준에 관한 규칙상 건설기계 "높이"의 정의(건설기계 안전기준에 관한 규칙 제2조)
"높이"란 작업장치를 부착한 자체중량 상태의 건설기계의 가장 위쪽 끝이 만드는 수평면으로부터 지면까지의 최단거리를 말한다.

29 ④ 노면이 얼어붙은 곳에서 최고속도의 50/100을 줄인 속도로 운행하여야 한다(도로교통법 시행규칙 제19조제2항).

30 과태료의 부과기준(건설기계관리법 시행령 [별표 3])

위반행위	과태료 금액		
	1차 위반	2차 위반	3차 위반 이상
등록번호표를 부착 및 봉인하지 않은 건설기계를 운행한 경우	100만원	200만원	300만원

31 자동차 등의 운전에 필요한 적성의 기준(도로교통법 시행령 제45조제1항)
자동차 등의 운전에 필요한 적성의 검사(이하 "적성검사"라 한다)는 다음의 기준을 갖추었는지에 대하여 실시한다. 다만, ②의 기준은 적성검사의 경우에는 적용하지 아니하고, ③의 기준은 제1종 운전면허 중 대형면허 또는 특수면허를 취득하려는 경우에만 적용한다.
① 다음의 구분에 따른 시력(교정시력을 포함)을 갖출 것
　　㉠ 제1종 운전면허 : 두 눈을 동시에 뜨고 잰 시력이 0.8 이상이고, 두 눈의 시력이 각각 0.5 이상일 것. 다만, 한쪽 눈을 보지 못하는 사람이 보통면허를 취득하려는 경우에는 다른 쪽 눈의 시력이 0.8 이상이고, 수평시야가 120° 이상이며, 수직시야가 20° 이상이고, 중심시야 20° 내 암점(暗點)과 반맹(半盲)이 없어야 한다.
　　㉡ 제2종 운전면허 : 두 눈을 동시에 뜨고 잰 시력이 0.5 이상일 것. 다만, 한쪽 눈을 보지 못하는 사람은 다른 쪽 눈의 시력이 0.6 이상이어야 한다.
② 붉은색·녹색 및 노란색을 구별할 수 있을 것
③ 55dB(보청기를 사용하는 사람은 40dB)의 소리를 들을 수 있을 것
④ 조향장치나 그 밖의 장치를 뜻대로 조작할 수 없는 등 정상적인 운전을 할 수 없다고 인정되는 신체상 또는 정신상의 장애가 없을 것. 다만, 보조수단이나 신체장애 정도에 적합하게 제작·승인된 자동차를 사용하여 정상적인 운전을 할 수 있다고 인정되는 경우에는 그러하지 아니하다.

32 등록의 경정(건설기계관리법 시행령 제8조)
시·도지사는 규정에 의한 등록을 행한 후에 그 등록에 관하여 착오 또는 누락이 있음을 발견한 때에는 부기로써 경정등록을 하고, 그 뜻을 지체 없이 등록명의인 및 그 건설기계의 검사대행자에게 통보하여야 한다.

33 1년 이하의 징역 또는 1,000만원 이하의 벌금(건설기계관리법 제41조)

건설기계를 도로에 계속하여 버려두거나 정당한 사유 없이 타인의 토지에 버려둔 자

35 **구조변경범위 등(건설기계관리법 시행규칙 제42조)**

주요구조의 변경 및 개조의 범위는 다음과 같다. 다만, 건설기계의 기종변경, 육상작업용 건설기계규격의 증가 또는 적재함의 용량증가를 위한 구조변경은 이를 할 수 없다.

- 원동기 및 전동기의 형식변경
- 동력전달장치의 형식변경
- 제동장치의 형식변경
- 주행장치의 형식변경
- 유압장치의 형식변경
- 조종장치의 형식변경
- 조향장치의 형식변경
- 작업장치의 형식변경. 다만, 가공작업을 수반하지 아니하고 작업장치를 선택부착하는 경우에는 작업장치의 형식변경으로 보지 아니한다.
- 건설기계의 길이 · 너비 · 높이 등의 변경
- 수상작업용 건설기계의 선체의 형식변경
- 타워크레인 설치기초 및 전기장치의 형식변경

36 **등록번호표제작 등의 통지 등(건설기계관리법 시행규칙 제17조)**

규정에 의하여 통지서 또는 명령서를 받은 건설기계소유자는 그 받은 날부터 3일 이내에 등록번호표제작자에게 그 통지서 또는 명령서를 제출하고 등록번호표제작 등을 신청하여야 한다.

37 회전체의 관성력이 작으므로 응답성이 빠르다.

40 유압을 조절하는 곳은 메인 릴리프밸브이다.

41 **속도제어 회로**

- 미터인 회로 : 공급 쪽 관로에 설치한 바이패스 관의 흐름을 제어함으로써 속도를 제어하는 회로
- 미터아웃 회로 : 배출 쪽 관로에 설치한 바이패스 관로의 흐름을 제어함으로써 속도를 제어하는 회로
- 블리드오프 회로 : 공급 쪽 관로에 바이패스 관로를 설치하여 바이패스로의 흐름을 제어함으로써 속도를 제어하는 회로

42 오일 누설 증가는 유압유의 점도가 지나치게 낮았을 때 나타나는 현상이다.

43 원심펌프는 해수, 청수용이다.

44 **유압유 점도가 너무 낮을 때 생기는 현상**

- 내부 오일 누설의 증대
- 압력유지의 곤란
- 유압펌프, 모터 등의 용적효율 저하
- 기기마모의 증대 및 수명 저하
- 압력발생 저하로 정확한 작동 불가
- 펌프효율 저하에 따른 온도 상승(누설에 따른 원인)

45 유압 작동유에 들어 있는 먼지, 철분 등의 불순물은 유압기기 슬라이드 부분의 마모를 가져오고 운동에 저항으로 작용하므로 이를 제거하기 위하여 사용하며, 필터와 스트레이너가 있다.

- 필터 : 배관 도중이나 복귀회로, 바이패스 회로 등에 설치하여 미세한 불순물을 여과한다.
- 스트레이너 : 비교적 큰 불순물을 제거하기 위하여 사용하며, 유압펌프의 흡입 측에 장치하여 오일탱크로부터 펌프나 회로에 불순물이 혼입되는 것을 방지한다.

46 축압기(어큐뮬레이터)는 압력을 보상하거나 맥동 제거, 충격 완화 등의 역할을 한다.

47 흔들리기 쉬운 인양물은 가이드로프를 이용해 유도한다.

48 토크렌치는 볼트, 너트, 작은 나사 등의 조임에 필요한 토크를 주기 위한 체결용 공구이다.

49 사다리식 통로의 구조
- 견고한 구조로 할 것
- 심한 손상·부식 등이 없는 재료를 사용할 것
- 발판의 간격은 일정하게 할 것
- 발판과 벽과의 사이는 15cm 이상의 간격을 유지할 것
- 폭은 30cm 이상으로 할 것
- 사다리가 넘어지거나 미끄러지는 것을 방지하기 위한 조치를 할 것
- 사다리의 상단은 걸쳐 놓은 지점으로부터 60cm 이상 올라가도록 할 것
- 사다리식 통로의 길이가 10m 이상인 경우에는 5m 이내마다 계단참을 설치할 것
- 사다리식 통로의 기울기는 75° 이하로 할 것. 다만, 고정식 사다리식 통로의 기울기는 90° 이하로 하고, 그 높이가 7m 이상인 경우에는 바닥으로부터 높이가 2.5m 되는 지점부터 등받이울을 설치할 것
- 접이식 사다리 기둥은 사용 시 접히거나 펼쳐지지 않도록 철물 등을 사용하여 견고하게 조치할 것

50 공구는 적정 보유량을 확보할 것

51 가스 호스의 색깔
- 산소용 : 녹색
- 아세틸렌용 : 적색

54 안전보건표지의 색도기준 및 용도(산업안전보건법 시행규칙 [별표 8])

색 채	색도기준	용 도	사용례
빨간색	7.5R 4/14	금 지	정지신호, 소화설비 및 그 장소, 유해행위의 금지
		경 고	화학물질 취급장소에서의 유해·위험 경고
노란색	5Y 8.5/12	경 고	화학물질 취급장소에서의 유해·위험경고 이외의 위험경고, 주의표지 또는 기계방호물
파란색	2.5PB 4/10	지 시	특정 행위의 지시 및 사실의 고지
녹 색	2.5G 4/10	안 내	비상구 및 피난소, 사람 또는 차량의 통행표지
흰 색	N9.5		파란색 또는 녹색에 대한 보조색
검은색	N0.5		문자 및 빨간색 또는 노란색에 대한 보조색

55 **질식소화** : 산소 차단, 유화소화(포말소화기, 화학포, 공기포, 에어 폼, 알코올포 사용)와 피복소화(분말소화기, CO_2소화기 등)
※ 냉각소화 : 강화액, 호스방수, 스프링클러

57 그림에서 A는 주상변압기이다.

58 보호판은 철판으로 장비에 의한 배관손상을 방지하기 위하여 설치한 것이다.

59 노출된 가스배관 길이가 15m 이상인 경우에는
다음 기준에 따라 점검통로 및 조명시설을 설치
한다(도시가스 배관보호 기준에서).

- 점검통로의 폭은 점검자의 통행이 가능한
  80cm 이상으로 하고 발판은 사람의 통행에 지
  장이 없는 각목 등으로 설치한다.
- 가드레일은 0.9m 이상의 높이로 설치한다.
- 점검통로는 가능한 한 가스배관에 가깝게 설치
  하되 원칙적으로 가스배관으로부터 수평거리
  1m 이내에 설치한다.
- 가스배관 양 끝단부 및 곡관은 항상 관찰이 가
  능하도록 점검통로를 설치한다.
- 조명은 70lx 이상을 원칙적으로 유지한다.

가스배관 작업 기준

노출배관 길이	주 설치
15m 이상	점검통로 및 조명시설
20m 이상	가스누출경보기
100m 이상	양단에 차단장치설치

제**6**회 | 모의고사 **정답 및 해설**

↻ 모의고사 p.159

01	①	02	②	03	①	04	④	05	③	06	①	07	②	08	②	09	③	10	①
11	②	12	④	13	④	14	③	15	④	16	③	17	②	18	③	19	④	20	④
21	④	22	②	23	①	24	④	25	①	26	③	27	④	28	②	29	④	30	②
31	④	32	①	33	④	34	④	35	④	36	③	37	②	38	④	39	④	40	④
41	③	42	③	43	④	44	①	45	④	46	④	47	③	48	④	49	③	50	②
51	①	52	②	53	④	54	①	55	②	56	③	57	③	58	①	59	④	60	②

01 특별표지판 부착을 하여야 하는 대형건설기계의 범위(건설기계 안전기준에 관한 규칙 제2조)
다음의 어느 하나에 해당하는 건설기계
- 길이가 16.7m를 초과하는 건설기계
- 너비가 2.5m를 초과하는 건설기계
- 높이가 4.0m를 초과하는 건설기계
- 최소회전반경이 12m를 초과하는 건설기계
- 총중량이 40ton을 초과하는 건설기계. 다만, 굴착기, 로더 및 지게차는 운전중량이 40ton을 초과하는 경우를 말한다.
- 총중량 상태에서 축하중이 10ton을 초과하는 건설기계. 다만, 굴착기, 로더 및 지게차는 운전중량 상태에서 축하중이 10ton을 초과하는 경우를 말한다.

02 구조변경범위 등(건설기계관리법 시행규칙 제42조)
주요구조의 변경 및 개조의 범위는 다음과 같다. 다만, 건설기계의 기종변경, 육상작업용 건설기계규격의 증가 또는 적재함의 용량증가를 위한 구조변경은 이를 할 수 없다.
- 원동기 및 전동기의 형식변경
- 동력전달장치의 형식변경
- 제동장치의 형식변경
- 주행장치의 형식변경
- 유압장치의 형식변경
- 조종장치의 형식변경
- 조향장치의 형식변경
- 작업장치의 형식변경. 다만, 가공작업을 수반하지 아니하고 작업장치를 선택부착하는 경우에는 작업장치의 형식변경으로 보지 아니한다.
- 건설기계의 길이·너비·높이 등의 변경
- 수상작업용 건설기계의 선체의 형식변경
- 타워크레인 설치기초 및 전기장치의 형식변경

03 건설기계조종사면허의 취소·정지처분기준(건설기계관리법 시행규칙 [별표 22])

위반행위	근거 법조문	처분기준
건설기계의 조종 중 고의 또는 과실로 중대한 사고를 일으킨 경우	법 제28조 제4호	
① 인명피해		
㉠ 고의로 인명피해(사망·중상·경상 등)를 입힌 경우		취 소
㉡ 과실로 산업안전보건법에 따른 중대재해가 발생한 경우		취 소
㉢ 그 밖의 인명피해를 입힌 경우		
• 사망 1명마다		면허효력정지 45일
• 중상 1명마다		면허효력정지 15일

위반행위	근거 법조문	처분기준
• 경상 1명마다		면허효력정지 5일
② 재산피해 : 피해금액 50만원마다		면허효력정지 1일(90일을 넘지 못함)
③ 건설기계의 조종 중 고의 또는 과실로 도시가스사업법에 따른 가스공급시설을 손괴하거나 가스공급시설의 기능에 장애를 입혀 가스의 공급을 방해한 경우		면허효력정지 180일

04 등록번호의 표시 등(건설기계관리법 시행규칙 제13조제1항)

건설기계등록번호표(등록번호표)에는 용도·기종 및 등록번호를 표시하여야 한다.

05 건설기계 검사의 종류(건설기계관리법 제13조)

- 신규 등록검사 : 건설기계를 신규로 등록할 때 실시하는 검사
- 정기검사 : 건설공사용 건설기계로서 3년의 범위에서 국토교통부령으로 정하는 검사유효기간이 끝난 후에 계속하여 운행하려는 경우에 실시하는 검사와 대기환경보전법 및 소음·진동관리법에 따른 운행차의 정기검사
- 구조변경검사 : 건설기계의 주요 구조를 변경하거나 개조한 경우 실시하는 검사
- 수시검사 : 성능이 불량하거나 사고가 자주 발생하는 건설기계의 안전성 등을 점검하기 위하여 수시로 실시하는 검사와 건설기계 소유자의 신청을 받아 실시하는 검사

06 미등록 건설기계의 임시운행 사유(건설기계관리법 시행규칙 제6조제1항)

- 등록신청을 하기 위하여 건설기계를 등록지로 운행하는 경우

- 신규등록검사 및 확인검사를 받기 위하여 건설기계를 검사장소로 운행하는 경우
- 수출을 하기 위하여 건설기계를 선적지로 운행하는 경우
- 수출을 하기 위하여 등록말소한 건설기계를 점검·정비의 목적으로 운행하는 경우
- 신개발 건설기계를 시험·연구의 목적으로 운행하는 경우
- 판매 또는 전시를 위하여 건설기계를 일시적으로 운행하는 경우

07 전자제어 코먼레일 시스템은 고압펌프에서 발생된 고압의 연료를 코먼레일이라는 축압기에 저장해 ECU가 엔진의 상태를 감지하기 위한 각종 센서로부터 자료를 입력받아 초고압 연료 분사장치인 고압 인젝터를 통해 연소실에 분사하는 장치이다.

08 계자코일 : 계자철심에 감겨져 자력선을 발생한다.

09 예열 플러그의 종류

- 코일형 : 히트 코일이 노출되어 있어 공기와의 접촉이 용이하며, 적열 상태는 좋으나 부식에 약하며, 배선은 직렬로 연결되어 있다.
- 실드형 : 금속튜브 속에 히트 코일, 홀딩 핀이 삽입되어 있고, 코일형에 비해 적열 상태가 늦으며, 배선은 병렬로 연결되어 있다(예열시간 60~90초). 또한, 저항기가 필요치 않다.

10 기관에서 엔진오일이 연소실로 올라오는 이유는 실린더의 마모나 피스톤링의 마모일 경우이다.

11 4행정기관에서의 크랭크축은 2회전하며, 분사펌프는 1회전한다.

12 양극판은 과산화납, 음극판은 해면상납을 사용하며 전해액은 묽은황산을 이용한다.

13 오버플로밸브의 역할
- 연료필터 엘리먼트를 보호한다.
- 연료공급펌프의 소음 발생을 방지한다.
- 연료계통의 공기를 배출한다.

15 공기 흐름저항이 작아야 냉각효율이 높다.

16 디젤기관의 연소실

단실식	직접 분사실식	연소실의 피스톤헤드의 요철에 의해서 형성되어 있다. 분사노즐에서 분사되는 연료는 피스톤헤드에 설치된 연소실에 직접 분사되어 연소되기 때문에 연료의 분산도를 향상시키기 위하여 다공형 노즐을 사용한다.
복실식	예연소실식	실린더헤드에는 주연소실 체적의 30~50% 정도의 예연소실이 설치되고 피스톤이 상사점에 위치할 때 피스톤헤드와 실린더헤드 사이에 주연소실이 형성된다.
	와류실식	실린더헤드에는 압축행정 시에 강한 와류가 발생되도록 주연소실 체적의 30~50% 정도의 와류실이 설치되고, 피스톤이 상사점에 위치할 때 피스톤헤드와 실린더헤드 사이에 주연소실이 형성된다.
	공기실식	실린더헤드에는 압축행정 시에 강한 와류가 발생되도록 주연소실 체적의 6.5~20% 정도의 공기실이 설치되고, 피스톤이 상사점에 위치할 때 피스톤헤드와 실린더헤드 사이에 주연소실이 형성된다.

17 유량제어밸브는 일의 속도를 제어한다.

18 릴리프밸브에서 오일이 누유되면 압력이 떨어진다.

19 카운터밸런스밸브 : 한 방향의 흐름에 대하여는 규제된 저항에 의하여 배압(背壓)으로서 작동하는 제어유동이고, 그 반대방향의 유동에 대하여는 자동유동의 밸브로 추의 낙하를 방지하기 위해서 배압을 유지시켜 주는 압력제어밸브이다.

20 유압기호

릴리프 밸브	감압밸브	순차밸브	무부하 밸브

21 유압모터의 종류 : 기어형, 베인형, 피스톤형(플런저형) 등

22 O-링(가장 많이 사용하는 패킹)의 구비조건
- 오일 누설을 방지할 수 있을 것
- 운동체의 마모를 적게 할 것
- 체결력(죄는 힘)이 클 것
- 누설을 방지하는 기구에서 탄성이 양호하고, 압축변형이 작을 것
- 사용 온도 범위가 넓을 것
- 내노화성이 좋을 것
- 상대 금속을 부식시키지 말 것

23 브레이크액의 유압 전달, 또는 차체나 현가장치처럼 상대적으로 움직이는 부분, 작동 및 움직임이 있는 곳에는 플렉시블 호스(Flexible Hose)를 사용하고 외부의 손상이 있는 곳에는 튜브를 보호하기 위하여 보호용 리브를 부착한다.

25 점도는 오일의 끈적거리는 정도를 나타내며 점도가 너무 높으면 윤활유의 내부마찰과 저항이 커져 동력의 손실이 증가하고, 너무 낮으면 동력의 손실은 적어지지만 유막이 파괴되어 마모감소작용이 원활하지 못하게 된다.

26 **파스칼의 원리** : 압력을 가하였을 때 유체 내 어느 부분의 압력도 가해진 만큼 증가한다는 원리

27 건설현장의 이동식 전기기계, 기구에 감전사고 방지를 위한 설비는 접지설비이다.

28 기름으로 인한 화재의 경우 기름과 물은 섞이지 않기 때문에 기름이 물을 타고 더 확산된다.

29 연료를 기화시키면 화재의 위험성이 증가한다.

30 밀폐공간에서 산소를 들이키고, 내뱉을 때 다시 산소가 되는 것이 아니라 질식성 유해가스(이산화탄소)가 발생하기 때문에 산소는 점점 없어지고, 밀폐공간의 유해가스를 들이마시게 되면 두통 및 어지러움, 메스꺼움과 같은 증상이 나타나고, 더 나아가 질식으로 인한 기절 및 사망사고가 발생할 수 있다.

32 진동작업 환경개선대책

전신진동	국소진동
• 진동노출의 방지 및 저감(진동이 더 적은 작업방법 및 장비를 선택, 진동노출시간 및 정도의 제한, 적절한 작업시간 및 휴식시간 제공 등) • 근로자에 대한 정보 제공 및 교육(기계적 진동노출을 최소화하는 방법, 건강관리방법, 안전한 작업 습관 등)	• 공학적 대책(저진동형 기계 또는 장비 사용, 진동 수공구를 적절히 유지 보수하고 진동이 많이 발생하는 기구는 교체) • 작업방법개선(진동공구 사용시간 단축 및 휴식시간 부여, 진동공구와 비진동공구를 교대 사용하도록 직무배치, 손잡이는 살살 잡도록 교육) • 보호장비 지급(진동방지 장갑 착용, 손잡이 등에 진동을 감쇠시키는 재질 사용, 체온저하 및 말초혈관수축 예방을 위한 방한복 착용 등) • 근로자 교육(인체에 미치는 영향, 증상, 진동장해 예방법, 보호장비 착용법 등)

33 불연성 재료를 사용하여야 한다.

34 해머로 타격할 때에는 처음과 마지막에는 힘을 많이 가하지 말아야 한다.

35 전기 작업 시 자루는 비전도체 재료(나무, 고무, 플라스틱)로 되어 있는 것을 사용한다.

36 크레인 작업 시에는 유도자를 배치하여 작업을 유도하여야 하고, 장비별 특성에 따른 일정한 표준신호방법을 정하여 신호하여야 한다.

39 • 붐의 각과 기중능력은 비례한다.
　• 붐의 길이와 작업반경은 비례한다.
　• 상부회전체의 최대 회전각은 360°이다.

40 페어리드는 드래그로프가 드럼에 잘 감기도록 안내해 주는 장치이다.

42 붐의 각과 작업반경은 반비례한다.

45 어큐뮬레이터는 유압펌프에서 발생한 유압을 저장하고 맥동을 소멸시키는 장치이다.

46 외부 수축식

이 브레이크는 케이블이 풀리지 않도록 하는 제동작용과 케이블을 감을 때(호이스트)와 풀 때(로어링)에는 제동이 풀리는 구조로 되어 있다.

50 셔블의 용도는 기중기가 서 있는 장소보다 높은 경사지의 굴토 및 상차 작업용이다.

52 ② 브레이크 오일의 변질에 의한 비점의 저하 및 불량한 오일을 사용했을 때

53 심강(Core)

로프 형상, 스트랜드 형태, 마모 방지, 부식 방지, 그리스(오일) 저장 및 공급, 로프의 유연성

54 디젤해머는 압축된 공기에 연료를 분사시켜 폭발압력으로 피스톤을 상승시킨 후에 하강 시에 파일에 타격을 주는 방식이다.

55 와이어로프의 안전율(산업안전보건기준에 관한 규칙 제163조)

와이어로프의 종류	안전율
근로자가 탑승하는 운반구를 지지하는 달기와이어로프 또는 달기체인	10.0 이상
화물의 하중을 직접 지지하는 달기와이어로프 또는 달기체인의 경우	5.0 이상
훅, 샤클, 클램프, 리프팅 빔의 경우	3.0 이상
그 밖의 경우	4.0 이상

57 서행할 장소(도로교통법 제31조제1항)

모든 차 또는 노면전차의 운전자는 다음의 어느 하나에 해당하는 곳에서는 서행하여야 한다.

• 교통정리를 하고 있지 아니하는 교차로
• 도로가 구부러진 부근
• 비탈길의 고갯마루 부근
• 가파른 비탈길의 내리막
• 시·도경찰청장이 도로에서의 위험을 방지하고 교통의 안전과 원활한 소통을 확보하기 위하여 필요하다고 인정하여 안전표지로 지정한 곳

59 긴급자동차(도로교통법 제2조제22호, 영 제2조)

① 소방차
② 구급차
③ 혈액 공급차량
④ 그 밖에 대통령령으로 정하는 자동차(다만, ⓑ부터 ⓐ까지의 자동차는 이를 사용하는 사람 또는 기관 등의 신청에 의하여 시·도경찰청장이 지정하는 경우로 한정)

ⓐ 경찰용 자동차 중 범죄수사, 교통단속, 그 밖의 긴급한 경찰업무 수행에 사용되는 자동차
ⓑ 국군 및 주한 국제연합군용 자동차 중 군 내부의 질서 유지나 부대의 질서 있는 이동을 유도(誘導)하는 데 사용되는 자동차
ⓒ 수사기관의 자동차 중 범죄수사를 위하여 사용되는 자동차
ⓓ 다음의 어느 하나에 해당하는 시설 또는 기관의 자동차 중 도주자의 체포 또는 수용자, 보호관찰 대상자의 호송·경비를 위하여 사용되는 자동차
• 교도소·소년교도소 또는 구치소
• 소년원 또는 소년분류심사원
• 보호관찰소
ⓔ 국내외 요인(要人)에 대한 경호업무 수행에 공무(公務)로 사용되는 자동차

ⓑ 전기사업, 가스사업, 그 밖의 공익사업을
    하는 기관에서 위험 방지를 위한 응급작
    업에 사용되는 자동차
ⓢ 민방위업무를 수행하는 기관에서 긴급예
    방 또는 복구를 위한 출동에 사용되는 자
    동차
ⓞ 도로관리를 위하여 사용되는 자동차 중
    도로상의 위험을 방지하기 위한 응급작업
    에 사용되거나 운행이 제한되는 자동차를
    단속하기 위하여 사용되는 자동차
ⓩ 전신·전화의 수리공사 등 응급작업에 사
    용되는 자동차
ⓒ 긴급한 우편물의 운송에 사용되는 자동차
ⓚ 전파감시업무에 사용되는 자동차
⑤ ④에 따른 자동차 외에 다음의 어느 하나에
    해당하는 자동차는 긴급자동차로 본다.
    ㉠ ④의 ㉠에 따른 경찰용 긴급자동차에 의
        하여 유도되고 있는 자동차
    ㉡ ④의 ㉡에 따른 국군 및 주한 국제연합군
        용의 긴급자동차에 의하여 유도되고 있는
        국군 및 주한 국제연합군의 자동차
    ㉢ 생명이 위급한 환자 또는 부상자나 수혈
        을 위한 혈액을 운송 중인 자동차

60 **승차 또는 적재의 방법과 제한(도로교통법 제39조**
    제1항)
    모든 차의 운전자는 승차 인원, 적재중량 및 적재
    용량에 관하여 대통령령으로 정하는 운행상의
    안전기준을 넘어서 승차시키거나 적재한 상태로
    운전하여서는 아니 된다. 다만, 출발지를 관할하
    는 경찰서장의 허가를 받은 경우에는 그러하지
    아니하다.

⟳ 모의고사 p.170

01	③	02	②	03	③	04	①	05	④	06	②	07	③	08	②	09	③	10	④
11	③	12	③	13	④	14	②	15	③	16	④	17	①	18	②	19	③	20	①
21	①	22	①	23	④	24	④	25	③	26	②	27	③	28	①	29	④	30	②
31	④	32	③	33	①	34	④	35	①	36	②	37	③	38	②	39	①	40	④
41	②	42	②	43	①	44	④	45	②	46	④	47	③	48	①	49	③	50	④
51	②	52	④	53	②	54	③	55	④	56	①	57	③	58	④	59	④	60	④

01 시동 시 크랭크축 회전속도가 너무 느리면 압축 상태가 잘 되지 않아 시동이 되지 않는다.

02 축전지는 가솔린기관의 점화장치이다.

03 교류발전기는 로터 전류를 변화시켜 출력이 조정된다.

04 작업반경(운전반경)이 커지면 기중 능력은 감소한다.

05 ① 붐의 각과 기중 능력은 비례한다.
② 붐의 길이와 작업반경은 비례한다.
③ 상부 회전체의 최대 회전각은 360°이다.

06 **구조변경범위(건설기계관리법 시행규칙 제42조)**
주요 구조의 변경 및 개조의 범위는 다음과 같다.
다만, 건설기계의 기종변경, 육상작업용 건설기계규격의 증가 또는 적재함의 용량증가를 위한 구조변경은 이를 할 수 없다.
• 원동기 및 전동기의 형식변경
• 동력전달장치의 형식변경
• 제동장치의 형식변경
• 주행장치의 형식변경
• 유압장치의 형식변경
• 조종장치의 형식변경
• 조향장치의 형식변경
• 작업장치의 형식변경. 다만, 가공작업을 수반하지 아니하고 작업장치를 선택 부착하는 경우에는 작업장치의 형식변경으로 보지 아니한다.
• 건설기계의 길이·너비·높이 등의 변경
• 수상작업용 건설기계의 선체의 형식변경
• 타워크레인 설치기초 및 전기장치의 형식변경

07 **사고발생 시의 조치(도로교통법 제54조)**
① 차 또는 노면전차의 운전 등 교통으로 인하여 사람을 사상하거나 물건을 손괴("교통사고")한 경우에는 그 차 또는 노면전차의 운전자나 그 밖의 승무원("운전자 등")은 즉시 정차하여 다음의 조치를 하여야 한다.
㉠ 사상자를 구호하는 등 필요한 조치
㉡ 피해자에게 인적 사항(성명·전화번호·주소 등을 말한다) 제공
② ①의 경우 그 차 또는 노면전차의 운전자 등은 경찰공무원이 현장에 있을 때에는 그 경찰공무원에게, 경찰공무원이 현장에 없을 때에는 가장 가까운 국가경찰관서(지구대, 파출소 및 출장소를 포함한다)에 다음의 사항을 지체 없이 신고하여야 한다. 다만, 차 또는 노면전차만 손괴된 것이 분명하고 도로에서의 위험방지와 원활한 소통을 위하여 필요한 조치를 한 경우에는 그러하지 아니하다.

    ⊙ 사고가 일어난 곳
    ⓒ 사상자수 및 부상 정도
    ⓒ 손괴한 물건 및 손괴 정도
    ⓔ 그 밖의 조치사항 등

08 최고속도의 100분의 50을 줄인 속도로 운행하여야 하는 경우(도로교통법 시행규칙 제19조)
- 폭우·폭설·안개 등으로 가시거리가 100m 이내인 경우
- 노면이 얼어붙은 경우
- 눈이 20mm 이상 쌓인 경우

09 릴리프밸브
- 과도한 압력으로부터 시스템을 보호하는 안전밸브(Safety Valve) 역할
- 최고압력을 항상 일정하게 유지

10 유압모터의 특징
- 정·역회전이 가능하다.
- 무단변속으로 회전수를 조정할 수 있다.
- 회전체의 관성력이 작으므로 응답성이 빠르다.
- 소형, 경량이며, 큰 힘을 낼 수 있다.
- 자동제어의 조작부 및 서보기구의 요소로 적합하다.

11 공기 그라인더를 사용할 때 방진 안경을 사용한다.

12 히트레인지는 흡기 다기관에 흡입되는 공기를 예열하는 장치이다.

13 디젤기관의 진동 원인
- 분사량·분사시기 및 분사압력 등의 불균형
- 각 피스톤의 중량 차가 크다.
- 연료공급계통에 공기가 침입하였다.
- 다기통 기관에서 어느 한 개의 분사노즐이 막혔다.

- 크랭크축의 무게가 불평형하다.
- 실린더 상호 간의 안지름 차이가 심하다.

15 트랙 장력의 조정은 그리스를 실린더에 주입하여 조정하는 유압식과 조정나사로 조정하는 기계식이 있다.

17 ① 인화점이 낮으면 열에 의해서 열화 또는 연소될 수 있다.
윤활유의 성질
- 인화점 및 발화점이 높을 것
- 점성이 적당하고 온도에 따른 점도변화가 작을 것
- 응고점이 낮을 것
- 비중이 적당할 것
- 강인한 유막을 형성할 것
- 카본 생성이 적을 것
- 열 및 산에 대한 안정성이 클 것
- 청정력이 클 것

18 ① 파워 셔블은 기계가 위치한 지면보다 높은 굴착작업을 하는 데 반하여, 백호는 기계가 위치한 지면보다 낮은 굴착작업에 적합하다.
② 드래그라인은 굴착력이 약하므로 주로 연질 지반의 굴착에 사용된다.

20 **베인 펌프** : 토출압력의 연동이 적고, 수명이 길다.

22 규정 무게보다 초과하여 적재하지 않는다.

23 비등점이 물보다 높아야 과열로 인한 피해를 방지할 수 있다.

24 종감속장치에서 열의 발생은 기어 접속상태 불량 또는 윤활유의 부족에 의해 발생한다.

27 노킹현상은 베어링의 융착 등에 의한 손상, 피스톤 및 배기밸브의 소손, 실린더의 마멸, 엔진의 과열, 출력 저하, 점화플러그의 소손에 영향을 미친다.

28 과태료의 부과기준(건설기계관리법 시행령 [별표 3])

위반행위	과태료 금액		
	1차 위반	2차 위반	3차 위반 이상
등록번호표를 가리거나 훼손하여 알아보기 곤란하게 한 경우 또는 그러한 건설기계를 운행한 경우	50만원	70만원	100만원

31 페어리드는 드래그로프가 드럼에 잘 감기도록 안내해 주는 장치이다.

32 지균 작업(평탄 작업)은 모터그레이더의 작업이다.

33 규정 무게보다 초과하여 적재하지 않는다.

34 용량이 너무 크면 마찰판이 접촉할 때 충격이 커져 엔진이 정지되기 쉽고, 용량이 작으면 클러치가 미끄러져 마찰면의 마멸이 빨라진다.

35 ① 오일탱크에 오일이 부족할 때

36 시일은 일종의 개스킷이며 누유를 막아주는 역할을 한다. 재질은 합성고무 또는 우레탄을 사용한다.

37 작동유 온도 상승 시에는 열화 촉진과 점도 저하 등의 원인으로 펌프 효율이 저하된다.

38 **진공펌프** : 대기압보다 낮은 압력을 얻기 위하여 사용되는 펌프

39 오일량이 부족하면 소음이 나고, 오일량이 많으면 소음이 나지 않는다.

40 유압이 높아지는 원인
- 엔진오일의 점도가 높을 때
- 윤활 회로가 막혔을 때
- 유압조절밸브 스프링의 장력이 클 때

41 **트랙 슈의 종류** : 단일돌기 슈, 이중돌기 슈, 삼중돌기 슈, 습지용 슈, 고무 슈, 암반용 슈, 평활 슈, 건지형 슈, 스노 슈 등

42 안전보건표지(산업안전보건법 시행규칙 [별표 6])

비상구	인화성물질 경고	보안경 착용

43 축전지를 충전할 때 전해액 주입구 마개(벤트플러그)를 모두 연다.

46 트랙 부품이 너무 헐거우면 트랙이 벗겨지고, 너무 팽팽하면 하부 롤러, 링크 등이 조기 마모된다.

47 유압장치의 부품을 교환하면 공기가 들어가므로 공기빼기를 먼저 실시해야 정상운전이 가능하다.

48 작은 공작물이라도 손으로 잡지 않고, 바이스 등을 이용하여 고정시키도록 한다.

49 스패너 등을 해머 대신에 사용해서는 안 된다.

50 붐이 상승·하강을 하지 않는 원인

붐이 하강하지 않는 원인	붐이 상승하지 않는 원인
• 붐이 제한각도 이상 올라왔을 때 • 고정 장치가 풀리지 않았을 때 • 붐 호이스트 브레이크가 풀리지 않았을 때 등	• 붐 호이스트의 클러치가 미끄러질 때 • 붐 호이스트 레버의 작용이 안 될 때 • 붐 호이스트 브레이크가 풀리지 않았을 때 등

51 항타 작업을 할 때 바운싱이 일어나는 원인
- 파일이 장애물과 접촉할 때
- 2중 작동 해머를 사용할 때
- 가벼운 해머를 사용할 때
- 증기 또는 공기 사용량이 너무 많을 때

52 220V로 감전되었을 때 사망할 확률이 110V에 비해 훨씬 높다.

53 트레드가 마모되면 마찰력이 적어진다.

54 배터리액이 눈에 들어갔을 때는 물로 씻는다.

55 정차 및 주차의 금지(도로교통법 제32조)
- 건널목의 가장자리 또는 횡단보도로부터 10m 이내인 곳
- 교차로의 가장자리나 도로의 모퉁이로부터 5m 이내인 곳
- 버스여객자동차의 정류지(停留地)임을 표시하는 기둥이나 표지판 또는 선이 설치된 곳으로부터 10m 이내인 곳

56 포말소화설비는 연소면을 포말로 덮어 산소의 공급을 차단하는 질식작용 원리를 이용한 소화 방식이다.

57 드릴작업 중에는 보안경, 안전화를 착용하도록 한다.

58 건설기계 검사의 종류(건설기계관리법 제13조)
- 신규등록검사 : 건설기계를 신규로 등록할 때 실시하는 검사
- 정기검사 : 건설공사용 건설기계로서 3년의 범위에서 국토교통부령으로 정하는 검사유효기간이 끝난 후에 계속하여 운행하려는 경우에 실시하는 검사와 대기환경보전법 및 소음·진동관리법에 따른 운행차의 정기검사
- 구조변경검사 : 건설기계의 주요 구조를 변경하거나 개조한 경우 실시하는 검사
- 수시검사 : 성능이 불량하거나 사고가 자주 발생하는 건설기계의 안전성 등을 점검하기 위하여 수시로 실시하는 검사와 건설기계 소유자의 신청을 받아 실시하는 검사

59 운전석 이탈 시 원동기를 정지시키고, 브레이크를 작동시키는 등 이탈방지를 조치하여야 하며 버킷, 리퍼 등 작업장치를 지면에 내려놓고 고임목을 받친다.

60 흔들리기 쉬운 인양물은 가이드로프를 이용해 유도한다.

교육이란 사람이 학교에서 배운 것을 잊어버린 후에 남은 것을 말한다.

– 알버트 아인슈타인 –

우리 인생의 가장 큰 영광은 결코 넘어지지 않는 데 있는 것이 아니라

넘어질 때마다 일어서는 데 있다.

– 넬슨 만델라 –

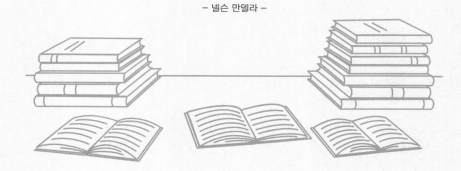

좋은 책을 만드는 길, 독자님과 함께하겠습니다.

답만 외우는 기중기운전기능사 필기 CBT기출문제 + 모의고사 14회

개정4판1쇄 발행	2025년 01월 10일 (인쇄 2024년 11월 22일)	
초 판 발 행	2020년 08월 05일 (인쇄 2020년 06월 09일)	
발 행 인	박영일	
책 임 편 집	이해욱	
편 저	최진호	
편 집 진 행	윤진영 · 김혜숙	
표지디자인	권은경 · 길전홍선	
편집디자인	정경일 · 박동진	
발 행 처	(주)시대고시기획	
출 판 등 록	제10-1521호	
주 소	서울시 마포구 큰우물로 75 [도화동 538 성지 B/D] 9F	
전 화	1600-3600	
팩 스	02-701-8823	
홈 페 이 지	www.sdedu.co.kr	
I S B N	979-11-383-8242-7(13550)	
정 가	14,000원	

시대에듀

Win-Q

단기
합격을
위한
완전
학습서

시리즈

기술자격증 도전에
승리하다!

자격증 취득에 승리할 수 있도록
Win-Q시리즈가 완벽하게 준비하였습니다.

빨간키

핵심요약집으로
시험 전 최종점검

핵심이론

시험에 나오는 핵심만
쉽게 설명

빈출문제

꼭 알아야 할 내용을
다시 한번 풀이

기출문제

시험에 자주 나오는
문제유형 확인

NAVER 카페 | 대자격시대 – 기술자격 학습카페 | cafe.naver.com/sidaestudy / 응시료 지원이벤트

자동차 관련 업체로 취업 시 꼭 취득해야 할 필수 자격증!

자동차
관련
시리즈
R/O/A/D/M/A/P

Win-Q 자동차정비
기능사 필기

- 한눈에 보는 핵심이론 + 빈출문제
- 최근 기출복원문제 및 해설 수록
- 시험장에서 보는 빨간키 수록
- 별판 / 628p / 23,000원

Win-Q 건설기계정비
기능사 필기

- 한눈에 보는 핵심이론 + 빈출문제
- 최근 기출복원문제 및 해설 수록
- 시험장에서 보는 빨간키 수록
- 별판 / 624p / 26,000원

도로교통사고감정사
한권으로 끝내기

- 학점은행제 10학점, 경찰공무원 가산점 인정
- 1·2차 최근 기출문제 수록
- 시험장에서 보는 빨간키 수록
- 4×6배판 / 1,048p / 35,000원

그린전동자동차기사
필기 한권으로 끝내기

- 최신 출제경향에 맞춘 핵심이론 정리
- 과목별 적중예상문제 수록
- 최근 기출복원문제 및 해설 수록
- 4×6배판 / 1,168p / 38,000원

더 이상의 자동차 관련 취업 **수험서는 없다!**

교통 / 건설기계 / 운전자격 시리즈

건설기계운전기능사

지게차운전기능사 필기 가장 빠른 합격 ·················· 별판 / 14,000원

유튜브 무료 특강이 있는 Win-Q 지게차운전기능사 필기 ·················· 별판 / 14,000원

답만 외우는 지게차운전기능사 필기 CBT기출문제+모의고사 14회 ·················· 4×6배판 / 14,000원

답만 외우는 굴착기운전기능사 필기 CBT기출문제+모의고사 14회 ·················· 4×6배판 / 14,000원

답만 외우는 기중기운전기능사 필기 CBT기출문제+모의고사 14회 ·················· 4×6배판 / 14,000원

답만 외우는 로더운전기능사 필기 CBT기출문제+모의고사 14회 ·················· 4×6배판 / 14,000원

답만 외우는 롤러운전기능사 필기 CBT기출문제+모의고사 14회 ·················· 4×6배판 / 14,000원

답만 외우는 천공기운전기능사 필기 CBT기출문제+모의고사 14회 ·················· 4×6배판 / 15,000원

도로자격 / 교통안전관리자

Final 총정리 기능강사 · 기능검정원 기출예상문제 ·················· 8절 / 21,000원

버스운전자격시험 문제지 ·················· 8절 / 13,000원

5일 완성 화물운송종사자격 ·················· 8절 / 13,000원

도로교통사고감정사 한권으로 끝내기 ·················· 4×6배판 / 35,000원

도로교통안전관리자 한권으로 끝내기 ·················· 4×6배판 / 36,000원

철도교통안전관리자 한권으로 끝내기 ·················· 4×6배판 / 35,000원

운전면허

답만 외우는 운전면허 필기시험 가장 빠른 합격 1종 · 2종 공통(8절) ·················· 8절 / 10,000원

답만 외우는 운전면허 합격공식 1종 · 2종 공통 ·················· 별판 / 12,000원

※ 도서의 이미지와 가격은 변동될 수 있습니다.

'답'만 외우고 한 번에 합격하는

기출문제 + 모의고사 14회

'답'만 외우는
운전기능사 시리즈

답만 외우는 지게차운전기능사

190×260 | 14,000원

답만 외우는 로더운전기능사

190×260 | 14,000원

답만 외우는 롤러운전기능사

190×260 | 14,000원

답만 외우는 굴착기운전기능사

190×260 | 14,000원

답만 외우는 기중기운전기능사

190×260 | 14,000원

답만 외우는 천공기운전기능사

190×260 | 15,000원

※ 도서의 이미지와 가격은 변경될 수 있습니다.